財務會計理論

（第二版）

主編○羅紹德

第二版前言

　　會計是一門古老的學問，隨著社會的進步不斷向前發展。特別是自近代以來，會計界越來越關注會計理論的研究。這期間，不同的會計理論流派交相輝映，以歸納法和演繹法為主要研究方法的規範會計理論研究和以源自自然科學的實證法為主要研究方法的實證會計理論研究先後登上歷史舞臺，推動了會計理論向更廣、更深的方向前進。任何理論的發展都具有歷史繼承性，學習與研究理論的基本要求就是要理清它的發展脈絡。本書回顧了會計的發展演進，並對會計理論流派和各種研究方法進行了總結和梳理，以期為有志於會計研究的學者創造一個良好的研究起點。

　　會計信息是會計活動的產物，會計活動的首要任務即是將經濟活動信息轉變為會計信息。會計信息在現實經濟生活中有著極其重要的價值，是宏觀經濟調控和經濟決策的基礎。鑑於會計確認、計量、報告諸環節在會計信息生成過程中的重要性，本書對財務會計要素的確認、計量、報告理論進行了分章闡述。我們對會計確認、計量、報告理論進行了全面總結和評價，試圖幫助讀者更好地把握相關理論並用於指導實踐。

　　隨著客觀經濟環境的不斷變化以及會計實踐的不斷深化，傳統實踐基礎上形成的會計理論日益受到挑戰。知識經濟的興起使人力資源要素受到前所未有的重視，人力資源要素納入報表核算的呼聲越來越高，人力資源會計成為會計研究的新課題。幣值不穩而引發的物價變動對貨幣計量的會計假設形成衝擊，發生通貨膨脹時，物價上漲，貨幣的價值尺度在一定會計期間發生了變化，幣值穩定的前提被打破，導致了通貨膨脹會計的產生。股權分散、兩權分離使企業越來越社會化，通過履行社會責任，獲得長期資本收益的最大化成為企業共識，社會責任會計在此背景下發展起來。環境問題是企業發展對社會的負外部性影響，在環境負外部性下，企業的私人成本小於社會成本、私人收益大於社會收益，差額部分的補償導致了環境會計的產生。會計所賴以生存和發展的、由社會經濟結構和科技文化水平所組成的會計環境發生了深刻的變化，傳統的會計在適應變化的同時與其他學科融合在一起產生了這些新的學科。本書詳細介紹了這些新學科的產生背景、發展過程及未來的研究方向，希望借此加深讀者對這些新學科的理解並向縱深的研究邁進。對於這些新學科的系統介紹是本書的一大亮點。

在本書的編寫過程中,我們參閱了大量的中外文獻,並從中汲取了許多有價值的啟示,在此對這些優秀研究成果的作者表示衷心的感謝。本書可以作為各院校會計及相關專業的研究生教材。由於我們的水平有限,本書中仍然可能存在許多缺點和問題,敬請讀者不吝批評指正。

羅紹德

目　錄

第一章　會計理論的歷史演進 ……………………………………（1）
　　第一節　西方古代會計的歷史演進 ………………………（1）
　　第二節　西方近代會計的歷史演進 ………………………（9）
　　第三節　美國現代會計的產生與發展 ……………………（17）
　　第四節　中國會計理論的發展 ……………………………（22）

第二章　會計理論與會計研究方法 ………………………………（30）
　　第一節　理論與會計理論 …………………………………（30）
　　第二節　會計理論流派綜述 ………………………………（34）
　　第三節　會計研究方法 ……………………………………（41）

第三章　會計原則與財務會計概念框架 …………………………（49）
　　第一節　公認會計原則 ……………………………………（49）
　　第二節　財務會計概念框架 ………………………………（60）

第四章　會計確認理論 ……………………………………………（73）
　　第一節　會計確認的概念 …………………………………（73）
　　第二節　會計確認的標準 …………………………………（75）
　　第三節　會計確認對象的歸類 ……………………………（83）

第五章　會計計量理論 ……………………………………………（91）
　　第一節　會計計量理論概述 ………………………………（91）
　　第二節　資產計價 …………………………………………（106）
　　第三節　收益確定 …………………………………………（112）
　　第四節　會計計量的歷史發展趨勢 ………………………（116）

第六章　財務報告理論 ……………………………………………（122）
　　第一節　財務報告的歷史演進路徑與規律 ………………（122）
　　第二節　財務報告的理論基礎與目標 ……………………（130）
　　第三節　財務報告的編製理念 ……………………………（137）
　　第四節　財務報告未來發展的理論研究與展望 …………（145）

第七章　人力資源會計 ………………………………………（152）
　　第一節　人力資源會計的演進 …………………………（152）
　　第二節　人力資源會計的體系 …………………………（156）

第八章　通貨膨脹會計 ………………………………………（168）
　　第一節　通貨膨脹會計的演進 …………………………（168）
　　第二節　通貨膨脹會計的幾種基本模式 ………………（174）

第九章　社會責任會計 ………………………………………（182）
　　第一節　社會責任會計的演進 …………………………（182）
　　第二節　社會責任會計的理論框架 ……………………（188）

第十章　環境會計 ……………………………………………（204）
　　第一節　環境會計的演進 ………………………………（204）
　　第二節　環境會計的理論框架 …………………………（211）

第十一章　互聯網環境下的會計理論創新 …………………（223）

第一章 會計理論的歷史演進

要瞭解會計理論的現狀，就必須研究會計思想和會計實務的歷史發展，也只有在充分地瞭解了會計的歷史發展軌跡後，才能把握未來會計發展的脈搏。

第一節 西方古代會計的歷史演進

古代會計，從時間上說，是從舊石器時代中晚期至封建社會末期這段漫長的時期。這一時期的會計發展，從會計運用的技術方法方面看，主要涉及原始計量記錄法、單式簿記法和初創時期的復式簿記法等。

一、原始計量記錄行為的產生

人類原始計量記錄行為的產生是以人類生產行為的發生、發展作為根本前提的，是社會發展到一定階段的產物。據考證，人類的原始計量記錄行為產生於舊石器時代的中晚期，距今約10萬年至20萬年。人們通過在山洞內繪出簡單的動物圖像，在骨片上刻劃紋道來達到管理生產、分配和儲備剩余產品的目的。

在距今5,000年至8,000年的新石器時代，隨著生產力的發展，剩余產品越來越多，分配剩余產品變得更加複雜，在具備了初步的「數」的概念后，人們開始創造一些符號進行計數，如結繩記事和繪圖記事等。

但從嚴格意義上講，從舊石器時代至新石器時代這一漫長歷史進程中的最原始的記錄行為並不是一種單純的會計行為，而是一種與數學、統計學以及其他學科相關的綜合性的行為和方法。著名的美國會計學家利特爾頓（Littleton）認為，會計從數字屬性方面而言與統計是相同的。實際上，結繩記事或繪圖記事等行為是所有學科的萌芽狀態。真正的會計特徵是到奴隸社會時期才表現出來的單式簿記。

在原始社會末期，一方面由於私有財產的產生，私有觀念的形成；另一方面隨著語言、文字等文化條件的改進，人們開始認識到把握記錄要素的重要性，並在這一認識提高的基礎上，產生了包括數量、單位和文字諸要素結合在一起的經濟「書契」。對計量記錄要素的初步認識，為進入文明時代後的單式記帳法的產生創造了最基本的條件。

二、單式簿記的產生與發展

一般來說，在單式簿記運用時代，會計是以官廳會計為主，民間會計為輔。到人類進入復式簿記運用時代以後，民間會計才取代官廳會計的支配地位。這是

世界會計發展的大趨勢。

（一）幾個西方文明古國單式簿記的產生與發展

1. 古埃及簿記的產生

大約在公元前4000年，埃及進入了奴隸社會。原始人使用的生產工具特別簡陋，生產力水平極為低下，只有全體氏族成員共同參加體力勞動，才能維持最低限度的生活需要。隨著奴隸制經濟的發展，出現了大量的剩餘產品，這就使社會上一部分人擺脫體力勞動，專門從事財政管理、生產監督等活動。隨著國家的形成，統治者為了鞏固自己的統治地位，他們在強化國家機器的過程中，也沒有忘記設計一套官廳簿記制度。也就是說，國家的出現與官廳簿記的產生有著因果關係。

法老作為國家的最高統治者，獨攬全國的政治、經濟、軍事、司法和宗教大權，建立了一套較為完善的中央集權君主專制制度。官廳簿記是中央財政方面乃至整個國家行政機構中不可缺少的組成部分。

在古埃及財政機構中，最主要的角色是記錄官。「記錄」是由「書寫」一詞演變而來的，那些負責財政經濟收支記錄和計算的就是記錄官，這說明在古埃及的國家機構中已經適當配備了簿記官員，但並未設置獨立的會計機構和配備專門的責任明確的「簿記官」。

私有觀念的出現，深深地刺激了當時的人們，尤其是商人和莊園主們。他們為了能在動盪的奴隸制經濟中管理好私有財產，進一步發展與他人交換的關係，開始注重計算和記錄。當時，一個莊園通常要配備1名至數名「管家」。有的莊園還設有「帳房」，專門負責全莊園的經濟收支記錄。管家經常要向主人呈遞詳盡的帳目清單（報表）。考古學家在公元前26世紀厄勒番丁島的房屋廢墟下發現一些家庭文書和商業文書的殘片。這些文書表明，商人們已經設置了某種形式的帳簿，用來記錄各種經濟事項，民間簿記就這樣產生了。

2. 古巴比倫簿記的產生

古巴比倫統治者像古埃及統治者一樣，也十分重視官廳簿記。上至中央、下到地方都建立了一套較為嚴密的經濟管理機構，並擁有人數眾多的行政管理人員、監督官和記錄官。他們一方面從事王室的經濟管理；另一方面致力於監督船夫、漁民、牧人和奴隸，嚴格控制實物稅的徵收。

漢謨拉比時代（約公元前1792年至公元前1750年），是兩河流域歷史上空前強大和繁榮的時期。國王漢謨拉比對國家實施鐵腕統治。當然，作為奴隸主階級的最高代表，他的所作所為，不可避免地染上了統治人民、維護奴隸制度政權的色彩，但是他在財政、立法諸方面的某些措施也在古巴比倫歷史上樹立了不朽的豐碑。《漢謨拉比法典》(*The Code of Hammurabi*) 中具有簿記意義的商業契約、授產契據、租地契約、地契、期票、利息、稅捐、財產清單，都是標準化的，這些深刻地影響著古巴比倫當時及以後的簿記發展。

通過許多文獻可知，由於古巴比倫人喜好組織管理，對簿記十分入迷，因而在神殿簿記、銀行簿記和商業簿記上都有著巨大貢獻。古巴比倫的絕大部分商業和信貸都是以寺院為中心進行的。每天，金屬、穀物和其他物品像流水一樣源源

不斷地存入神殿倉庫。它們有的是寺院的既定收入，有的是祭祀貢獻的物品。一方面要將每筆業務做成記錄；另一方面要及時入庫加以保存。這些記錄頗似現在的「流水帳」。在當時的民間，人們已經充分地認識到「收入」「支出」和「結余」三者之間的關係，並且在大量的場合都是採用「收入－支出＝結余」這一公式，來計算盈虧。

3. 古希臘簿記的產生

在西方文明古國會計發展史上古埃及人和古巴比倫人的后繼者是古希臘人。公元前5世紀，隨著奴隸制經濟的飛速發展，古希臘與隔海相望的古埃及和古巴比倫發生了極為頻繁的通商關係。當時，許多古希臘人不顧跋山涉水的艱辛，紛紛來到這兩個國家學習。這樣，在古埃及和古巴比倫盛極一時的國庫簿記、商業簿記、神殿簿記和莊園簿記便被商人和留學者們帶到了古希臘，並與古希臘本土的簿記方法很快結合起來，創造了古希臘的官廳簿記和民間簿記。

公元前630年，古希臘開始使用由城邦政府鑄造的貨幣，為古希臘簿記的全面發展奠定了可靠的基礎。貨幣的廣泛使用，一方面是古希臘奴隸制經濟高度發達的標誌；另一方面也是人們進一步認識到貨幣作為計量單位的重要意義。在古埃及和古巴比倫，由於人們的交換關係往往採用以物易物的方式進行，即便產生了貨幣，亦不由國家保證，因此他們在簿記記錄中，一般以實物量為主，貨幣量為輔。這就使得會計對象得不到統一的計量和綜合的表現。這可以說是古埃及和古巴比倫在很長一段時期沒有在簿記方法上更進一步的原因之一。這種狀況到古希臘得到了改善。

公元前5世紀至公元前4世紀的古希臘雅典城邦時代，雅典民主政治是當時奴隸社會中較為進步的政體。在雅典財政組織的官職表中，每個部落都有一名公賣官，用抽簽法選出。當時在雅典已經有了一套較為健全的財政組織，產生了職責專一且擁有威信的簿記官。國家的財政收支已由諸官分擔，構成一套較為嚴密的內部牽制制度，全部支出均以法律條文形式明確下來，並由議事會頒布。在雅典還出現了「公布財政」的重要概念，這在會計史上尚屬首次。

在古埃及和古巴比倫，人們登記帳簿和編製報告並不要求對經濟事項按照嚴格的分類來反應，而僅僅滿足於以敘述式的文字表達。古希臘人改變了這種習慣。他們在登記帳簿和編製報告時，開始按收入項目和支出項目進行大類反應，收支項目又進一步分成若干小項目來反應。

在古希臘之前，簿記和報表基本上還是一個綜合體，這主要表現在：第一，它是敘述式的文字記錄；第二，它不需要分別設置一套帳簿體系和報表體系。到古希臘時期，情形就不同了，這時不僅有了備忘錄、日記帳和總帳，而且還經常由備忘錄向日記帳，再由日記帳向總帳結轉細目。古希臘民間簿記發展到通過單獨設置帳戶，並運用單式記帳法來反應奴隸制經濟業務，這是古希臘對西方會計發展做出的傑出貢獻，表明了古希臘當時對簿記技術的理解已處在各文明古國的前列。可以說，這套帳簿分類組織的建立，將人類運用帳簿的水平推到了一個新的階段。

4. 古羅馬簿記的產生

公元前 510 年，古羅馬的王政時期結束，統治者在羅馬城建立了奴隸制共和國，開始了歷史上的共和國時期。羅馬共和國是最高行政機關，由兩個權力相等的執政官掌握。其主要任務是指揮軍隊，召集元老院會議和公民大會。元老院由貴族和退任的執政官組成。當時主要的國庫是薩特尼金庫，內存各項經常收入和臨時收入，必要的費用也從中開支。該國庫名義上是在財務官的領導下，但實際上是由元老院控制。沒有元老院的同意，任何人均不得從中提款。

公元前 30 年，奧古斯都登上了古羅馬的政治舞臺，改革財政組織便成為迫切任務。奧古斯都最有效的改革有：為了加強國家財政收入的徵收和管理，特設了財務代理官和簿記官。簿記官掌管內廷的財政大權和各省的財政大權。中央金庫財務代理官作為總財務代理官直接對皇帝負責，負責管理皇帝的私有財產和世襲財產，而且還經常被皇帝委派到各地去徵收賦稅。公元 5 年左右，奧古斯都還制定了第一個政府預算。

古羅馬民間簿記開始於人口調查。在古羅馬，是按國民財產的多少來決定其公民和徵收稅額，因此監察官每隔 5 年都要對國民的姓名、家庭成員、年齡、財產數額進行一次普查，這就要求民眾必須按照羅馬法的規定，設置各種帳簿來詳細反應自己的現金收支財產狀況。當時古羅馬民間簿記的帳簿大致可分為兩類：家庭用帳簿和家庭兼商業用帳簿。古羅馬人不僅對帳簿的設置和分類技術以及對帳方法有比較深刻的認識，而且對項目的分類記錄和結算方法也達到了比較高的水平。

（二）單式簿記及其在古代中西方的產生與發展

奴隸社會末期和封建社會初期，私人財富的累積導致了受託責任的產生，這時的簿記不僅要保護奴隸主或封建主物質財產的安全，而且還應證明管理這些財產的人是否履行了其職責。要做好這些事情，必須要採用比較合理的計量與記錄方法，這些計量與記錄方法變革的結果導致了單式簿記的產生。

1. 帳簿設置與分類

人類最初對經濟事項進行的計量記錄活動，首先的工作便是尋找經濟事項的記錄載體。從這個意義上講，原始人進行刻記記事曾經使用過的那些樹干、石塊、龜甲、骨塊以及黏土等便是初始階段出現的具有后來帳簿意義的載體。

古代中國文化的特殊性，決定了其「官廳簿記」中的帳簿設置遠比其他國家的帳簿設置複雜。在原始社會末期，由於用於反應經濟事項的文字、計數法與實物計量單位這三個要素條件的基本具備，產生了基本上可以起到后世帳簿作用的經濟「書契」，可以認為這種「書契」已是一種處於萌芽狀態的帳簿。西周時期將帳簿稱為「籍書」，這時官廳的財政收支帳目依然書寫在竹片或木片上，分別按收支項目組合編製成冊，稱為「籍書」。戰國時期以「簿」作為帳簿的稱謂應用已經較多。夏、商王朝的單式簿記主要是單一流水帳。在單一流水帳下僅採用一種綜合性帳簿，既無項目之分，也無總括與明細之分，唯一的法則就是序時記錄，這種帳在正規流水帳產生之前起原始憑證的作用。

在奴隸制時代的古埃及，官廳的記錄官登記的主要帳簿是「日記簿」，其最顯

著的特徵是序時記錄。

在古希臘的邁錫尼時代（約公元前 2000 年至公元前 1150 年），從那些用線形文字記錄的泥版文書中，已經可以看到一種有規則的流水式帳目的記錄。到公元前 5 世紀不僅有了日記帳和分類帳的設置而且有了債務者目錄、收支計算書或報告書的編製。在羅馬共和時代（公元前 509 年至公元前 27 年），國庫設置的日記帳是流水式序時記錄。

總之，以序時記錄為主要特徵的流水帳是世界各國最早設置和運用的一種帳簿，其他帳簿都是在流水帳之后產生的。各國的簿記大都經歷了「三帳」（劃流、細流、總清）的設置時期。「三帳」的設置也為復式簿記帳簿組織體系的建立奠定了基礎。

2. 記錄項目設置

在自然經濟發展的狀況下，管理者或記帳者為進行分項或分類記錄，而設置與應用的方法也頗具自然特色。在單式簿記運用的時代還沒有會計科目。據史料考證，在奴隸制和封建制時代的官廳簿記中，人們最早是按財政項目進行分類並分項進行記錄的；而在民間簿記中，人們先後採用過按人名、按物名以及按各種收入和支出項目進行分類、分項目記錄的形式。

在中國夏、商至戰國時期，簿記記錄項目通過財政收支方式確定下來的方法源於官廳，集中體現在國家對賦稅的徵繳、解繳入庫與財政部門對財政收入、支出的控制過程中。

對古巴比倫的神殿簿記記錄官在泥板上所設置的神殿帳戶進行考察，不難發現當時對於工資支出、現金收入、貸款利息和不動產交易之類的經濟事項都是分門別類地加以反應的。在倉儲記錄中，對各種實物也是按實物品名設帳戶反應的。同樣，在古埃及第一王朝至第二王朝統治時期（約公元前 3100 年至公元前 2686 年），當時對國庫中的財物除按財物名稱分類設帳戶之外，還要求按保管人設置人名帳戶反應。在奴隸制時代的古希臘，最初由對財物盤查而引起的分類過帳導致了分類帳戶的產生。由於早期商業發展的原因，古羅馬奴隸制時代便已具有較高的簿記分類、分項記錄水平。

3. 記錄方法

對於記錄方法，人們最初的認識很簡單，即只要把記錄下來的簿記事項書寫下來，並能夠集中保留起來便於隨時查用就達到了目的。至於應當採用何種刻寫或書寫方式，由於條件限制，當時還不可能形成章法。其后，隨著經濟的發展，必須記錄的簿記事項日益增多，於是便有了實現簿記記錄清楚明瞭，保持這種記錄一致性的目標。人們逐漸從帳目的定性要素——記帳標號或符號問題，帳目發生的時間順序，對帳簿記錄對象所採用的計量單位進行考慮。

文字敘述式的記帳方法是人類進入文明社會之初所應用的記帳方法，包括古代中國、古希臘、古羅馬、古埃及和古巴比倫在內的文明古國都曾經經歷過這個階段。這種記帳方法在對簿記事項進行處理時，記錄者用文字將基本內容表現出來，表述力盡其詳，逐字逐句書寫。

從考古出土的「甲骨書契」可見，中國商代的簿記記錄處理方法就是採用文

字敘述的記錄表述的。

從公元前 1000 年左右的古巴比倫「埃吉貝家的記錄板」（Egibi Tablets）上所記錄的「費用帳目」便可斷定當時的記帳尚處於文字敘述階段。

作為以書面形式反應經濟事項的記錄方法，除需達到正確記錄的目的之外，還必須注意簡明扼要地處理各種記錄。要完成這種記錄還需要選擇使用既簡單明確又固定統一的符號。

在中國古代自然經濟時代，官廳與民間經濟各自發展變化的特點決定了它們各自選擇使用記帳符號，並在使用過程中產生相互影響，形成了中國單式簿記記帳符號發展所固有的特點。

在商代的文字敘述式簿記記錄中，便是採用不固定行為動詞來表現簿記記錄方位的。西周時代雖然尚未擺脫文字敘述式的記帳方法，但從其對帳目內容的表達方面來看，西周時的簿記記錄已遠比商代簡單，逐漸開始將記錄中的一對相應的行為動詞固定下來使用，這樣記錄符號的思想與行為開始形成。從秦漢時期開始，記帳規則的演進已使簿記由文字敘述式階段進入定式簡明簿記記錄階段。因此，記帳符號的使用也相應走向規範化發展階段。官廳與民間在記帳符號使用上進入分立階段。官廳簿記自上而下基本上以「入」「出」作為記帳符號，而民間簿記基本上以「收」「付」作為記帳符號。

在國外，從古到今「收入」與「支出」都是世界性通用語言。在記帳符號使用方面，人們最初自然而然將選用目標集中到「收入」和「支出」方面。無論是奴隸時代的古希臘「所有者的帳戶」，還是古羅馬的「收支日記帳」，記帳時都是區分收、支來表述的。古希臘主管國庫的「收支官」或「出納官」，是分別通過「收入命令書」與「支出命令書」確定帳目記錄的符號。他們定期編製的國庫報告是分別根據收、支符號來匯總，取得各自的總計數，然後以收支相抵求得結余之數，故他們把國庫報告稱為「收支計算書」。

4. 結算方法

結算方法在單式簿記方法體系中佔有重要的地位。在中國古代，簿記結算方法的演進大致經歷了三個階段：盤點清算法、三柱結算法和四柱結算法。

在中國的原始社會末期，書契記錄方法尚處於萌芽狀態，在帳面上進行結算的思想還沒有產生，人們為了掌握各項財務的結存數量，只有進行實地盤點。由於當時的簿記記錄依然處於分散狀態，在正常情況下還無法將收、支兩方面聯繫起來進行比較，故盤點結帳法便成了唯一的選擇，簿記意義上的盤點結帳法由此產生了。

隨著奴隸制經濟的發展，財物收支種類和數量增加，人們逐漸認識到帳簿記錄與實物結存之間是否相符的重要性，要控制財物實際收、支與結存數，減少財物的丟失。這樣，在改變帳實不一致狀況的前提下，實現在帳面進行結算的「收入－支出＝結余」的三柱結算法產生了。

西漢時期進入封建經濟發展的穩定時期，財物收入與支出的數量逐年增加，這樣無論是官廳簿記還是民間簿記都在三柱結算法的基礎上認識到財物結帳關係的連續性。在官廳財計工作和民間生產經營活動處於持續狀態下，上期結存財物

與本期收入財物是同一性質而不同簿記期間的收入，對本期經濟活動具有直接影響，但不能與本期收入混為一談，而應將其作為一個獨立的結帳要素對待，這樣「舊管＋新收＝開除＋實在」的四柱結算法產生了。

迄今為止，在各文明古國早期與簿記記錄相關的文獻中，尚未發現在帳面上進行結算的史實，這是因為在帳目記錄載體還十分粗笨而又不易保存的情況下，那些帳面記錄都還處於十分零散而雜亂的狀態，根本就無法進行帳面結算。但是，為了掌握財物結存之數，人們只好進行實地盤點。可以說，盤點清算法是人類曾經應用過的一種基本的結算方法。

到奴隸制時代中后期，情況開始發生了變化。人們在帳目管理中逐漸認識到進行帳面結算的重要性。人們將帳面結存數與實地盤點數相比，檢查各項財物安全完整情況。由此，人們逐漸自盤點清算法過渡到三柱結算法。在研究古巴比倫民間簿記時可以發現，現珍藏有一塊公元前2700年敦吉三世（烏爾王朝）統治時代的記錄板，其一面逐筆記錄金錢數目，另一面記錄其總額，並以收支相減進行結算。這實際上代表著民間簿記結算方法的運用水平。因此，在當時的民間，人們已經充分地認識到「收入」「支出」和「結余」三者之間的平衡關係，並且在大量的場合都是採用「收入－支出＝結余」這一公式來計算盈虧的，以加強對財物的管理。從盤點清算法到三柱結算法，現在看來這種進步是輕而易舉的，但出現在當時，却是一件不容易的事，是一個重大的進步。

5. 計量單位

在單式簿記的方法體系中，簿記計量單位的產生與應用是簿記記錄形成的一個重要轉折。因為一方面通過計量單位將每一帳目的實際意義表達明確化，並且切實表現出簿記記錄對象的全貌，還把帳簿與分類、分項記錄方法的應用融合在一起；另一方面又通過計量單位將簿記結帳方法與簿記報告的編製成為可能。

在古代，官廳簿記計量的對象主要是各財政入出項目設置方面的變化，其計量單位的產生與應用便充分反應了這一特點。一是處於普遍狀態的與處於優勢地位的且經久不衰的是糧谷或其他相關實物，二是處於次要地位的銀錢。圍繞賦稅的徵納和財政開支，官廳對簿記計量的對象都從始至終有明確規定。這些決定了古代官廳簿記計量單位產生、應用與發展的基本路徑：早期是以實物計量單位應用占主導地位，后來是以實物計量單位與貨幣計量單位兼用。

民間簿記計量單位應用也是分兩個階段，即實物計量單位與貨幣計量單位兼用階段和以貨幣計量單位為主應用階段。

把古代民間簿記計量單位應用水平與官廳簿記計量單位應用水平比較就可知，在簿記計量單位應用方面民間簿記要先進於官廳簿記，特別在貨幣量度應用方面更加顯示民間簿記的先進性。

6. 簿記憑證

簿記憑證是法學中所講「契約」內容之中重要的一種。在單式簿記的方法體系中，簿記憑證制度無論是作為一種法律性制度，還是作為技術方法，其一出現就被納入法律研究範圍，而簿記學或會計學也一直是以法律上對它的評價為依據，來確定它在簿記或會計方法體系中的地位，乃至它在整個會計發展史上的地位。

在古代社會，簿記憑證應用的發展，經歷了一個以簿記契約作為財產入出或錢糧收支變化的憑據階段，向直接作為帳目處理依據的原始憑證應用階段的發展變化。

在奴隸社會初期，由於經濟發展程度的制約和書寫工具與書寫載體方面的限制，人們在經濟交往過程中，把財物進出或與借貸相關的「契」僅僅作為一種證據或憑據，或者作為依據對待；尚未把「契」與具體帳目的記錄直接地、有機地聯繫在一起。由於封建社會經濟關係的產生與發展，財政經濟關係隨之趨於複雜化。在官廳財政收支管理中，管理者逐步認識到僅僅以憑證作為收支的依據是不夠的，還必須直接以憑證作為帳目處理的依據，這一思想與行動的發生，是古代簿記發展史上的一個重大變化。至此，簿記憑證發展到了應用階段。

7. 簿記報告

單式簿記方法體系中，簿記報告是上述各種方法按照簿記工作的邏輯程序結合應用的最終結果。自私人佔有財產制度產生以來，人們一開始便從財產掌控的角度關心這些財產的完整記錄，當財產所有者或主管者與簿記記錄者發生分離時，人類的簿記報告行為便產生了。從此，人們就把簿記報告看做維護與保障財產權利變化的依據，對於掌控與應用簿記報告的重要性，人們甚至把它同掌控財產的重要性一樣來對待，因此在單式簿記方法體系中，簿記報告方法具有舉足輕重的地位。

從古代官廳方面來講，中式簿記報告應用的發展可劃分為文字敘述式簿記報告編製應用階段和文字敘述與數據組合式簿記報告編製應用階段。文字敘述式簿記報告編製是採用類似於一般公文報告的陳述方式，通過文字表述來反應一定時期經濟活動過程及其結果。封建經濟進入繁榮發展時期，財政收支關係日趨複雜化，是進入文字敘述與數據組合式簿記報告編製階段的根本原因。

在簿記報告制度與方法採用方面，民間簿記也在一定程度上受到官廳簿記的影響。中國民間簿記流水帳的設置是以流水帳作為管事者向奴隸主報告錢糧收支狀況的依據。

在國外，從公元前3500年至公元前3000年間，關於記載古巴比倫民間經濟交往的泥土板可見，與官廳最初的情形一樣，當時管家不是向業主呈送簿記報告，而是向「神」呈送簿記報告。其報告就是一種以文字敘述為主的「流水帳」。從考古發現的「哈里斯」大草紙中可以證實，在古埃及的新王國末期（約公元前12世紀），民間簿記報告編製方法有了明顯的進步。古希臘的神殿簿記報告與古巴比倫、古埃及的報告具有類似的進步。公元前433年左右刻在大理石石碑之上的希臘帕特儂神廟「建築工程收支結算表」已採用了「四柱」式編報格局，在數據分項、分類組合方面已有了很大的進步。

在古代經濟逐步演進的過程中，簿記報告編製、呈送和審查顯示出內容越來越全面，要求越來越系統、一致與方法越來越科學的發展趨勢。在這方面，官廳簿記在前一時期具有代表性，而在後一時期民間簿記則具有代表性。

第二節　西方近代會計的歷史演進

一、復式簿記產生的背景

由單式簿記（Single-entry Bookkeeping）向復式簿記（Double-entry Bookkeeping）發展是簿記乃至會計發展史上一次根本性變化，是近代簿記開始的標誌，為簿記發展階段轉變到會計發展階段創造了最基本的條件。

在奴隸制時代，唯有古希臘與古羅馬的民間簿記發展走在當時官廳簿記的前面，這是這個時期的簿記影響經久不衰，成為世界民間商業簿記、手工業簿記與金融業簿記發展之根的原因。古希臘與古羅馬的商業、金融業簿記的輝煌衝破了中世紀漫長的黑夜，通過文藝復興時期的簿記復興，使古希臘和古羅馬民間簿記的血脈與復式簿記起源之間的血脈融合起來，成為文化傳承的一個重要方面。

11 世紀末以後地中海的封鎖與控制被打破了。從此海路逐漸暢通，遠地貿易逐步恢復，商品交易範圍與規模也日趨擴大。由宗教精神的變化所形成的慣例開始從世俗習慣上認定了商業行為的合法性，商人不再受到宗教的排斥，商人與商人的合作或結盟也不再受到限制。這一變化為商業與金融業的發展創造了條件。整個歐洲的商人與東方發生了空前的、全面性的貿易往來關係。

金融業的發展成為最早促進簿記發展的刺激因素。因為金融業者在處理借貸業務時，最容易將每筆經濟業務的發生視為人的借貸關係，並設置人名帳戶予以反應。於是，一股敢於在簿記方法上開闢前人未曾涉足的新路的勇氣，將一批又一批有志之士推到同一條路上冥思苦想。銀行家、商人、數學家、政府財政官員、法學家，他們實踐著簿記的重大改進。終於，伴隨著商品貨幣經濟和由此脫穎而出的資本主義經濟關係的發展，他們給義大利帶來了義大利復式簿記。

文藝復興開始於 14 世紀初期的義大利，當時義大利城市經濟的發展與資本主義經濟關係產生為這場運動的發生創造了先決條件。史實表明，簿記也是科學復興的一個重要方面，古希臘、古羅馬在數學與簿記方面的歷史成就，在文藝復興時期的工商業、金融業與教育業中得到了充分的體現。這既是促成單式簿記時代向復式簿記時代轉變的歷史動因，也是單式簿記向復式簿記演進的歷史基礎。

二、義大利復式簿記的起源

11 世紀地中海經濟發展的轉折，促使 11～12 世紀義大利北方城市進入繁榮發展時期，隨之復式簿記的萌芽形態主要在佛羅倫薩、熱那亞與威尼斯三個地區出現，從而產生了佛羅倫薩式簿記、熱那亞式簿記與威尼斯式簿記。

（一）佛羅倫薩式簿記

一般認為，最早反應了義大利式簿記萌芽狀態的簿記是 1211 年佛羅倫薩銀行的兩套會計帳簿，現珍藏於佛羅倫薩梅迪切奧·勞倫齊阿納圖書館。

佛羅倫薩式簿記（Florentine System of Bookkeeping）是指起源於佛羅倫薩商業

銀行的復式簿記。佛羅倫薩式簿記是由商業銀行固有的業務特徵而派生出來的復式簿記行為。正是由於這方面的原因，佛羅倫薩式簿記直接受到古希臘與古羅馬商業銀行簿記成就的影響。在佛羅倫薩銀行與古希臘、古羅馬銀錢業之間的簿記存在著一個歷史性轉變的連接點，這個連接點確定了一種按專業特性傳承與創新發展的基本關係，引領簿記由單式簿記向復式簿記轉變，隨之而來的是形式、方法與技術上的相應轉變。

佛羅倫薩式簿記的特點如下：

（1）記帳對象僅限於債權債務（按人名帳戶反應）。一張帳頁一個戶名，既無物名帳戶的設置，也無損益帳戶的設置，更無資本帳戶的設置。

（2）記帳方法以「di dare」（他應給我）和「di avere」（我應給他）之類的動詞作為轉帳記錄符號的復式記錄。前者為借，即借主；后者為貸，即為貸主。當時，銀行對任何一筆委託轉帳事項都在預留的兩個借貸部位上進行轉帳，即從某一客戶帳戶的貸方轉入另一客戶帳戶的借方，或從某一客戶帳戶的借方轉入另一客戶帳戶的貸方，以結算雙方的債權債務。這就是中世紀義大利復式簿記的萌芽。

（3）記帳形式為上下敘述式。將每一帳頁分割為上下兩部分，上部分為借，反應債權的發生；下部分為貸，反應債務的發生。

佛羅倫薩式簿記在帳頁上沒有明確的金額欄，貨幣額全部以羅馬數字記錄，還未使用阿拉伯數字。

（二）熱那亞式簿記

作為標誌復式簿記起源的一個重要的方面，熱那亞式簿記（Genoese System of Bookkeeping）形成的歷史背景具有特殊的方面，這個特殊性在於它的形成與這個城市的市政廳的簿記密切相關聯，即這種簿記一開始就具有政府簿記的特色。

熱那亞式簿記產生的歷史證據是1340年熱那亞市政廳財務官記錄的帳簿——兩冊總帳。一套由兩名財務官記錄，另一套由處於監督財務官立場的兩名財務記錄官按原帳抄錄。在總帳中，既有財務官帳戶、徵稅官帳戶、公證人帳戶之類的人名帳戶，也有反應胡椒、絹絲之類的物名帳戶，還有損益帳戶。它的總帳帳頁的形式與現在用的日記帳相同。一個帳戶占用一張帳頁，每一張帳頁均分為左右兩方。其左邊為借方，右邊為貸方，兩側對照並列。

這種左右對照的帳戶形式將債權的發生部分只記錄在帳面一側，而將債權的結清部分記錄在同一帳面的另一側，使債權的發生和結清記錄一目了然。左右對照帳戶形式還為進行帳戶式計算提供了場所。

熱那亞式簿記的成就在於其在帳簿組織中，引入了損益帳戶。損益帳戶的出現，使義大利帳戶體系更為健全。這樣不僅能夠反應債權和債務的增減變化、現金和商品的增減變化，而且還能反應經營成果，從而再一次擴大了帳簿記錄的範圍。

熱那亞式簿記的特點如下：

（1）記帳對象除債權債務外，還包括現金、商品和損益。

（2）記帳方法是復式記帳。

（3）記帳形式是左右對照式，即帳戶式。

(三) 威尼斯式簿記

如果說義大利簿記是在佛羅倫薩萌芽,並在熱那亞發育和成長的話,那麼,義大利簿記成為以復式記帳為紐帶的自我平衡的帳戶體系可以說就是在威尼斯完成的。在15世紀,位於地中海商業中心的威尼斯,那裡的商人擅長復式簿記制度與方法,在商業中應用復式簿記較佛羅倫薩乃至熱那亞都有十分明顯的進步,顯示了復式簿記萌芽時期的完善形態。威尼斯式簿記(Venetian System of Bookkeeping)為未來復式簿記的發展奠定了堅實的基礎。

在熱那亞式簿記中使用了損益帳戶,一方面平衡了商業帳戶,另一方面又將經營成果納入了記錄範圍。但由此又產生了新的問題,這就是損益帳戶無法自我平衡。資本帳戶正是在這種情況下,肩負著使損益帳戶平衡,並使余額帳戶的編製成為可能而出現的。其結果是義大利式簿記更趨完善、成熟。

威尼斯式簿記中最有代表性的帳簿有5本:一是1406年威尼斯政府的總帳;二是同年多納多·索蘭佐(Donado Soranzo)兄弟商會的總帳;三是現珍藏於威尼斯公文庫的安德烈亞·巴爾巴里戈(Andrea Barbarigo)商會的會計帳簿;四是賈科莫·巴多爾(Giacomo Badoer)家的總帳;五是管理史上著名的15世紀中葉左右兵工廠的會計帳簿。正是他們在當時流行的帳簿體系中加進了資本帳戶乃至余額帳戶,並以有著嚴密對應關係的日記帳、分類帳和總帳作為基礎,從而以最為完善的形式出現,引導整個威尼斯式簿記走上了比佛羅倫薩式簿記、熱那亞式簿記更高水平的階段。

威尼斯式簿記的特點如下:

(1)記帳對象除債權債務、商品、現金和損益外,還包括資本帳戶和余額帳戶。這一點體現了威尼斯式簿記最進步的方面。

(2)記帳方法為復式記帳。

(3)記帳形式是帳戶式(左右對照)。

威尼斯式簿記取佛羅倫薩式簿記之精華,揚熱那亞式簿記之所長,並加以創新,形成了一套較為完整、較成體系的簿記方法。這套方法後來通過盧卡·帕喬利的介紹向全世界各地傳播。所以說,威尼斯式簿記是對西方會計發展影響最大的簿記方法,因而在西方會計發展史上佔有極為重要的地位。

三、盧卡·帕喬利的「簿記論」

現在的大多數會計著作都引證1494年出版的盧卡·帕喬利(Luca Pacioli)的《算術、幾何、比及比例概要》(又名《數學大全》)中的「簿記論」。盧卡·帕喬利應當受到讚譽的主要原因不在於他是第一位發表復式簿記論著的作者,而是在於他詳細論述的復式簿記的基本原理歷經500余年而至今沒有改變。

盧卡·帕喬利於1445年出生在義大利臺伯河上游的一座名叫博爾戈·聖塞波爾克羅的小鎮。盧卡·帕喬利是一位出色的作家和充滿魅力的講演者和教師。他既是篤正的神教徒,又是一位人們公認的對數學、神學、建築學、軍事戰術學、體育與競技以及商業經營等領域都有淵博知識的學者。他先後在義大利的佛羅倫薩、米蘭、佩魯賈、那不勒斯和羅馬的5所大學任教。同時,他還曾經做過許多達

官顯貴和富商大賈的家庭教師。他雖然信奉神教，但他對自己所在的弗朗西斯教團的職責却缺乏興致。在學術方面，他主要是一位編輯者和翻譯家。盧卡・帕喬利認為，理論是重要的，但理論若不能被應用於實踐就毫無意義。他以一生中的主要精力從事教學和寫作，用通俗語言的形式把數學概念與方法應用於商業界。他的著作的廣泛流傳以及他作為教師的高度威望，充分證明了他的成就。盧卡・帕喬利並不認為自己是復式簿記的創始人。他在簿記中寫道：「……這裡將採用威尼斯的記帳方法，因為它明顯地勝過其他地方的記帳方法。」

誠然，盧卡・帕喬利沒有發明復式記帳法，因為有證據表明復式簿記在14世紀初期就存在了。但是，盧卡・帕喬利成為撰寫復式記帳專著的第一位作者，而且是以通俗的語言撰寫，從而使他贏得了「會計之父」的稱號。

盧卡・帕喬利於1482年回到佩魯賈大學后開始編寫《數學大全》一書。之后8年，他先後在羅馬、那不勒斯、比薩、亞細亞、威尼斯等地講授數學。15世紀90年代初期，他來到烏爾比諾，一方面利用當地的圖書館充實自己已接近尾聲的數學著作，另一方面著手準備出版工作。1494年，年近50歲的盧卡・帕喬利從烏爾比諾再次來到了當時的出版中心威尼斯，出版了自己潛心數年編著而成的著作《數學大全》，即《算術、幾何、比及比例概要》一書，在當時極為轟動。這部著作可能是盧卡・帕喬利已發表著作中最著名的一部。他的簿記論「計算與記錄詳論」就編在這部著作中。

盧卡・帕喬利的《數學大全》是一部內容豐富的數學著作，其中有關簿記的篇章是論述15世紀復式簿記發展的總結性文獻，反應了到15世紀末期為止威尼斯式簿記的先進方法。《數學大全》的出版發行，不僅是義大利數學乃至歐洲數學發展史上的光輝篇章，而且還有力地推動了西式復式簿記的傳播和發展，培育了一代又一代的會計學者，為西方會計科學的建立奠定了堅實的理論基礎。

盧卡・帕喬利的《數學大全》主要分為以下5個部分：

(1) 算術與代數。
(2) 算術與代數在商業中的應用。
(3) 簿記。
(4) 貨幣和兌換。
(5) 理論幾何和應用幾何。

其中，論述復式簿記的是第三卷第九部第十一篇「計算與記錄詳論」。這一篇又有36章，分為兩大部分：第一部分介紹財產盤存；第二部分論述帳務處理。盧卡・帕喬利在這本書中詳細地介紹了為我們今天所知道的簿記方法，如盤存企業的財產、根據盤存結果在帳簿上登記原始分錄、記錄交易、過入分類帳、填寫過帳摘要、編製試算表以查核記帳過程中的正確性、結清虛帳戶（過渡性帳戶）並通過損益帳戶轉入資本帳戶等。

除了論述簿記過程的方法外，盧卡・帕喬利還在書中介紹了內部控制。他提出各種備忘簿、日記帳和分類帳簿都必須編上號碼和填寫日期，帳簿中的帳頁應當預先編號。盧卡・帕喬利還強調交易的原始憑證要詳細編製並永久存檔；零星業務費用應歸集於一個總括帳戶中；為了內部核對的目的，會計帳簿應予以審查。

四、復式簿記研究在義大利的最初繼承者

15世紀末，盧卡·帕喬利的《數學大全》的誕生，很快引發了研究「義大利三式簿記」，尤其是研究威尼斯式簿記的熱潮。

1525年，喬瓦尼·安東尼奧·塔利恩特（Giovanni Antonio Tagliente）撰寫了一本《以威尼斯的慣例為基礎的復式簿記法》，是為商人介紹復式簿記知識而編著的。其特點是就借方與貸方列舉了實例，並說明了分錄帳的結轉法，但沒有提及總帳。

1534年，由威尼斯數學家多梅尼科·曼佐尼（Domenico Manzoni）所寫的《威尼斯式總帳和分錄帳》在威尼斯出版了。該書分為兩大部分，上半部分是對復式簿記理論的闡述，下半部分說明分錄帳與總帳的記錄處理方法。

1539年，米蘭著名數學家和醫生吉拉莫·卡爾達諾（Girolamo Cardano）出版了《算術和個體測量的實踐》一書，其中第十六章「關於簿記手法」，按12個項目扼要地論述了復式簿記。

1558年，阿爾維塞·卡薩諾瓦（Alvise Casanova）在威尼斯出版了一本題為《明鏡》的簿記文獻。該著作由3個部分構成，其中有兩個部分分別列舉了復式簿記和記帳的例子。

貝內代托·科特魯依（Banedetto Cotrugli）在商人弗蘭切斯卡·斯特凡尼的全力支持下，於1458年8月25日完成了《商業和精明的商人》一書的編寫，但該書一直拖到1573年才出版。該書強調記錄的意義和重要性（原始記錄是重要的憑證和依據），介紹了借貸用語、帳簿記錄和帳簿組織等。

唐·安杰洛·彼得拉（Don Angelo Pietra）於1586年寫出了一本最早用於非營利企業的簿記，並提出了會計報告的意義。在唐·安杰洛·彼得拉之后，並將他的會計報告理論發展到更高水平的是盧多維科·弗洛里（Lodovico Flori）。他的傳世之作是《附例解的家庭用復式簿記理論》，該書於1636年出版於巴勒莫。該書立論精闢，除仿效、發展了彼得拉的會計報告思想和繼承年度決算以及試圖將復式簿記應用於私人或家庭簿記以外，在其他方面也發展了義大利式簿記法。

五、義大利式簿記在其他國家的傳播

（一）義大利式簿記在德國的傳播

16世紀的德國，在文藝復興運動和馬丁·路德的宗教改革運動的推動下，與整個西歐在政治、經濟和文化上的接觸日益增多起來。這時義大利式簿記也開始在德國會計發展的徵途上留下深深的痕跡。這種痕跡乃是德國在這一時期區別於中世紀會計的根本標誌。馬蒂豪斯·施瓦茨（Matthaus Schwarz）於1518年記錄的手記，可以說是反應這種痕跡的最早證據。他的手記是他在雅各布·富格爾（Jakob Fugger）家族邊實踐邊研究的產物，由什麼是簿記、義大利式簿記和德國式簿記3個部分組成。

海因里希·施雷貝爾（Heinrich Schreiber）的數學著作《新技術著作》完成於1518年，1521年於紐倫堡正式出版。書中特設專章闡述簿記，題為「採用分錄

帳、商品帳和債務帳的商人帳簿」。該章除設定商業業務實例講解德國的帳簿組織之外，還闡明了復式簿記的基本要素、記帳規則和進行決算的手續和程序。

1531 年，德國紐倫堡出版刊行了由約翰・戈特利布（Johann Gottlieb）編著的《簡明德國簿記》一書，時隔 15 年，他又出版了《兩種精巧簿記》。他的著作改進了帳簿組織和帳戶形式，列舉了許多實例，闡明了記帳規則。

彌補了戈特利布不足的是埃哈特・馮・埃倫博根（Erhart von Ellenbogen）。他於 1537 年出版了一本關於商業簿記的簿記著作。他通過列舉經濟業務實例，創新地說明了由施雷貝爾論述的損益決算法。

1549 年在紐倫堡出版了沃爾夫岡・施韋克（Wolffgang Schweicker）編寫的《復式簿記》書。該書第一部分舉例講解分錄的編製；第二部分舉例說明總帳的記錄和轉帳；第三部分舉例說明新帳記錄。

1570 年，數學教師塞巴斯蒂安・甘姆麥斯菲爾德（Sebastian Gammersfelder）的《兩帳簿的義大利式簿記》出版。這部著作豐富了借貸復式記帳原理，是 16 世紀最優秀的德語簿記著作。

1594 年，德國漢堡的數學教師帕斯赫爾・格森（Passchier Goessens）出版了名為《復式簿記》的著作。

1660 年，克里斯托夫・阿哈蒂烏斯・哈格（Christophor Achatius Haher）出版了他的著作《關於特定代理業和公司交易的簿記》。

1662 年，簿記員喬治・尼克勞斯・舒爾茨（Georg Niecolaus Schurtz）所著《普通簿記教程》一書出版。

1685 年，商人、簿記員保羅・赫爾姆林（Paul Hermling）在但澤出版了《健全的簿記》一書。

（二）義大利式簿記在荷蘭的傳播

16 世紀初，荷蘭受西班牙統治，直到 1581 年正式宣布獨立，成立荷蘭共和國。安特衛普是荷蘭南方最大的城市。自從 14 世紀初葉開設定期市場以來，安特衛普就成為尼德蘭有名的市場之一。進入 16 世紀以後，安特衛普又成了「歐洲最大的貿易中心和世界銀行信貸中心」。這些為義大利式簿記的傳播創造了條件。正是因為荷蘭與德國、法國和義大利頻繁發生的貿易關係，使荷蘭成為發展義大利復式簿記的先驅。

16～17 世紀的荷蘭，熱衷於研究義大利復式簿記的是兩種人：一是商人，二是數學家或數學教師。前者從商業經營實踐的角度探討復式簿記的基本原理，並力求在實踐中加以改進；后者是在數學與簿記之間尋求結合點，從理論上推進簿記學的發展，並從實務處理上去驗證理論的科學性。

荷蘭第一本新式簿記譯著《新教程》由簡・英平・克里斯托弗爾（Jan Ympyn Christoffels）完成，（因其剛脫稿就去世）由其遺孀於 1543 年用法語代為出版。克里斯托弗爾於 1509 年與盧卡・帕喬利在威尼斯會見過。他深深懂得推廣新式簿記的改革意義，他通過仔細分析帕喬利和曼左尼的著作，決定以譯著的形式，有繼承也有創新地向荷蘭人灌輸義大利式簿記法的思想。該著作將義大利復式簿記引入荷蘭應用。會計史學家們都把這部著作出版的 1543 年稱為簿記發展史上或會計

發展史上最重要的一年。

1573年,米切爾·柯依納特(Michel Coignet)在安特衛普出版了荷蘭語僧院會計著作。

1582年,巴塞洛米厄斯·克盧特(Bartholomeus Cloot)出版了《義大利式簿記簡便法》。

1609年,亨德里克·瓦寧亨(Hendrick Waninghen)出版了一本《義大利簿記的保箱》論著,較之前人更為詳細地介紹了復式簿記的記帳技術,為簿記學的成立做出了一定的貢獻。

1607年在荷蘭出版了西蒙·斯蒂文(Simon Stevin)的《數學慣例法》。這是繼盧卡·帕喬利的《數學大全》之后又一部天才大師的名著。該書中有100多頁是研究復式簿記的,寫作採用了作者與王子對話的方式,故又把這部分內容稱為「義大利式王子簿記」或「王子簿記」。

亞伯拉罕·德·格拉夫(Abraham de Graaf)的得意之作《附帶日記帳的義大利式簿記指南》第二版於1688年出版。

安東尼·凡·紐利海姆(Anthonis van Neulighem)的代表作《義大利式簿記的新事實》於1631年出版。

1681年,威廉·凡·格澤爾(Willem van Gezel)出版的著作為《商業簿記指南》。

馬蘇·德拉·波特(Mathieu de la Porte)於1703年出版了《青年商人的科學》,對商業簿記操作具有很好的作用。

(三)義大利式簿記在英國的傳播

14~15世紀的英國圈地運動,促使了資本主義在農業中的發展,並推動了這個時期工商業的發展。這正是英國逐步引入義大利復式簿記,具有創造性地進行英式簿記革命,並最終推動簿記學階段向會計學階段發展,一度成為整個歐洲簿記或會計發展中心的歷史背景。

英國第一本簿記著作是由商人兼算術、簿記教師休·奧爾德卡斯爾(Hugh Oldcastle)編寫的《有益的論文》。該書於1543年在倫敦出版,主要是按照盧卡·帕喬利的「簿記論」內容譯編的。

1547年,英國第二本簿記著作由布萊恩特根據荷蘭克里斯托弗爾簿記英譯本在英國出版,其書名為《著名的和非常優秀的著作》。

詹姆斯·皮爾(James Peele)是現存最早由英國人自己編著的英語簿記文獻的作者。他於1553年在倫敦出版了他的第一本著作《如何把帳記好的方法和格式》,於1569年出版了第二本著作《借貸會計入門》。

比皮爾影響更大的,在引進荷蘭簿記實務方面做出更大貢獻的是約翰·韋丁頓(Johan Weddington),他於1567年在安特衛普(國外)出版了《簡明簿記教程》。

將荷蘭簿記實務的引進推向最高潮的是會計教師理查德·達伐納(Richard Dafforne)。他的著作《商人寶鑒》執筆於阿姆斯特丹,並於1635年出版於倫敦。

1635年,約翰·柯林斯(John Collins)的簿記著作《商人會計入門》出版了。

1675 年，斯蒂芬‧蒙蒂基（Stephen Monteage）編著的《正確運用會計的簡要指南》一書在倫敦出版。1683 年，他又出版了《租金收集人的會計入門》。

1683 年，羅伯特‧柯林森（Robert Colinson）的簿記著作《精明的會計人員》在愛丁堡出版。他將原來的「Debitor」和「Creditor」改為現代用語「Debit」和「Credit」。

羅杰‧諾斯（Roger North）於 1714 年出版了《紳士會計》。

亞歷山大‧麥吉（Alexander Macghie）於 1718 年在愛丁堡出版了《簿記說明原理》。

1736 年，在愛丁堡出版了簿記教師約翰‧梅爾（John Mair）的《簿記法》，他是英國簿記由引進應用到走向改良時期的關鍵人物。

1789 年，本杰明‧布思（Benjamin Booth）的《健全的簿記體系》一書出版。該書在一定程度體現了「英式會計」變革開端的優秀著作。

1796 年，愛德華‧托馬斯‧瓊斯（Edward Thomas Jones）在倫敦出版了《瓊斯的復式簿記》。

經歷了「英式簿記」革命之後，19 世紀初英國簿記或會計學者的思想進入一個比較活躍的時期。他們既熱衷於歷史的回顧，又關注英國簿記或會計歷史的明天，其中的一些簿記或會計的文獻便是在這種情況下產生的。

1801 年，帕特里克‧凱利（Patrick Kelly）的《簿記學原理》出版了。

1818 年，F. W. 克朗赫爾姆（F. W. Cronhelm）的《簿記新法》出版了。

1839 年，艾薩克‧普雷斯頓‧科里（Isaac Preston Cory）的《實用會計論文》出版了。該書的主要貢獻是在體現對獨立「資產負債表」編製的研究方面。

19 世紀英國審計的長足發展，與工業革命的成功、公司制的發展，乃至與《公司法》的頒布、修訂與執行都是直接相關的。弗朗西斯‧威廉‧皮克斯利（Francis William Pixley）是英國會計學界的后起之秀，他於 1908 年出版的《會計學》一書，在 20 世紀初產生了十分重要的影響。

勞倫斯‧羅伯特‧迪克西（Lawrence Robert Dicksee）為英格蘭及威爾士特許會計師協會的會員，創建了塞拉斯—迪克西合夥會計師事務所。同時，他也是伯明翰大學的會計教授。他既具有豐富的實踐經驗，又具有深厚的會計、審計理論功底，他一生先后寫過 17 部會計著作，是一位多產的作家。1892 年，他的《審計學》在倫敦出版，是當時影響最大、影響持續時間最長的教科書，也是迄今為止世界上最著名的審計教科書之一。他在會計學建設方面的貢獻主要是提出了持續經營概念和原則、固定資產要計提折舊、為資產估價和收益計量奠定了基礎。

18 世紀 60 年代始於英國的工業革命，宣告了機器大工業時代的到來，自此股份公司成為近代市場經濟中最基本的單元。因此，在英國，那種一味照搬的辦法行不通了，會計變革成為歷史的發展趨勢。從會計發展自身來講，這場變革所要建立的是工業會計的理論體系和方法。在工業革命發展階段，圍繞工業會計體系理論與方法展開的研究，把簿記學（Bookkeeping）原理引向會計學（Accounting）原理方面。工業會計時代的到來，由成本會計起，形成了一系列的理論問題與方法問題，這些都成為會計學研究的重要內容。

南海公司作為世界上第一家股份公司於 1710 年特許成立，其主要目的是籌集 1,000 萬英鎊的流動國債基金以從事非洲和南美洲的奴隸貿易並賺取利潤。由於 18 世紀早期的投資機會很少，眾多的投資者都湧向新股發行，從而導致股價成倍地增長。后來，該公司的倒閉導致了英國皇室和許多富有人家的數十萬英鎊的損失，從而引起經濟的震盪。於是 1720 年英國議會頒布了著名的《泡沫公司取締法》。南海公司泡沫事件使人們開始認識到公司帳目審計的重要性，促進了英國註冊會計師職業的迅猛發展。1844 年英國頒布的《股份公司法》中的會計、審計規範，將會計、審計法律制度的建設作為政府的統一行為。1845 年修訂《公司法》的「總則中幾乎全部是審計和會計條款」，其立法的具體化程度直接涉及「詳盡且公允的」年度「資產負債表」的編製，要求股東對公司董事的監督，逐漸不再由股東代表實施，而由處於第三者立場的社會特許會計師代行，實現了民間審計的一次重大轉折。

　　受 1845 年《公司法》的影響，英國於 1853 年在蘇格蘭的愛丁堡成立了世界上第一個註冊會計師專業團體——「愛丁堡會計師協會」。1854 年，該協會被授予皇家特許證，允許其會計師稱為「特許會計師」（Chartered Accountants）。之后，註冊會計師職業在英國迅速崛起。1855 年的格拉斯哥會計師和保險統計員協會、1867 年阿伯丁會計師協會、1870 年倫敦會計師協會和利物浦會計師聯合會、1871 年曼徹斯特會計師協會、1877 年謝菲爾德會計師協會等相繼成立。1880 年 3 月，英格蘭、威爾士的五大會計師協會聯合組成「英格蘭威爾士特許會計師協會」。至此，註冊會計師事業在英國的發展已達到相當高的水平。如果說 1494 年盧卡·帕喬利復式簿記著作的出版是近代會計發展史上的第一個里程碑，那麼註冊會計師制度的出現則是近代會計發展史上的第二個里程碑。

第三節　美國現代會計的產生與發展

一、美國現代會計產生的基礎

　　17 世紀初至 18 世紀中葉，美國在未獨立之前是英國在北美大西洋沿岸先后建立的 13 個殖民地。17 世紀早期，英國的一些資本家開始把投資目光集中到美洲大陸，陸續有不少私營股份公司來到殖民地從事經營活動，這時不僅開始了簿記，也有了審計。

　　17 世紀末和 18 世紀初，殖民地的工業發展很快，其經濟已經相當繁榮，隨后 13 個殖民地的統一市場便形成了。因此，到 17 世紀末，在殖民地已有了培養復式簿記人才的動機。

　　對英國殖民地時代的簿記或會計師發展具有影響的還是英國傳入的教科書。例如，蘇格蘭著名學者約翰·梅爾於 1736 年出版的《簿記學》的修訂版《近世簿記》，書中關於殖民地種植園的帳戶設置與記帳方法一度迎合了喬治·華盛頓（George Washington）家種植園帳目處理的需要。

　　1783 年 9 月，美、英兩國正式在巴黎訂立和約，英國承認美國獨立。至此，

會計發展進入美國時代。

美國獨立后，出版了幾部由美國學者自己撰寫的著作，在美國會計發展史上起到了開創性的作用，為美國現代會計的產生奠定了基礎。

本杰明·沃克曼（Benjamin Workman）於 1789 年出版的《美國的會計員》，是最早在美國出版的關於復式簿記的教科書。

威廉·米切爾（William Mitchell）於 1796 年出版的《完整的新簿記體系》，被美國的一些會計史學家評價為「在會計史上有著顯著地位的書」。

昌西·李（Chauncey Lee）的《美國會計人員》一書於 1797 年出版，是一部立足於改進義大利復式簿記的著作。

內森·達博爾（Nathan Daboll）於 1800 年出版了《實用會計或農場主與商人的最佳簿記方法》。

詹姆斯·貝內特（James Bennett）的《美國實用簿記系統》於 1820 年出版。

托馬斯·亨利·戈達德（Thomas Henry Goddard）的《商人與適用會計》於 1821 年出版。

本杰明·富蘭克林·福斯特（Benjamin Franklin Foster）的代表作《商業簿記精論》於 1836 年出版。

托馬斯·瓊斯（Thomas Jones）的《簿記原理與實務》於 1841 年出版。這本書被認為是美國近代簿記教科書中最有質量的一本書。1859 年，他又出版了《簿記與會計職業》一書。

喬治·J. 貝克（George J. Becker）的《論復式簿記的理論與實務》於 1847 年在費城出版。

C. C. 馬什（C. C. Marsh）的代表作《銀行簿記和合股公司會計的理論與實務》於 1856 年出版，是一部以銀行簿記為例證研究簿記理論與實務的著作。

亨利·比得曼·布賴恩特（Henry Beadman Bryant）、亨利·德懷特·斯特拉頓（Henry Dwight Stratton）、賽拉斯·薩德勒·帕卡德（Silas Sadler Packard）合著的《美國簿記》於 1860 年出版。該書的特點是為學習者設計一系列的練習，用成套的示例進行啟發式教學，以學習者掌握和應用所學知識為目的。

E. G. 福爾索姆（E. G. Folsom）的《帳戶邏輯》於 1875 年在紐約出版。

艾伯特·加勒廷·斯科菲爾德（Albert Gallatin Scholfield）的《關於借記與貸記的論文》於 1880 年出版。

亨利·梅特卡夫（Henry Metcalfe）的《製造成本與工廠管理》於 1885 年出版。該書的出版既是工業會計研究的一個轉折點，也是成本—管理會計起步的重要標誌。

除上述人員以外，還有紐約會計師協會成員弗雷德里克·W. 蔡爾德（Frederick W. Child）與工程師弗雷德里克·泰羅（Frederick Taylor）、喬治·L. 福勒（George L. Fowler）以及哈林頓·埃默森（Harrington Emerson）等都參與到會計理論研究中來，這些人展開的研究都直接影響到美國 20 世紀現代會計的迅速發展。

19 世紀是美國廣泛發展簿記或會計教育事業、培養簿記與會計人才、為建立市場經濟奠定管理基礎的世紀。這個時期美國的會計教科書或會計著作創作，體

現出在循序漸進改革中求發展的過程，改革簿記的理論體系與方法體系，實現由簿記學向會計學的轉變。這些教科書或會計著作強調簿記或會計理論與實務性研究相結合。到 19 世紀下半葉，是美國會計著作走向會計理論創新的時期。這個時期被稱為「美國鍍金時代」(1886—1896 年)。在此期間美國經濟處於高速發展狀態，其企業已徹底結束了「個人時代」，而進入到「企業或公司的全盛時期」。這時期，鐵路公司會計、鋼鐵公司會計、製造業會計、商業公司會計得到了發展和完善。這一切都為美國進入 20 世紀后現代會計理論的發展奠定了基礎。

19 世紀，由於美國工業化所需的巨額資本大多來自海外，尤其是在當時占統治地位的英國，因此英國的特許會計師們自然也就順理成章地進入了美國。例如，普華會計公司 (Price Waterhouse)、畢馬威會計公司等，都源於英國。1886 年 10 月，英國會計師詹姆斯·T. 安楊 (James T. Anyon) 從倫敦來紐約加盟美國第一家會計師事務所——「巴倫姆、韋德和格思里 (Barrom, Wade & Guthrie) 事務所」。愛德華·格思里 (Edward Guthrie) 於同年 12 月訪問了該事務所。他們中的兩人召集了一次有關利益各方參加的會議，討論在美國設立一個與英國前不久設立的協會相類似的機構——美國註冊會計師協會的前身美國公共會計師協會。1885 年以後，從事公共審計的美國會計師越來越多，美國公共會計師事業已真正稱得上是進入了誕生時期。1896 年 4 月 17 日，紐約頒布了第一項承認並確立註冊會計師稱號的州級立法，標誌著這一職業開始得到法律的認可。

整個 19 世紀，美國在世界簿記或會計發展的基礎上，都一直在為邁向現代會計發展階段作準備，這已為 20 世紀現代會計的發展創造了必備的條件。

二、20 世紀美國現代會計的發展

美國堪稱世界會計發展過程中一顆光輝燦爛的新星。當義大利孕育出復式簿記時，美國尚沉睡在原始公社制時期，其會計發展可以說是極為落後的。然而，不到 500 年，美國不僅把荷蘭、德國、義大利甩在后面，而且還神奇地超過 19 世紀作為會計發展中心的英國，躍居世界前列。直到今天，美國依然保持著這樣的優勢。

(一) 美國現代會計理論的奠基時期

進入 20 世紀後，美國大工業企業的發展對美國現代會計的發展提出了新的要求。20 世紀上半期，在美國現代會計理論發展過程中，可謂英雄輩出，名家紛起，使美國的現代會計發展進入「黃金時代」。

查爾斯·埃茲拉·斯普瑞格 (Charles Ezra Sprague) 是美國紐約大學教授，他在 1907 年出版的《帳戶的哲學》成為美國會計理論早期最著名的一本著作。他是美國現代會計的奠基人之一，是美國現代會計發展史的引路人。他一生的會計著作除《帳戶代數學》《帳戶的邏輯》之外，還有《投資會計》《廣義債務表》《分期付款法》《複利表》等。

亨利·蘭德·哈特菲爾德 (Henry Rand Hatfield) 的名著《現代會計學》於 1909 年在紐約出版。它與斯普瑞格的《帳戶的哲學》並列成為當時美國會計界最有影響的著作。1938 年，他與桑德斯 (Sanders)、莫爾 (Moore) 合作撰寫與出版

了《論會計原則》一書，該書被學術界稱為美國歸納學派的代表作。

威廉·安德魯·佩頓（W. A. Paton）是所有會計學家中最著名的，有人把他看做「美國現代會計理論之父」。他是密歇根大學的終身教授，其代表作有1922年的《會計理論》、1940年和伊利諾斯大學教授利特爾頓（Littleton）合著的《公司會計準則導論》（這本書被列為美國會計學會第3號專題研究報告）。

坎寧（Canning）是經濟學家、博士，他的代表作是1929年出版的《會計學中的經濟學》（*The Economic Accounting*），其主要貢獻是把經濟學的一些觀點引入到會計學和會計工作中來。他認為理想的計量模式是按照資產的直接估價來計量資本價值的年度淨變化。估計方法按每項資產直接計量，直接計量應按未來現金流量的貼現值來表示。坎寧的觀點在當時沒有得到重視，后來才被美國財務會計準則委員會（FASB）吸取。

斯威尼（H. W. Sweeney）於1936年出版了他的博士論文《穩定會計》（*Stabilized Accounting*）。《穩定會計》出版時美國剛度過災難性的1929—1933年大經濟危機。他的建議后來被美國財務會計準則委員會1979年發布的第33號美國財務會計準則（SFAS No. 33）《財務報告與物價變動》所採用。

麥克尼爾（MacNeal）於1936年出版了《會計中的真實》一書。這本書幾乎與《穩定會計》一脈相承，兩書都是20世紀初經濟大危機后美國經濟蕭條且物價變動的產物。斯威尼（Sweeney）是該學派的第一個代表，麥克尼爾（MacNeal）是該學派的第二個代表，他們痛斥企業製造虛假利潤。

亞歷山大（S. S. Alexander）於1950年發表了《在動態中的收益計量》。這本書在計量問題方面有作者自己的見解：第一，他主張採用單一的計量屬性；第二，他認為計量屬性應服從於決策模式，因而應適應不同的決策者的需要選用不同的計量模式；第三，他設想在理想的模式下，對企業資本化價值及其變化進行計量而不讚成採用一般物價水平計量。

阿納尼斯·查爾斯·利特爾頓（A. C. Littleton）在1940年和威廉·安德魯·佩頓（W. A. Paton）合著了《公司會計準則導論》。利特爾頓還在1933年出版了《1900年以前會計演進》；在1953年出版了一本著名的專著《會計理論結構》（*Structure of Accounting Theory*），這本著作被美國會計學會列為第5號專題研究報告，系統闡述了利特爾頓對會計（主要是財務會計）的全面思想；在1956年與亞梅合作出版了《會計史論文集》；在1962年與齊默爾曼合作出版了《會計理論：連續變化》；在1965年與穆尼茨合作出版了《會計學重要論文集》。

李·尼科爾森（Lee Nicholson）於1909年出版了《尼科爾森工廠和成本》，於1913年出版了《成本會計理論和實務》。他是美國最早系統地研究成本會計和講授成本會計的學者之一。

羅伯特·希斯特·蒙哥馬利是美國現代審計奠基人。其在1912年出版的《審計理論與實務》被譽為西方審計人員的「聖經」。該書經五次修訂再版，1949年修訂之后的第七版正式更名為《蒙哥馬利審計學》。

除此之外，還有1909年由英國來到美國為美國會計做出重大貢獻的亞歷山大·漢密爾頓·丘奇（Alexander Hamilton Church）和喬治·O. 梅（George O. May）、

1947年撰寫《會計資金理論及其在財務報告中的運用》的威廉‧J. 瓦特（William J. Vatter）、在審計方面成就突出的保羅‧富蘭克林‧格雷迪斯科（Paul Frankin Grady）、20世紀初在成本會計方面有傑出貢獻的J. 懷特莫爾（J. Whitmore）等。被譽為「美國管理會計的創始人」的麥金西（J. O. Mckinsey）於1922年出版了美國第一部系統論述預算控制的著作《預算控制論》（*Budget Control*），於1924年又公開出版了第一部以管理會計命名的著作《管理會計》（*Managerial Accounting*）。

這些學者的著作集中體現了這個時代的會計精神，從本質上確立了美國現代會計的科學地位，奠定了美國現代會計、審計理論體系與技術方法體系的基礎。

（二）美國現代會計理論的完善階段

20世紀50年代，美國出現了大規模的企業合併運動，為企業管理中的財務與會計工作帶來了一系列有待研究和解決的難題。在這一時期，美國會計理論問題的研究方向大都集中到與會計準則理論相關的方面。

莫瑞斯‧穆尼茨（Maurice Moonitz）於1961年出版了《會計基本假設》。

埃加‧O. 愛德華茲（Edgar O. Edwards）與菲利普‧W. 貝爾（Philip W. Bell）分別是經濟學教授和副教授，是現行成本會計模式的倡導者，是企業經營權益新模式的重要開拓者。其代表作是1966年出版的《企業的收益與理論和計量》，這是美國現代會計史上的一部名著。

威廉‧J. 瓦特（William J. Vatter）於1963年出版了《假設與原則》。

井尻雄士（Yuji Ijiri）於1965年出版了《傳統會計講師的原理與結構》。

路易斯‧戈德伯格（Louis Goldberg）於1965年出版了《會計性質的探究》。

吉姆斯‧W. 帕蒂洛（James W. Pattillo）於1965年出版了《財務會計的基礎》。

雷蒙德‧J. 錢伯斯（Raymond J. Chambers）於1966年出版了《會計、計價與經濟行為》，於1975年出版了《通貨膨脹會計》。

羅伯特‧R. 斯特林（Robert R. Sterling）於1967年出版了《純會計理論的要素》。

拉尼‧G. 查斯廷（Lanny G. Chasteen）於1973年出版了《經濟環境與存貨方法的選擇》。

托馬斯‧R. 普林斯（Thomas R. Prince）於1963年出版了《會計理論界限的延伸》。

艾倫‧R. 德雷賓（Allan R. Drebin）於1966年出版了《業主權益研究會計》。

埃爾登‧S. 亨德里克森（Eidon S. Hendriksen）於1965年出版了《會計理論》。

美國會計學會的《基本會計理論》於1966年出版。

羅斯‧L. 瓦茨（Ross L. Watts）和杰羅爾德‧L. 齊默爾曼（Jerold L. Zimmerman）於1986年出版了《實證會計理論》。

管理學家R. H. 赫曼森（R. H. Hermanson）撰寫的《人力資源會計》於1964年出版，他首次從資產的角度提出人力資源問題。

R. 埃斯特斯（R. Estes）於1976年出版的《企業社會責任會計》首次從會計的角度提出生態環境與資源控制問題。

理查德‧馬特西克（Richard Mattessich）的《管理會計的過去、現在和未來》於1950年出版。

21

羅伯特·N. 安東尼（Robert N. Anthony）的《半個世紀成本會計的發展》於 1956 年出版。

羅伯特·S. 卡普蘭（Robert S. Kaplan）的《高級管理會計》於 1982 年出版。后來，他和安東尼·A. 阿特金森（Anthony A. Atkinson）合著的《高級管理會計》得以出版。

羅伯特·K. 莫茨（Robert K. Mautz）與侯賽因·夏拉夫（Hussein A. Sharaf）兩位著名教授於 1961 年出版了《審計理論結構》。

查爾斯·W. 尚德爾（Charles W. Schandl）的《審計理論》於 1978 年出版。

加里·約翰·普雷維茨（Gary John Previts）與巴巴拉·杜比斯·默里諾（Barbara Dubis Merino）合著的《美國會計史》於 1979 年出版。

H. 托馬斯·約翰遜（H. Thomas Johnson）與羅伯特·S. 卡普蘭合寫的《相關性已消失：管理會計的興衰》於 1987 年出版。

1968 年，鮑爾（Ray Ball）和布朗（Philip Brown）發表的論文《會計收益數據的經驗評價》(*An Empirical Evaluation of Accounting Income Numbers*) 開創了會計實證研究的先河。美國會計學家簡森（M. C. Jensen）在 1976 年發表的《關於會計研究和會計管制現狀的反應》中提出，由於規範的理論占優勢，會計研究是不科學的。美國會計學家 R. L. 瓦茨（R. L. Watts）和齊默爾曼（J. L. Zimmerman）也是實證會計理論的推動者。

19 世紀作為轉變的歷史起點，在實務與理論互動的反覆工作過程中，美國實現了由簿記學階段向會計學階段的發展，在 20 世紀進入到現代會計的發展階段。19 世紀是美國的會計理論、教育與公司會計實務處理初步結合的世紀。到 20 世紀上半葉，各位會計學者的努力為美國現代會計基本理論體系的建設奠定了初步的基礎。在此期間，美國的現代會計理論建設發展較快，要求執行統一的會計制度，建立、完善美國財務會計準則（公認會計原則），提出折舊會計、成本會計、報表審計、稅務會計、管理會計研究等。20 世紀下半葉是美國會計理論與實務研究的進一步深入的時期，在此期間，人力資源會計、社會責任會計、環境會計、國際會計、通貨膨脹會計、電算化會計、衍生金融工具會計、實證會計理論研究得以提出。

第四節　中國會計理論的發展

一、中國古代簿記的產生

會計在中國有著較為悠久的歷史。中國古代時期所應用的「官廳簿記」是典型的單式簿記系統，而「官廳簿記」中的帳簿設置遠比其他國家複雜。

在原始社會末期，用於反應經濟事項的文字、計數法與實物計量單位這三個要素條件已基本具備，產生了基本上可以起到后世帳簿作用的經濟「書契」，這種「書契」已是一種處於萌芽狀態的帳簿。

西周時期（公元前 1046 年至公元前 771 年），「會計」二字已經出現在經典之

中。起初，會計二字是分開的，「會」字的基本含義是把增加的東西集合、加總起來。「計」字的基本含義是將零星分散之財物匯總起來加以計算。后來我們把這兩個字連用構成了一個新詞——「會計」。經過對西周史料的分析，「會計」二字連用的基本含義是既有日常的零星核算，又有歲終的總合核算，達到正確核算王朝財政經濟收支的目的。清朝著名的數學家、經濟學家焦循在《孟子正義》一書中對會計的解釋是「零星算之為計，總合算之為會」。

（一）中國單式簿記的核算項目

從中國的官廳會計方面來考察，人們最初所進行的分類分項核算是由國家所規定的財政收支項目來決定的。也就是說，在單式簿記運用階段，國家所規定的財政收支項目是會計帳簿設置和進行分類分項的依據。

（二）中國單式簿記的帳簿設置

西周時期，中國把帳簿稱之為「籍書」。這時，官廳的財政入出帳目依然書寫在竹片或木片上，分別按入出項目組合成冊。《周禮》一書中以「要」與「要會」作為籍書之名的代稱。《周禮註疏》中也講「要會，謂計最之簿書，月計曰要，歲計曰會」。

中國古代最初的一個階段應用單一流水帳記錄，為「一帳」設置。這種帳的記錄形式處於「草流」階段。古代官廳簿記的「流水帳」，如出入流水帳、銀錢流水帳等，同時也稱為錢谷簿，或分別稱為谷簿、錢簿。民間簿記將「流水帳」稱為「細流」或「二流」；此外，出於吉利和形象變化方面的考慮，又將其稱為「堆金積玉」「日積月累」「流水總登」以及「日流」「清流」等。

（三）中國單式簿記下的記錄方法

根據考古發現，中國商代人在當時已經能用文字把所發生的經濟事項簡單地記錄下來。這個時期的會計記錄只能認為是文字敘述式會計記錄法的最初形態。到春秋戰國時期，中國的文字敘述式會計記錄已較為系統、簡明，並且能夠一目了然。秦漢時期，中國的會計記錄已經進入了定式簡明會計記錄法的運用時期。這一時期在記帳符號的運用方面官廳會計多用「入」和「出」，而民間會計多用「收」和「付」。

（四）中國單式簿記的會計憑證

中國的原始憑證的運用是從戰國時代開始的。當時的原始憑證一般被稱為「券」「券書」「書」「書契」和「券契」，有時也被稱為「致」「符券」和「參辦券」。秦國和后來的秦王朝一般將原始憑證稱為「書」，這種書被寫在竹簡上。它不僅可以作為財物出入的依據，而且也是會計官登記帳目的依據。到了漢代，原始憑證已經能夠準確反應經濟事項的性質和內容了。它不僅成了登記帳目的依據，而且也受到國家法律的認可，成為進行經濟審計的依據。

（五）中國單式簿記下的結算方法

中國單式簿記下的結帳方法主要是用盤點結算法。

盤點結算法是通過盤點庫存實物，取得各類財物本期結存之數的一種方法。在中國原始奴隸社會初期，由於生產力和文化水平相當落后，帳簿設置十分零亂，會計記錄不完整，要想瞭解各類財物的結存數量，只有通過盤點掌握結存之數。

(六) 中國單式簿記下的會計報告

根據單式簿記會計報告在中國的發展演變狀況，可將其分為兩個階段：一是文字敘述式會計報告的編製階段；二是文字數據組合式會計報告的編製階段。

從西周到漢代，簿記人員編製的會計報告同一般公文報告的方式大致相同，因為它用較長的文字敘述來報告會計事項及結果。《周禮》中所講的「日成」「月要」「歲會」是中國最早的會計報告。「日成」為日報，「月要」為月報，「歲會」為年報。每項到歲終，司會在對各部門會計報告審核的基礎上，最后編製出一個總的歲入、歲出報告交天官大宰。這種由帝王「受會」「受計」的做法，為后世帝王所推崇，並逐步演變為一種固定的會計報告審計制度，史上稱為「上計」制度。經過春秋、戰國時期的補充、修訂和普遍使用，「上計」制度又被秦王朝繼承下來。到了漢代，「上計」制度已經比較完善了，各級財計部門所編製的會計報告——「計簿」（或「上計簿」）已經發展成為中式會計報告的初步成熟形態。

二、中國固有的復式簿記

至近代，儘管中國會計逐漸落后於西方國家，但就其自身而言，還是向前發展的，而且也是循著由單式簿記向復式簿記發展這一基本規律進行的。在西式簿記引入中國之前，中國是有復式簿記的。中國會計發展的歷史序列是單式簿記—不完全復式簿記（「三腳帳」「龍門帳」）—復式簿記（「四腳帳」）。

（一）「三腳帳」

「三腳帳」在中國歷史上又稱為「跛行帳」，是在中國單式簿記的基礎上發展起來的一種不完全的復式簿記。關於「三腳帳」產生的確切年代，至今尚無法考證。但根據中國商品貨幣經濟的發展情況考察，其產生和運用時間大約在明代。

「三腳帳」的帳簿設置通常採用「三帳」的體系。帳簿記錄的重點放在「流水帳」方面。「三腳帳」的記帳符號是「來」「去」和「收」「付」。

「三腳帳」的記帳規則是凡現金收付事項，只記錄現金的對方，另一方明確為現金，則略去不記，為「一腳」。凡轉帳業務，要記錄兩筆，即同時記入來帳（收帳）和去帳（付帳），為「兩腳」。

「三腳帳」的結算方法是「流水結存法」。每隔數日，採用「四柱清冊結算法」在流水帳上計算出帳面結存數，然后與盤點的實際現金或實物核對，相符時加蓋「結清」戳記；不符時，則應查明原因。

「三腳帳」的盈虧計算方法是盈虧結算一般定期在「謄清簿」上進行。盈（虧）= 存貨合計數（資產合計數）- 該項合計數（負債與資本合計數）。

「三腳帳」是中國由單式簿記向復式簿記發展的一種過渡形態的方法，其復式記錄部分的基本原理以及其對資產與負債、資本之間關係的處理與認識，為中國固有的復式簿記的產生奠定了思想基礎。

（二）「龍門帳」

關於「龍門帳」產生的時代及其創始人，中國會計史學界有比較一致的看法，即「龍門帳」創始於明末清初的商業界，其創始人是山西的大商人——「富山」。「富山」也稱為「傅山」（1607—1684），字青主，是明清之際的一位大學問家和

大思想家。當明王朝覆滅之際，他曾一度隱居於山西，與當時的大學者、大思想家顧炎武在山西開設票號、商行，而與票號和商行的經營管理規則相適應的是嚴密的會計核算方法。「龍門帳」就是在這種情況下創造出來的。

「龍門帳」的帳簿設置仍然採用「三帳」的體系。帳簿記錄的重點放在「總清帳」方面。

「龍門帳」的記帳符號是「收方」或「來方」和「付方」或「去方」。

「龍門帳」的記帳規則是「有來必有去，來去必相等」。

「龍門帳」對已銷商品成本的計算與結轉通常採用兩種方法：一是通過實際盤存倒擠計算已銷商品成本；二是按本期各類商品最高進價確定已銷商品成本。

舊時商家把「龍門帳」的會計報告稱為「結冊」，把反應盈虧的「結冊」稱為「進繳結冊」「盈虧計算單」或「進繳表」；把反應該關係的「結冊」稱為「存該結冊」「存該計算單」或「存該表」。

「龍門帳」的特色主要表現在年終結算之時，「進」「繳」「該」「存」四大會計要素的「合龍門」。「合龍門」的平衡公式是「進－繳＝存－該」。

這相當於現代的平衡公式「收入－（成本＋費用＋損失）＝資產－（資本＋負債）」。

「龍門帳」是在「三腳帳」的基礎上發展起來的一種具有中國特色的初級復式簿記法，是中國商業會計創立的開端，為后來的「四腳帳」的產生和發展創造了條件，奠定了基礎。

（三）「四腳帳」

「四腳帳」是中國會計發展過程中受「三腳帳」和「龍門帳」的影響而產生的一種比較成熟的復式簿記法。「四腳帳」產生的確切時間至今尚無法確定，但一般認為其產生於清代。

「四腳帳」在結冊編製的基礎上，形成了一套完整的帳簿組織體系。可以說，「四腳帳」是中國會計發展史上較為完善的一種帳簿組織體系。「四腳帳」在某些方面與西式簿記的帳簿設置方法相似，比「三腳帳」和「龍門帳」的帳簿設置又進步了許多。三種帳簿（交關總簿、貨總簿和雜總簿）已成為編製報表、結冊的依據。

「四腳帳」的記帳符號是「收」和「付」。

「四腳帳」的記帳規則是「有來必有去，來去必相等」。

「四腳帳」對已銷商品成本的計算與結轉主要採用的方法有：

（1）採用平均單價確定已銷商品成本。

（2）按分批進價確定已銷商品成本。

（3）採用最高進價確定已銷商品成本。

（4）通過「存貨估價」的方法，盤存倒擠計算已銷商品成本。

「四腳帳」的結冊編製有兩種：一種是「彩項結冊」，為反應本期經營利潤之冊；二是「存除結冊」，為反應本期資產與負債情況之冊。

在古代，中國部分地區的商家還把「四腳帳」稱為「天地合帳」。在「存除結冊」的「天方」與「地方」達到平衡，使用「本期盈虧數額」這塊砝碼。在這塊

砝碼未擺進「天方」或「地方」之前，「存除結冊」天地兩方便無法平衡。一旦把這塊砝碼放進去，在無其他差錯發生的前提下，「天方」與「地方」便可立即達到平衡。如果本期為盈利，將盈利之數額列入「天方」，這時天地便可符合；如果本期為虧損，把虧損之數額列入「地方」，則天地亦符合。凡上下分厘不差者，為「天地符合」，表明本期帳目記帳正確無誤。這與現代的「資金平衡表」的原理一樣。

「四腳帳」是具有中國會計固有特色的、比較成熟的復式記帳法，與西方的借貸復式記帳法相比，存在許多需要發展、需要接受記帳實踐檢驗和記帳實踐再充實的方面。然而，在清代中期，中國簿記便停留在原有的基礎上，幾乎沒有多大的發展，漸漸地處於落后的狀態。

三、中國近代會計的發展

史學家把近代中國在經濟上落后於西方主要資本主義國家的時間確定為300年左右，這與中國簿記由先進到落后的時間基本上是一致的。落后的起點是在清朝統治時期。中國近代簿記落后於西方簿記的原因在於：第一，社會經濟發展水平落后是造成中國簿記落后於西方簿記的根本原因；第二，封建「王制」的束縛及封建統治者推行的抑商政策，是造成中國會計簿記落后於西方簿記的主要原因；第三，受封建倫理思想的排斥，輕視簿記思想及教育是造成中國簿記落后於西方簿記的又一重要原因。

到了19世紀末期，西式復式簿記理論開始對中國產生影響，中國簿記先後經歷了從引進到改良，再到改革的過程。

鴉片戰爭后，中國淪為半殖民地半封建社會。在中國最早運用西式簿記法的企業是那些由帝國主義強行在中國開辦的工廠、商行和銀行以及根據不平等條約受帝國主義控制的海關、鐵路和郵政等部門。

比較系統地引進西式簿記的是從清末時期兩部簿記著作的出版開始的，這兩部著作對西式簿記基本原理與方法的引進和應用起到了傳播作用。

第一本是蔡錫勇所著的《連環帳譜》。蔡錫勇，福建龍溪人，青年時代曾赴日本留學，之后又先后出使美國、秘魯和日本，對西式簿記學有較深的瞭解。歸國后，他致力於西式簿記學研究，歷經多年終撰成《連環帳譜》書稿。后經其子蔡璋多年進行修改，於1905年冬由湖北官書局刊印出版。蔡錫勇是引進西式簿記的第一人。他在改良中式簿記發展史上具有首創性，是改良中式簿記的先行者。他的《連環帳譜》對推動中國近代簿記和會計的發展具有重要意義，對其后改良中式簿記運動的發起產生了直接影響。不過《連環帳譜》一書也明顯存在著不足之處，如作者所介紹的記帳制度與方法局限於15世紀盧卡·帕喬利「簿記論」中的內容，而未體現16~19世紀歐美國家對其進行改進所取得的成就。他所介紹的簿記方法當時還沒有被工商業界所接受，使得《連環帳譜》一書所產生的影響僅僅局限於簿記學界，而對實業界幾乎沒有產生直接的影響。

第二本是謝霖與孟森合著的《銀行簿記學》。該書於1907年在東京發行。謝霖先生是中國著名的會計學家，他是中國引進西式簿記、改良中式簿記的先驅之

一。他早年留學日本，在早稻田大學攻讀商科。學成回國，他先後在大清銀行、中國銀行擔任總會計師，並為中國銀行和交通銀行設計了會計制度。謝霖先生先后擔任了銀行會計訓練班的教員和復旦大學、光華大學會計系系主任和商科院院長，他還著有《中國會計師制度》和《實用銀行簿記》。謝霖先生還是中國會計師制度的催化者和第一個由國家承認的會計師。隨后他創辦了中國第一個會計師事務所——正則會計師事務所。

1925年3月，在上海成立了中國歷史上第一個會計師公會——上海會計師公會。1927年，民國政府財政部重新頒布了一個《會計師註冊章程》。1929年，民國政府立法院又制定了《會計師條例》，並於同年施行。到1935年，全國的註冊會計師人數已達1,162人。

徐永祚先生是中國近代著名的會計學家。他早年畢業於上海神州大學，在1918—1919年間擔任上海《銀行周報》編輯時，便立志從事改良中式簿記工作。當時他在《銀行周報》上專闢會計研究專欄，商討改良中式會計之事。1921年，他辭去《銀行周報》總編輯職務，在北京政府農商部領取會計師執照，在上海創辦了「徐永祚會計師事務所」。1933年，他擬寫出《改良中式簿記方案》，他主張以「收」和「付」作為記帳符號。后來他還編輯了《改良中式簿記概說》一書。該書是中國第一部關於收付簿記的專著，代表了一個會計理論的宗派，是中國近代會計發展史上的重要文獻之一。徐永祚先生一心一意致力於中式簿記的改良事業。在20世紀20至30年代，徐永祚先生的事業都緊緊圍繞中式簿記的改良工作來進行，並且以改善中國的會計現狀作為奮鬥目標。

潘序倫是中國近代著名的會計學家與會計職業教育家，是20世紀30年代改革中國會計運動的發起人之一。潘序倫先生於1921年赴美留學，1923年獲得哈佛大學企業管理碩士學位，1924年獲得哥倫比亞大學商業經濟博士學位。1924年秋，潘序倫先生回國后被聘為國立東南大學附設商科大學教務主任，並兼任國立暨南大學商學院院長。當時，他深感中國會計事業之落后和改革中國會計現狀之必要，於1927年在上海創辦了「潘序倫會計師事務所」，后改為「立信會計師事務所」。立信會計師事務所人才濟濟、聲譽卓越。除潘序倫外，還有著名的會計師顧詢、錢乃澄、李文杰、李鴻壽、王澹如、陳文麟和張蕙生等人，他們在改革舊式會計，引進推行新式會計方面發揮了重要作用。

1928年潘序倫先生創立了「立信會計學校」。1937年，潘序倫先生又成立了立信會計專科學校，為社會培訓會計人員和高級會計人才做出了巨大貢獻。

潘序倫先生回國不久編譯了《公司財政》和《簿記及會計》兩部書，引進了一些西方新式會計方面的知識。潘序倫先生當時所編譯的書籍由商務印書館作為「大學叢書」出版，滿足了傳播新式簿記的需要。20世紀30年代，在立信會計師事務所內設置了「編輯科」，由潘序倫先生主持並約請了當時會計界的知名人士，如張心澄、余肇池、王澹如、顧準、蔣明祺和莫啓歐等人，編輯會計圖書，從而使「立信會計叢書」的編輯質量得到了保證。到1936年，其共編譯簿記、會計、審計書籍50多部。其中，最有影響的是潘序倫的《高級商業簿記教科書》和《會計學》以及顧準的《銀行會計》。潘序倫的《成本會計教科書》，李文杰的《簿記

初階》、李文杰的《所得稅原理和實務》、潘序倫、顧準的《政府會計》、潘序倫的《勞氏成本會計》、施仁夫的《陀氏成本會計》等書對中國的會計教育事業和會計理論研究產生了深刻的影響。在審計學方面，潘序倫、顧詢的《審計學》於1936年5月問世，它是中國審計學方面的一部重要著作。1940年，由於戰爭的原因，商務印書館不能繼續出版立信會計叢書。1941年，潘序倫先生創立了立信會計圖書用品社。該社不僅出版發行「立信會計叢書」，而且還印刷帳簿表單，以適應工商企業會計核算的需要。到1956年立信會計圖書用品社關閉為止，其先後出版發行的各種會計書籍達160多部。其中，最具影響力的是潘序倫的《初級成本會計》、潘兆申的《許氏成本會計》、毛蘿熊、毛育義的《政府預算會計》、李鴻壽、朱世杰的《初級會計學教程》、王澹如、王卓如的《銀行會計基本教程》等。

在潘序倫先生從事會計事業的60多年生涯中，和他休戚與共的是立信會計事業。立信會計是由「立信會計師事務所」「立信會計學校」和「立信會計叢書」三部分組成。潘序倫先生為引進西式借貸復式簿記，為改良中式簿記，為中國的會計工作、會計教育、會計理論研究的發展做出了巨大的貢獻。

在20世紀30年代，圍繞著改革與改良中國會計這一問題，中國會計學界形成了兩大學派，即以徐永祚代表的改良派與以潘序倫為代表的改革派。兩派之爭相當激烈，各自發表了許多學術論文進行討論。這是中國會計發展史上最早、影響最大的一次會計學術討論與交流，是中國老一輩會計學家、學者為振興中國會計而做出的努力，也是中國會計學術初步取得進展的主要標誌。

四、新中國成立后中國會計的發展

1949年新中國成立后，中國會計研究的基本路徑包括以下五個方面：

一是學習蘇聯會計，並與中國會計實踐相結合。新中國成立後，中國會計研究在引進蘇聯的會計理論與方法的基礎上開始起步，翻譯了多部蘇聯會計方面的教科書。1966—1976年間的「文化大革命」使中國會計體系受到嚴重破壞，會計理論與實務出現停滯甚至倒退的現象。20世紀80年改革開放后，中國首先恢復學習蘇聯的會計理論與實務，又翻譯了10多部蘇聯的會計著作，許多蘇聯學者的會計論文也被介紹到中國。而中國學者，如楊紀琬、婁爾行、閻達五、葛家澍、李天民、楊時展、丁平準、於玉林、毛伯林等結合蘇聯會計理論與中國的會計實踐撰寫了許多有代表性的會計學術論文。

二是引進並借鑑西方會計。20世紀80年代後期，西方會計開始在中國顯示出強勁的發展勢頭。到20世紀90年代，隨著會計與國際接軌的呼聲迭起，引進並借鑑西方會計的研究開始了。20世紀80年代末至20世紀90年代末，中國翻譯的外國會計著作有近100部，其中有90部來自西方國家（美國就有70部）。介紹西方會計理論研究與實務的論文更是不計其數。

三是圍繞會計規範體系建設展開研究。1985年1月21日，中國頒布了《中華人民共和國會計法》。《中華人民共和國會計法》作為會計的基本大法，其頒布和施行是中國會計法規建設史上的一個里程碑，也標誌著中國會計規範建設開始走上法制化軌道。1993年12月29日和1999年10月31日，中國分別對《會計法》

作過兩次修訂。1992 年 11 月 30 日，中國發布了《企業會計準則》，並於 1993 年開始實行。隨後，中國又發布了一系列的具體會計準則，經過修訂，2006 年 2 月 25 日，中國發布了一套全新的會計準則，包括 1 項基本準則、38 項具體準則，其后又補充了 3 個具體準則。其涵蓋面廣、規範性強，實現了與國際財務報告準則的實質性趨同。

四是加強與現代企業制度相適應的會計問題研究，包括財務成本管理體制研究、企業內部控制研究、責任會計研究等。

五是利用資本市場研究相關會計問題。這些研究成果有力地推動了中國會計研究層次的提升，增進了與本領域國際對話的能力。

1949 年新中國成立以來，中國會計理論研究的內容如下：

基本會計理論包括會計的本質，如會計管理論和會計信息論；會計對象，如資金運動論和經濟活動論；會計的職能，如二職能、三職能、四職能、五職能、六職能等；會計的目標；財務會計與財務管理的關係；等等。

資本市場與會計問題研究包括會計信息披露、公司治理、盈余管理、股利政策等。

會計新領域的研究包括通貨膨脹會計、環境會計、人力資源會計、社會責任會計、法務會計、行為會計等。

會計研究方法包括規範研究方法、實證研究方法。

改革開放的 30 多年來，中國湧現出了許多優秀的會計學者，成立了若干會計研究團體和學會，出版了較多有廣度和深度的學術專著和譯著，發表了相當多的學術研究論文。通過 30 多年的努力，中國會計理論研究趨於完善，會計實務更加規範，會計教育水平有了實質性的提高。

思考及討論題

1. 如何評價盧卡·帕喬利對世界會計理論的貢獻？
2. 如果要將世界會計理論劃分為三個里程碑，你認為應如何劃分？為什麼？
3. 如何評價潘序倫對中國會計理論發展的貢獻？

第二章　會計理論與會計研究方法

會計理論研究方法是進行會計研究的工具，瞭解和掌握好的研究方法就能科學地進行會計理論的研究，完善和發展會計理論體系，更好地指導會計實務。

第一節　理論與會計理論

一、關於理論——哲學的觀點

從哲學的高度看，包括會計理論在內的各種理論，屬於認識論的範疇。

認識論的中心問題是關於真理及其檢驗標準的問題，即我們如何獲得知識（理論、真理）。而如何獲得和檢驗真理，是一個方法論的範疇。[1] 會計理論屬於真理範疇，因此對真理及其來源、檢驗標準的認識，也影響了對會計理論的認識，影響了對會計理論衡量標準的認識。

一般認為，會計屬於社會科學的範疇。自20世紀中期以來，包括會計在內的社會科學的研究，深受自然科學研究傳統的影響，由此引發了何為會計理論的爭論。

正所謂「工欲善其事，必先利其器」。自然科學歷來重視對研究方法的研究，而哲學尤其是科學哲學的發展，則深刻地影響了科學的研究方法和發展範式。

根據波特蘭·羅素（Bertrand Russell）在《西方哲學史》中的歸納，西方哲學思想的起源可以追溯到古代希臘人使思想理性化的努力。自蘇格拉底、柏拉圖和亞里士多德以來，關於知識（真理）的來源，形成了兩大最基本的哲學分支：理性主義（Rationalism）與經驗主義（Empiricism）。理性主義認為，人的知識（認識、真理）來源於、存在於我們自己探尋的理性過程，知識（認識、真理）是先天的，是理性的信念。早期的哲學家蘇格拉底、柏拉圖是這種哲學思想的代表。理性主義后來發展成為笛卡爾哲學、現代大陸哲學特別是黑格爾哲學的支撐。經驗主義則認為，人的知識（認識、真理）存在於我們所探尋的客體上，是感性信念，我們通過觀察和歸類獲得知識。亞里士多德是這種思想的早期代表。經驗主義在17~19世紀的英國取得了主流地位，成為「科學方法」的傳統。當今的會計理論就是根據經驗主義哲學建立起來的一個體系。

歸根究柢，經驗主義哲學認為，理論來源於客觀世界，來源於實踐，是客觀世界的規律。其中，石里克、卡爾納普等的邏輯實證主義認為，真實的信念建立在我們所感知的基礎上，而我們的感知來自於不受價值影響的、獨立的實在，一

---

[1] 關於會計研究的方法論，將在本章第三節進行專門介紹和討論。

個真理的相關理論要通過證實；卡爾·波普爾的證偽主義同樣認為，理論（真理）來源於客觀世界，是客觀事物運行的一般規律，一個理論永遠不可能被所有事實證實，而只能被證偽，能夠得到多數事實證實的理論是一個「相對真理」，「絕對真理」是不可獲得的幻想，理論只能無限逼近「絕對真理」，但却永遠不能達到終極的「絕對真理」。庫恩和拉卡托斯的歷史主義方法論認為，理論來源於客觀世界，是對客觀世界規律的認識，這個科學認識是一個過程，一個由理論主體對一個特定主題領域進行的觀察所組成的「範式」穿過一個確定的「生命週期」的過程，科學革命總是從一個範式發展到另一個範式，從而實現理論的創新。拉卡托斯認為，一個範式是由一組不容反駁的「核心術語」（「硬核」）組成的，「核心術語」的更新，標誌著範式的革命和理論的創新。

西方哲學界一般認為，馬克思主義認識論屬於理性主義的範疇，是一個先天的理性概念，但是馬克思主義的認識論堅持的是唯物主義的觀點。馬克思主義認識論認為，認識（理論、真理）是人們對客觀事物及其發展規律的正確認識，是主體在實踐的基礎上對客體的能動反應；實踐是認識的來源，認識運動經歷了從實踐到認識的第一次飛躍和從認識回到實踐的第二次飛躍；實踐不僅是認識的來源，而且是檢驗認識真理性的標準。認識（理論、真理）經歷了從感性認識（感覺、知覺和表象）到理性認識（概念、判斷和推理）的過程，也就是從「生動的直觀」到「抽象的思維」的過程，認識（理論、真理）最終是通過對客觀實踐的抽象總結形成的、對事物本質和規律的反應。

二、會計理論——會計學的觀點

從（經驗[①]主義）哲學的角度看，理論就是對客觀事物本質及其運動規律的一般總結。這個認識深刻地影響了科學界對理論的看法。

最為常見的對理論的認識，來源於韋氏國際辭典。在 1961 年的《韋氏新國際辭典》第 3 版中，理論被定義為「一套首尾一貫的、假設的、概念的和實用性的原則，作為所探索領域的一般框架」（*Webster's Third New International Dictionary*, 1961）。1983 年版的《韋氏新國際辭典》則將理論定義為「原則的系統闡釋和在某種程度上可以證實的、特定可觀察到的現象的顯而易見的關係準則或根本原則」[②]。1996 年版的《新韋氏辭典》對理論的解釋發生了進一步變化，認為理論是「一組內在一致的命題，用於解釋某類現象的基本原理」，是「一種猜測性解釋，不是廣為證實的、報告實際情況的命題」。

關於理論也有其他認識。布雷斯韋特（Braithwaite）認為，理論是一般性不斷降低的判斷演繹推理系統，「科學理論是一個演繹推理系統，在這個系統中觀察到的事實加上一系列基礎假設，按照邏輯關係推導出可觀察的結果，因此科學理論

---

① 所謂經驗，可以簡單地理解為實踐。經驗主義強調的，簡單地說就是兩點：一是理論（認識）來源於外部客觀世界；二是主體對客觀世界的實踐（經驗），經過主體思維的抽象形成理論。現代自然科學基於這一思想，取得了重要成就。包括會計學在內的社會科學，一直試圖引進經驗主義的思想和研究方法，但社會科學發展至今，其實原本就是經驗主義的，都是實踐經驗的總結。

② 1961 年的解釋，顯然仍未受實證研究的影響；而 1983 年的解釋，實證研究的影子已經清晰可見。

性質的研究就是對用於理論的演繹推理體系的研究」①。而波普爾（Popper）則強調理論的經驗性質，「理論就是我們拋出去用來捕捉我們所稱的『世界』的網，我們用它合理地解釋和管理世界」②。

20世紀70年代以前，會計理論的發展還沒有受到實證主義的影響，明顯認同1961年《韋氏新國際辭典》和布雷斯韋特（Braithwaite）對理論的解釋。1966年，美國會計學會（AAA）在紀念其成立50周年發布的研究報告《基本會計理論說明》（ASOBAT）中認為，「會計理論即一套緊密相連的假設性的、概念性的和實用性的原理的整體，構成了對所要探索領域的可供參考的一般框架」，並認為會計理論研究是為了達到以下四個目的：

第一，確定會計的範圍，以便於對會計提出概念，並有可能發展會計的理論。

第二，建立會計準則來判斷評價會計信息。

第三，指明會計實務中有可能改進的一些方面。

第四，為會計研究人員尋求擴大科技應用範圍以及由於社會發展的需要擴展會計學科的範圍時提供一個有用的框架。③

美國會計學會的這個總結，其實是此前會計學術界對「何為會計理論」研究成果的集大成。早在1922年，佩頓在其專著《會計理論》中就給出了會計理論的框架，雖未給出明確的會計理論定義，但從給出的會計理論框架可以看出，會計理論的範疇與上述定義是一致的。1940年，佩頓和利特爾頓在《公司會計準則導論》中提出了建立「一系列邏輯上內在一致、連貫、協調的會計理論體系」的思想。1953年，著名會計大師利特爾頓在《會計理論結構》中說：「顯然，會計理論遠非抽象的、無益的和瑣細的分析，而是側重於研究會計行動的思想。實踐是事實和行動，理論則由解釋和推理組成。理論闡明了為什麼會計行動是這樣，為什麼不採取其他辦法，或者為什麼可以使用其他辦法的理由。」他提出，「理論一詞的性質含有複雜的意思」「實務就是做事，理論則是解釋……可以幫助他（筆者註：指會計工作者）自信地作出獨立的判斷」。他還將各種形式的解釋（理論的複雜性）用階梯形表示出來（見圖2-1）。

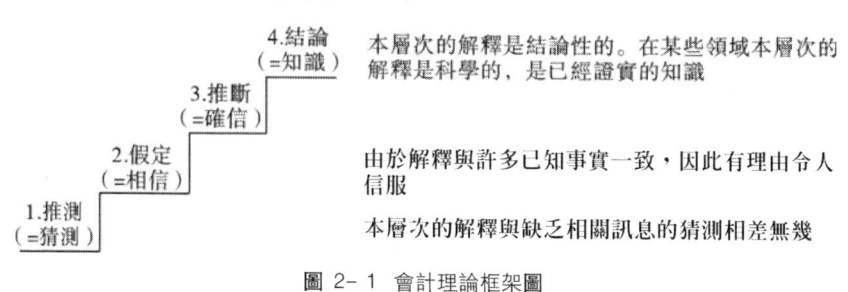

```
        4.結論        本層次的解釋是結論性的。在某些領域本層次的
        (=知識)       解釋是科學的，是已經證實的知識
     3.推斷
     (=確信)
  2.假定           由於解釋與許多已知事實一致，因此有理由令人
  (=相信)          信服
1.推測
(=猜測)            本層次的解釋與缺乏相關訊息的猜測相差無幾
```

圖2-1 會計理論框架圖

簡言之，「理論是解釋實務，為行動提供理由」「在會計中，為什麼一些方法

---

① RICHARD BRAITHWAITE. Scientific Explanation [M]. Cambridge: Cambridge University Press, 1968: 22
② KARL POPPER. The Logic of Scientific Discovery [M]. London: Hutchinson, 1968: 59
③ 葛家澍，林志軍. 現代西方會計理論 [M]. 廈門：廈門大學出版社，2001：23

比另一些方法更優越，是有道理的，這些道理構成理論」。①

1968年，鮑爾和布朗的實證研究開創了一個會計研究的新時代，由此導致人們對會計理論的重新認識。1977年，美國會計學會發布《會計理論及理論認可的說明》（Statement on Accounting Theory and Theory Acceptance, SOATATA），認為目前不存在單一的會計理論，會計理論是多重的，但對什麼是會計理論，採取了模糊的態度，沒有明確給出定義。此后，一些有代表性的會計理論定義可以總結如下（這些定義，有的是沿襲規範定義，有的明顯考慮了實證研究的因素）：

亨德里克森（E. S. Hendriksen，1982）認為，會計理論是以一套廣泛適用的原則作為形式而進行的邏輯推理，主要用於兩個方面：一方面是作為評價實務的一般依據；另一方面是指導和發展新的實務和程序。會計理論可以用來解釋現存的會計實務，以便更好地解釋它們。

莫斯特（Kenneth Most，1986）認為，理論是對描述或規定一系列現象的規則或原則的系統描述。它可視為組織思想、解釋現象和預測未來的行為框架。會計理論是由與實務相區別的原則和方法的系統描述所組成。

亨德里克森（E. S. Hendriksen，1992）認為，會計理論定義為一套邏輯嚴密的原則：一是使實務工作者、投資者和債權人、經理和學生更好地理解當前的實務；二是提供評估當前會計事務的概念框架；三是指導新的實務和程序的發展。

沃克等（H. I. Wolk，J. R. Francis，M. G. Tearney，1992）認為，會計理論包括整個複雜的基本假定、定義、原則和概念以及我們能夠加以衍生的名詞——它們用來作為立法機構制定政策的指導，並指引會計報告和財務信息。

貝克奧伊（A. R. Belkaoui，1993；2004）曾兩次定義會計理論。1993年，他在《會計理論》第3版中指出：「會計理論可定義為相互關聯的概念、定義和前提。這些概念、定義和前提是按照解釋和預測現象的目的，通過對現象中各種變量的詳細說明，來表述（所觀察）現象的一種系統的觀點。」2004年，貝克奧伊在《會計理論》第5版中重新定義了會計理論：「為會計行為和事項進行預測與解釋提供一個基礎。我們假定，如同一項信仰，會計理論做到這一點是可能的。為此，理論被定義為『以解釋和預測現象為目標的，通過辨別變量之間的關係來反應現象的系統觀點的一套相互聯繫的構思（概念）定義和命題』。」

從上述定義看，亨德里克森的會計理論定義，基本上仍然是規範性的；其他學者的定義，已經明顯地打上了實證研究的印記。但是，對於究竟什麼是會計理論，至今仍然沒有統一、一致的看法。實證會計研究的出現，更加加劇了在這一問題上的分歧。

閻達五教授在《會計理論專題》一書中認為，「會計理論是人類累積起來的關於會計實踐的知識體系」②。概括地說，這個體系應當完整地、準確地回答「如何認識會計工作」和「如何做好會計工作」這兩方面的問題。

葛家澍教授在《市場經濟下會計基本理論與方法研究》一書中指出，「會計理

---

① A. C. 利特爾頓. 會計理論結構 [M]. 林志軍，等，譯. 北京：中國商業出版社，1989：164-167.
② 閻達五. 會計理論專題 [M]. 北京：中央廣播電視大學出版社，1985：17.

論是來源於會計實務,高於會計實務,反過來又可指導會計實務的概念框架」[1]。他認為,會計理論包括會計思想、會計觀點到構成會計原則、會計準則基礎的概念框架。

閻德玉認為,會計理論是人類知識累積起來的關於會計實踐的理性認識,是人們關於會計實踐的知識體系,是會計本質規律性的正確認識。[2]

陳今池教授認為,會計理論一詞,通常指會計實務所依據的基礎觀念。它主要是由會計目標、會計假設、會計概念以及會計原則構成的。會計理論不僅可以說明和評價會計實務,而且對指導會計實務起著重要作用。[3]

綜上所述,中外會計理論觀點比較如下:

從西方國家關於會計理論觀點的表述中看出,其側重於從會計理論的功能描述會計理論的概念。例如,美國會計學家利特爾頓強調會計理論的解釋功能;美國會計學家亨德里克森則明確指出了會計理論的三大功能。同時,他們在會計理論表述中強調「合乎邏輯」,說明會計理論的形成所運用的演繹會計研究方法。這表明西方學者注重從學科角度考察,表述的內容直接具體、目的明確,表現出較強的務實態度。

從中國會計學者關於會計理論觀點的表述中看出,其側重於從哲學認識論的角度,從會計理論與實踐的關係描述會計理論的概念,是以辯證唯物論作為其研究的理論基礎的。中國對會計理論含義的理解,可以劃分為廣義和狹義兩類。閻達五、葛家澍等學者的觀點就是從廣義上解釋會計理論,而陳今池教授等則是從狹義上解釋會計理論,即主要指會計基本理論。中國學者的一些觀點強調「人類累積起來」,說明會計理論形成所運用的是歸納會計研究方法。但是,中國學者對會計理論的表述比較空洞,沒有指出會計理論的實質內容。

中外會計學者對會計理論表述的共同點是都強調了會計理論與會計實踐的密切關係,直接或間接地表達了會計實踐是會計理論的源泉,都強調了會計理論是理性認識形成的會計知識體系。

因此,我們認為會計理論是人們從會計實踐中概括出來的,反應會計事物的內在規律性,指導會計實踐活動的系統性的知識體系。

第二節 會計理論流派綜述

一、會計理論發展概述

一般認為,現代會計發端於1494年盧卡·帕喬利的著作《算術、幾何、比及比例概要》的面世。在此后的300多年裡,會計的發展主要體現在實務的完善上,理論發展基本是停滯的。這段時期被稱為「前理論時期」。戈爾德貝爾格(Gold-

---

[1] 葛家澍. 市場經濟下會計基本理論與方法研究 [M]. 北京:中國財政經濟出版社,1996:9-10.
[2] 閻德玉,等. 現代會計理論研究 [M]. 北京:海洋出版社,1992.
[3] 陳今池. 現代會計理論 [M]. 上海:立信會計出版社,2005:10.

berg)斷言:「從帕喬利時期到 19 世紀初,會計理論沒有絲毫發展。不時能看到有關理論的建議,但都沒有達到能將會計系統化所必要的程度。」[1]

(一)工業革命基本完成——1929 年大危機前夕

工業革命完成以後,尤其是企業制度發生變遷、股份公司出現以後,會計理論開始新的發展。1800—1920 年,會計理論的構建主要集中在完善帳戶體系和記帳方法以及成本計算方面。這一時期,除了德國等國的學者的成本會計著作以外,斯普瑞格(Sprague)的《帳戶的哲學》是比較公認的第一部會計理論著作。

斯普瑞格(Sprague,1907)的《帳戶的哲學》主要是關於帳戶與復式簿記的理論。他重新科學地闡釋了帳戶借方和貸方的含義,提出了資產負債表等式,對會計對象要素進行了定義並提出了「負資產」概念,為後來的財務會計概念框架研究奠定了初步基礎。

佩頓(W. A. Paton,1922)的《會計理論》是這一時期會計理論研究的又一杰作。在該書中,佩頓第一次對會計理論的基本框架進行了研究,提出了企業主體理論,並首次提出了會計假設概念,影響深遠。

坎寧(John B. Canning,1929)的《會計中的經濟學》是後來會計理論界最為推崇的這一時期具有代表性的又一著作。坎寧的研究深受經濟學的影響,他首次嘗試將經濟學概念引入會計學,重新定義了資產等會計對象要素,並開創了會計學「面向未來」的先河。他的一些觀點在 20 世紀 70 年代以後得到廣泛認可,影響至今。

(二)1933 年大危機以後至 1970 年

1929—1933 年的世界性經濟大危機,將會計推上了風口浪尖,當時的會計因隨意進行資產評估、肆意操縱利潤而備受責難。大危機以後的 1934 年,美國證券交易委員會(SEC)成立,並獲得會計準則制定權,開始了通過會計準則規範會計實務的實踐。這一時期,歷史成本會計重獲主導地位。

斯威尼(H. W. Sweeney,1936)在《穩定會計》中提出應採用按「一般物價水平」對物價進行調整,並以調整後的一般購買力貨幣作為穩定的會計計量單位,目的是為了準確反應物價變動對資產計價、成本補償和收益確定的影響。

麥克尼爾(K. MacNeal,1939)的《會計中的真實性》主張對可銷售資產按市價計量,對可重置但非銷售資產按重置成本計量,對無法重置又不用於銷售的資產按歷史成本計量,以確定企業的真實收益。麥克尼爾堅持的是一種混合計量觀點,他是最堅定地堅持市價計量的第一人。就麥克尼爾的資產計量觀和收益確定觀來說,他是最接近科學的資產計價和收益確定的會計學家。

與斯威尼和麥克尼爾不同,受大危機中隨意調整計價和操縱利潤造成的后果所累,理論和實務界對資產計價調整心有余悸。因此,佩頓和利特爾頓(W. A. Paton & A. C. Littleton,1940)在《公司會計準則導論》的緒論中提出要建立「連貫、協調、內在一致的理論體系」,以指導和規範會計實務。這是理論界首次提出構建統一會計理論的設想。同時,一直堅持重估計價的佩頓,由於受到大

---

[1] JAYNE GODFREY,等. 會計理論 [M]. 5 版. 孫蔓莉,等,譯. 北京:中國人民大學出版社,2007:3.

危機的影響，為保持計量的「可靠性」，重新回到歷史成本計價的老路上，與長期固執地堅持歷史成本計量的利特爾頓取得了一致。①《公司會計準則導論》的內容十分豐富，包括提出了營業主體等一系列會計假定、堅持歷史成本計量並分章論述成本、收入、收益、盈餘，宣揚配比原則和權責發生制會計等，是歷史成本會計的一個集大成式的研究，同時對後來美國財務會計準則委員會（FASB）財務會計概念框架的構建影響重大、深遠。

利特爾頓（A. C. Littleton, 1953）的《會計理論結構》是會計理論研究的經典名著。在《會計理論結構》中，利特爾頓對會計的定義、屬性、會計的對象與重心、會計的特點、受託責任觀、獨立審計、會計理論等進行了深入討論。在這本著作中，利特爾頓延續了堅持歷史成本計量的觀點，強調了收益的重要性，認為只有堅持歷史成本和配比原則，才能保持復式簿記系統的完美平衡關係，收益是歷史成本基礎上配比的結果，是會計的重心。利特爾頓的《會計理論結構》是歷史成本會計的經典之作，就歷史成本會計而言，它是一個巔峰；就批判歷史成本會計的缺陷來說，它也是一個經典的標本。

愛德華茲和貝爾（Edwards & Bell, 1966）的《企業收益的理論和計量》堅持認為會計面臨的是動態、變化的經濟環境，因此應採用現行成本會計；企業產生利潤的活動包括資產持有增值活動和資產使用（經營）活動，因此企業利潤應由經營利潤與已實現的持有收益構成。

同樣在1966年，為紀念美國會計學會（AAA）成立50周年，《基本會計理論說明》發表，提出「會計在本質上是一個經濟信息系統」，正式開創了「會計信息系統論」的先河，並對會計準則、會計計量進行了闡述。

鮑爾和布朗（Ball Ray & Phillip Brown, 1968）的經典論文《會計收益數據的經驗評價》（An Empirical Evaluation of Accounting Income Numbers）開創了實證會計研究的新時代。作者以「會計信息系統論」和有效市場理論為基礎，研究了會計盈餘信息對投資者決策的影響，證實會計盈餘數據具有決策相關性。此後，經典的會計實證研究主要沿著三個方面展開：第一，有效市場與會計信息相關性；第二，會計準則的經濟後果、會計政策選擇與盈餘管理；第三，審計。各種拓寬會計實證研究的嘗試，仍在不斷發展中。

（三）1970年至今

1973年後，美國財務會計準則委員會（FASB）取代美國會計原則委員會（APB），成為美國會計準則的制定機構。從1978年開始至今，美國財務會計準則委員會陸續發布了八輯財務會計概念公告（FACs），集中體現了美國財務會計準則委員會所認可的會計理論體系。全部八輯會計概念公告按照會計的目標、會計信息的質量特徵、財務報告要素、會計確認與計量的順序進行構建，作為企業財務會計概念公告，目前仍然有效的是以下四輯②：

---

① 有興趣的讀者可以將2007年次貸危機以來，部分會計學者在計價觀上的前後變化進行比較，這種變化與佩頓當年的變化是很相似的。

② 本書認為，FAC 4《非盈利組織財務報告目標》不屬於企業財務會計範疇，因此不包括在討論範圍之內。

FAC 5《企業財務報表的確認與計量》(Con 5：Recognition and Measurement in Financial Statements of Business Enterprises, 1984)。

FAC 6《財務報表要素》(Con 6：Elements of Financial Statements, 1985。FAC 6 代替 FAC 3《企業財務報表要素》, 並補充 FAC 2)。

FAC 7《在會計計量中使用現金流量信息與現值》(Con 7：Using Cash Flow Information and Present Value in Accounting Measurements, 2000)。

FAC 8《財務報告概念框架》(Con 8：Conceptual Framework for Financial Reporting, 2010。FAC 8 代替 FAC 1 和 FAC 2)。

關於這些概念公告，將在本書第三章進一步介紹。

在這一時期，會計理論研究的其他代表性成果還包括井尻雄士的《會計計量理論》(Yuji Iriji, 1975)。他在書中提出了歷史成本計量具有可靠性，是一種「硬計量」，並竭力堅持歷史成本基礎。比弗（William H. Beaver, 1981）的《財務呈報：會計革命》、美國註冊會計師協會（AICPA）的《財務報告：面向未來》等著作，都是這一時期比較有代表性的理論經典。

所有這些理論創新，根據所研究內容進行割分，主要形成了以下幾個大的理論板塊：一是帳簿理論。這個理論包括斯普瑞格、佩頓、利特爾頓等的著作都涉及帳簿體系問題的討論。二是「公認會計原則」理論。自1929—1933年的經濟大危機以後，美國會計職業界就努力展開會計規範化工作，並先后嘗試提出了一系統公認會計原則。三是會計假設理論。從佩頓開始，學術界就開始嘗試從會計假設出發，構建會計理論體系，目標是要構建一個「連貫、協調、內在一致的」會計理論體系，以指導會計實踐。學術界曾長期嘗試從假設出發，按照「假設—原則—準則—核算程序」的演繹思路，構建會計理論體系。四是會計本質與會計目標理論。關於會計本質的認識，具有多樣性，20世紀60年代以後，「信息系統論」逐漸占據了主流地位。關於會計目標的研究，學術界主要形成了「決策有用觀」和「受託責任觀」兩大目標理論體系。五是會計要素、會計確認、計量與報告理論。這是會計理論研究中的核心部分，包括形成了資產、負債、收入等多種會計要素，構建了要素確認理論、資產計價與收益確定理論以及財務報告理論。

這一時期的另一創新是實證會計理論的異軍突起。1978年，瓦茨和齊默爾曼的《會計準則確定的實證理論》發表，標誌著實證會計理論作為一個學術流派正式形成。比弗的《財務呈報：會計革命》也是實證會計研究的一個典範。實證會計研究的宗旨是解釋現行會計和審計實務，並對未來的會計和審計實務作出預測。實證會計理論主要涵蓋如下領域：一是有效市場假說（EMH）和資本資產計價模型（CAPM）。該領域主要研究 EMH 和 CAPM 的確立對實證會計研究的意義。二是會計收益與股票價格。該領域研究在有效市場假說下會計收益與股票價格的關係。三是競爭性假說的辨識。該領域研究與有效市場假說相競爭的機械性假說。四是會計數據、破產與風險。該領域研究有關會計收益與破產及風險問的關係，它是在前三個部分研究結果的基礎上進一步深入的研究。五是收益預測。該領域研究有關會計收益的時間序列特性的證據。對該領域的研究，必然應用了有效市場假說和資本資產計價模型。六是信息披露管制理論。該領域研究對公司信息揭示進

行管制的理由所在。研究表明，實際上不存在對公司信息揭示進行管制的明顯理由。管制是基於相對成本與效益的經驗性問題。有效市場假說依然是該部分必要的研究前提。七是訂約程序。該領域研究會計在企業及其經理人員的訂約中的作用。研究中也必須運用有效市場假說和資本資產計價模型。八是報酬方案、債務契約與會計程序。該領域研究會計程序對報酬方案、債務契約的影響。在給定市場有效的前提下，結合運用資本資產計價模型所進行的研究結果表明，會計程序上的變更可能會對股票價格產生影響。九是會計與政治程序。該領域研究政治活動對管理人員選擇會計程序的影響。十是會計選擇的實證性檢驗。該領域研究對各種有關會計選擇行為的驗證。十一是股票價格的檢驗理論。該領域研究強制性會計程序變動對股票價格的影響。研究過程中運用的主要分析工具依然是資本資產計價模型。十二是契約理論在審計中的作用。該領域研究契約理論對會計和審計實務的解釋。就狹義的會計實證研究而言，其範圍主要集中在兩個領域：一個領域是會計信息與資本市場的關係。主要研究會計信息的有用性，即會計信息與股票價格變動的關係、會計收益與資本市場關係的各種假說等。另一個領域是會計政策選擇，主要研究會計政策選擇的行為動機等。

二、會計理論流派

會計理論的正式形成，自20世紀20年代以來雖然僅有不足百年的歷史，但是其內容精彩紛呈，異常豐富。這些理論可以按照不同標準進行分類。根據所採用的研究方法和觀點不同，可以把會計理論分為兩個大的流派：規範會計學派和實證會計學派。

（一）規範會計學派

規範會計學派建立的理論又稱規範會計理論，規範會計理論的研究方法體現出早期的演繹主義和後來的實證主義的思想。面對20世紀30年代會計實務放任自流的混亂局面，規範會計理論企圖從會計活動的規則中尋找「優良」的會計實務，並概括理論概念，建立會計應當是什麼的系統知識，以指導和規範會計實務。因此，規範會計理論研究中蘊涵了會計「應當是什麼」的價值判斷問題。具體說來就是會計理論研究立足於對現有會計環境（包括經濟、法律、道德等諸多方面因素）、會計慣例及報表使用者偏好的分析，從中抽象出一定的目標和價值判斷，提出一套科學合理的衡量會計活動的標準，據此制定會計準則和分析處理會計問題，形成整套的規範理論。由此可見，規範會計理論是根據會計學者的個人經驗所確定的會計目標和價值判斷這些先驗概念為起點，利用演繹規則展開推理。隨著社會經濟的不斷發展，會計業務的日趨複雜，為解決實務問題，強化會計理論結構的內在的邏輯性，規範會計理論又吸收了實證主義的思想，在對現實問題進行分析的基礎上加入邏輯規則，利用數理邏輯的工具進行分析和論證，最終目的還是要揭示出會計實踐活動自身的規律，以指導和規範會計實務的發展。規範會計理論中的理性思維部分是不可被證偽的，但它是在經驗認識的基礎上，通過創造性的邏輯推理所證實的，因而是科學的。至少在20世紀60年代以前，這種理論流派一直是在會計理論體系中佔據著統治地位。這種理論更注重研究「理想的會計應

該是什麼樣」，進而確定會計「應該怎麼做」，通過制定會計規則來規範會計活動行為，以達到或盡可能接近理想的會計。規範會計理論一般從邏輯推理的角度，採用歸納法尤其是演繹法，更多時候是歸納、演繹相結合的思路，通過總結歸納實務，分析批判和演繹，尋求最優答案，來構建理想會計模式，並以此制定規則，規範會計實務。規範會計理論不解釋現行實務「為什麼是這樣」，也不預測「未來會怎樣」。20世紀70年代以前的會計理論以及20世紀70年代以后美國財務會計準則委員會（FASB）構建的財務會計概念框架體系，一般認為都是典型的按照規範方法建立起來的規範會計理論體系，屬於規範會計學派的範疇。

（二）實證會計學派

實證主義哲學起源於法國的奧古斯特·孔德，其立足於經驗來發展科學，是經驗主義傳統的延伸。實證主義在20世紀發展成邏輯實證主義，是由維也納學派發展起來的，其代表人物是莫利茨·石里克、卡爾納普等人。邏輯實證主義的主要核心是運用「可驗證性」作為科學有意義的標準，即如果一個陳述要有意義，它應該允許直接同經驗對質而證實或證偽。邏輯實證主義借助於語言分析的技術和近代數理邏輯的成就來支撐其論點：一切在認識上有意義的陳述，不是在經驗上有關事實的可證實的陳述，就是依賴語言的結構或其他符號系統的同義反覆的陳述。

波普爾對邏輯實證主義提出了批評，其主要觀點又被稱為證偽主義。波普爾在他的著作《科學發現的邏輯》中提出如下觀點：第一，科學通過提出假設取得進步。第二，科學的理論不能被證實，只能不被證偽。一個理論的推論和被解釋的現象一致，只能說暫時可以接受這個理論來解釋這個現象，而不能說這個理論被證實了。第三，一個理論只有在事實上或邏輯上有可能被證偽，那它才是科學的；反之，就是非科學的。

人類認識的進步，一方面是不斷設想各種大膽的假說，另一方面則是千方百計地對這些假說進行反駁或證偽，「只有當我們竭盡全力而不能證偽它們的時候，我們才可以說，它們經受住了嚴格的檢驗」。

波普爾的證偽主義在經濟學研究中發揚光大，弗里德曼（1953）發表了著名的《實證經濟學方法論》，他認為，實證經濟學的最終目的是要發展出一種「理論」或「假說」，這種理論或假說能夠對尚未觀察到的現象做出合理的、有意義的預測。實證證據永遠都不能「證實」一種假說，它只可能無法證偽這種假說。在經濟學中，實證（Positive）問題回答事物「是」什麼、怎麼樣；而規範（Normative）問題回答事物「應該」怎麼樣、怎樣做。為了回答事物「是」什麼，怎麼樣，必須有能夠用於描述過去、推測未來、指導人的未來行為的理論。經濟學一向具有製造各類模型的傳統，所謂模型就是採用數學方法建立起來的理論。

作為經濟學一個分支的現代財務經濟學，其核心構架是由幾大理論模塊構成的，包括資產組合理論、資本結構理論、資本資產定價模型、市場效率理論、期權定價理論以及合約成本（Contraction Cost）理論等，這些理論都是回答事物「是」什麼、怎麼樣，都是實證性質的理論，而這些理論都不同程度地影響著現代的會計理論。

會計領域的實證研究大概可認為自20世紀60年代中期開始，代表性的人物有

鲍尔和布朗（Ball & Brown, 1968）以及比弗（Beaver, 1968），他们率先在会计领域中使用了社会科学的经验性（Empirical）研究方法，即先提出假说，然后用数据分析的方法加以验证，改变了以往概念性和定性的传统分析法。1978年，瓦茨和齐默尔曼发表了《会计准则确定的实证理论》，实证会计理论和研究方法开始被广为接受，并发展成为当今主流的会计理论和研究范式。[1] 实证会计理论是指检验假说或理论，或者将假说或理论与现实世界的「经验」或「事实」联系起来，关注对一些规范会计理论所提出假说的经验检验，主要用于「解释」现行实务「是怎样」「为什么是这样」「预测」会计及相关信息在个人、企业和其他组织经济决策中的作用。国内一般习惯性地将其作为「经验研究」（Empirical Research）和「实证研究」（Positive Research）的统称。

理论界一般把这两种理论又分别称为描述性理论与规范性理论。描述性理论旨在描述、论证和解释实务中的各种现象、方法、惯例；而规范性理论则旨在制定会计规则，规范会计活动。按这样的分类，实证会计理论是典型的描述性理论，而按照归纳法建立起来的，作为实务中经验总结的早期会计理论（认为会计是一门艺术、是经验的累积），也是一种典型的描述性理论；按照演绎法建立起来的会计理论，则属于规范会计理论的范畴。这两种理论流派的差异，也正是实证会计理论与规范会计理论的差异：规范理论是规定性的，而实证理论是描述性、解释性或者预测性的；规范理论说明人们应该如何行事以取得被认为是正确的、道德的、公正的或「好」的结果；实证理论不规定人们应该怎样做才能取得被认为是「好」的结果，而是描述人们的既定行为（不论它是否「正确」），解释人们为什么按某一种方式行事，或者预测人们做了什么或将要做什么（同样不考虑它是否「正确」或「最佳」）。从形式上也可以说，规范性理论是「先验性」的，而描述性理论则是「后验性」的，这也正是实证研究者从根本上批评规范研究者的一个主要原因。[2]

---

[1] 近年来，中国会计学术界对实证会计研究的推崇以及对规范会计研究的蔑视，已经发展成为一种普遍的现象。但是笔者以为，这种现象中矫枉过正的倾向，尚未引起有识之士尤其是学界权威（他们一般是理论研究的推动者，引领着学术研究的方向和潮流）的充分重视。第一，作为不同的研究方法，规范研究和实证研究都有存在的意义，排斥和蔑视规范研究，本身就不是一种科学的态度。第二，国内的实证会计研究在多大程度上已经发展成为「皇帝的新衣」，虽然彼此心知肚明，但唯恐不言实证就被同行轻视，因此言必称实证而羞谈规范？如何克服为实证而实证、无病呻吟的实证「官样文章」，并有感而发、有的放矢，开展真正有意义的高质量的实证会计研究，是当前会计研究中需要深刻反思的一个问题。

[2] 哲学上认为，先验主义属于理性主义或者唯心主义的范畴，其理论（真理）不是来源于实践而是来源于人的思维。但是，规范会计理论形式上虽然是「先验性」的，实质上却仍然是「后验性」的，不能想像规范理论是凭空的「臆造」，没有会计实践岂能够产生规范会计理论？实际上规范理论也是完全来自于实践，按照「归纳—演绎」的思路建立起来的。实证会计的一个最大问题，是不允许规范理论中有演绎，认为任何演绎都是唯心主义（理性主义）的，都脱离实际，不能得到证实。这种可怕的思想是一种最为低级的「实证」思想，甚至与实证主义的早期代表人物石里克的逻辑实证主义都是根本对立的；同时，实证会计研究中提出假说的过程，本身也是一个演绎的过程。

第三節　會計研究方法

　　所謂「工欲善其事，必先利其器」。科學的研究方法是科學研究和探索客觀規律的基礎和前提。研究方法的重要意義也正在於此。巴甫洛夫甚至說，研究方法的選擇，決定了理論研究的成敗。專門研究研究方法的科學，稱為方法論；方法論本質上是一個哲學的範疇。20 世紀以來，西方哲學中關於方法論的發展歷程，先后經歷了石里克的邏輯實證主義（強調理論必須能夠被邏輯證實；因為不能窮盡所有可觀察現象，所以不能通過經驗證實來確證一個命題為真）、波普的證偽主義（真理作為一般規律，是一個全稱命題——真理是包括所有事物和現象的一般規律；但是，因為無法窮盡所有現象，所以真理是無法被完全證實的，而只能不被證偽，只有能經受證偽檢驗的命題，才是真理）、庫恩的範式理論（科學理論是從一種範式到另一種範式的轉變，當舊的範式的解釋力越來越弱，新的範式就會出現，這個範式轉變的過程，是「科學革命」的過程）、拉卡托斯的精致證偽主義（任何理論的證偽，都是新的理論出現，並證偽原來的理論；新的理論是在與舊理論的競爭中、證偽舊理論而得以確立）。

　　哲學中方法論的討論對自然科學的發展產生了極大的促進作用，以此為基礎展開的自然科學研究碩果累累。為追求會計的「科學性」，這些研究方法順理成章地被引入會計研究中來，對會計研究和會計理論構建產生了重大影響。

　　因此，在會計研究中，方法論問題已經成為影響會計理論構建的一個基本問題。正如前所述，當今會計研究方法的基本分類是規範研究方法和實證研究方法。但從根本上說，這兩種方法其實都沒有超出歸納法和演繹法的範疇。作為描述性理論，實證研究方法屬於歸納法的範疇；作為規範性理論，規範研究方法屬於演繹法的範疇。正因為如此，西方才有學者認為，當今流行的實證研究方法不過是「經驗或實證方法的迴歸」[①]——早期按照歸納法建立起來的、作為經驗總結和一門藝術的會計理論，就是描述性的或「樸素」實證的；20 世紀 30 年代至 20 世紀 60 年代按照演繹法建立起來的會計理論，則是規範性的；20 世紀 70 年代以后流行起來的實證會計，只不過是早期經驗或實證主義的高級形式。

　　本部分將首先介紹歸納法和演繹法，然後再對其他研究方法做簡單介紹。

一、歸納法

　　歸納法的特點是通過對大量現象的觀察，然後加以歸納，從中概括並抽象出有關概念及其內在聯繫，再把它們表述出來。這是一種從大量會計事項中觀察並加以概括、歸納，總結出一般規律的研究方法，總體思路是從具體到一般。歸納法的基本步驟如下：

　　第一，觀察客觀對象（會計事項與會計實踐）。

---

① 戈弗雷，等. 會計理論.［M］. 5 版. 孫蔓莉，等，譯. 北京：中國人民大學出版社，2007：46.

第二，分析、歸納所觀察到的會計事項與會計實踐。
第三，通過分析與歸納，總結或推導出一般規律（或概念、規則）。
第四，將規律應用於實踐，並以實踐檢驗所得到的一般規律（或概念、規則）。

上述步驟可以概括如圖2-2所示。

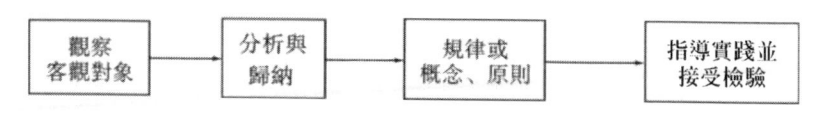

觀察客觀對象 → 分析與歸納 → 規律或概念、原則 → 指導實踐並接受檢驗

圖2-2　歸納法的基本步驟圖

例如，會計人員在長期的應收帳款核算過程中，通過對各項應收帳款發生、收回情況的觀察和記載，發現有的款項可能按期收回，有的款項可能延期收回，有的款項根本收不回來。通過對收不回來的款項進行歸類與分析，得知這些收不回來的款項已經形成壞帳損失。對所發生的壞帳損失，可推導出兩種處理方法，即直接轉銷法和備抵法。經驗證，直接轉銷法不能真實反應某一會計期間的淨損益，即不符合配比會計原則，則應該採用備抵法。人們正是在這種大量的記帳實踐的觀察中，才歸納出備抵法，進而總結出了謹慎性會計原則。

歸納法的優點是可以不受預定的模式所束縛，並把理論概念或結論建立在大量現象的基礎上。但是，歸納法也有一定的缺陷，即由於總是局限於特定的觀察者，一方面特定觀察者的觀察對象與範圍有限；另一方面特定觀察者分析與歸納的能力不同、視角不同、所選擇的觀察對象（樣本）不一樣，從而使概括歸納出來的一般規律或概念、原則也不一致，而且任何觀察都是對有限現象（樣本）的觀察，不可能包括全部實踐範圍、所有會計實踐。因此，即使排除觀察者個人主觀因素，由於觀察者總是對有限的部分現象的觀察，其結論（規律或概念、原則）也難免以偏概全。

歸納法的主要理論著作包括：
斯普瑞格（Sprague，1907）的《帳戶的哲學》。
佩頓和利特爾頓（W. A. Paton & A. C. Littleton，1940）的《會計準則導論》。
利特爾頓（A. C. Littleton，1953）的《會計理論結構》。
井尻雄士（Yuji Iriji，1975）的《會計計量理論》等。

二、演繹法

與歸納法一般從現存會計實務中分類、整理、綜合、概括，進而上升為會計理論不同，演繹法遵循從一般到具體的思路，其特點是從特定的核心基本概念出發，通過嚴密的邏輯推理，構建內在一致的會計理論體系或理論框架。演繹法構建的會計理論，一般具有抽象性，通過判斷和推理，構建會計「應該是什麼」的理論，用以規範會計實務的色彩很濃重，規範會計理論的稱謂也由此而來。演繹法的基本步驟可以概括如圖2-3所示。

演繹法具有邏輯嚴密、理論體系內部前後一致、內在統一的優點。演繹法的

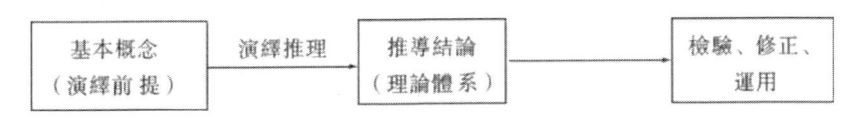

```
┌─────────┐  演繹推理  ┌─────────┐           ┌─────────┐
│ 基本概念 │ ────────→ │ 推導結論 │ ────────→ │檢驗、修正、│
│(演繹前提)│           │(理論體系)│           │   運用   │
└─────────┘           └─────────┘           └─────────┘
```

圖 2 - 3　演繹法的基本步驟圖

最大問題是基本概念的正確性（即前導命題的真理性）將決定整個理論體系的科學性。前導命題正確是所構建理論體系正確的基礎和前提，如果前導命題發生錯誤，其結果必將是南轅北轍，不管邏輯推理的過程再怎樣嚴密無誤，所構建的理論體系也經不住推敲，與科學理論相去甚遠。因此，科學選擇前導命題，保證演繹基礎的正確性，是演繹法所構建理論能夠經受科學檢驗的基礎。

20 世紀中葉的財務會計理論大多數是按照演繹法構建起來的。演繹法的重要理論著作和文獻包括：

佩頓（W. A. Paton，1922）的《會計理論》。

坎寧（John. B. Canning，1929）的《會計中的經濟學》。

斯威尼（H. W. Sweeney，1936）的《穩定會計》。

麥克尼爾（K. MacNeal，1939）的《會計中的真實性》。

愛德華茲和貝爾（Edwards & Bell，1966）的《企業收益的理論和計量》。

美國財務會計準則委員會的《財務會計概念公告》1～8 輯（FAC 1～8，1978—2010）。

某種意義上完全可以認為，美國財務會計準則委員會成立后於 1978 年開始陸續發布的 1～8 輯《財務會計概念公告》，是演繹法在會計研究中最淋漓盡致運用的典範。在這個概念框架中，美國財務會計準則委員會以會計目標為基礎進行演繹，推理過程如圖 2 - 4 所示。

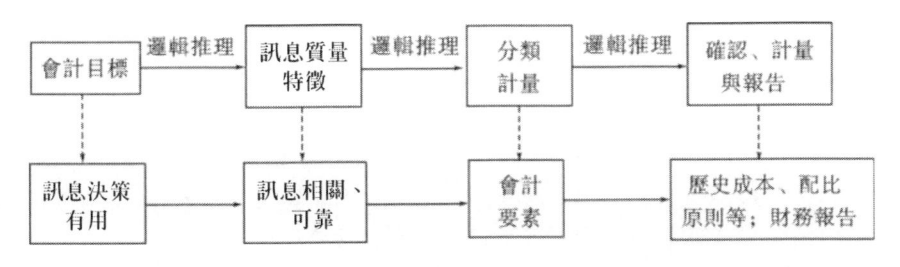

```
┌────────┐ 邏輯推理 ┌────────┐ 邏輯推理 ┌────────┐ 邏輯推理 ┌──────────┐
│會計目標│ ───────→ │訊息質量│ ───────→ │  分類  │ ───────→ │確認、計量│
│        │          │  特徵  │          │  計量  │          │  與報告  │
└────────┘          └────────┘          └────────┘          └──────────┘
    ↓                   ↓                   ↓                     ↓
┌────────┐          ┌────────┐          ┌────────┐          ┌──────────┐
│訊息決策│ ───────→ │訊息相關│ ───────→ │  會計  │ ───────→ │歷史成本、配比│
│  有用  │          │  可靠  │          │  要素  │          │原則等；財務報告│
└────────┘          └────────┘          └────────┘          └──────────┘
```

圖 2 - 4　美國財務會計準則委員會以會計目標為基礎的推理過程圖

這個按照演繹法建立起來的會計理論體系被稱為「目標導向的會計理論體系」，是以會計目標為基本概念（邏輯演繹的起點）進行邏輯推理建立起來的會計理論體系，又被稱為「目標起點」的會計理論體系。之所以以會計目標作為邏輯演繹的起點，根源於在會計本質的認識上。美國財務會計準則委員會認可「會計是一個信息系統」，而系統論認為任何系統都有自己的特定目的。因此，以系統的

目的為研究起點，也就順理成章了。①

在美國財務會計準則委員會構建「目標導向的會計理論」以前，會計學術界至少還流行過兩類演繹法構建的會計理論：一類是以會計本質為起點（前導命題），進行嚴密的邏輯推理構建的會計理論體系②；另一類是以會計假設為起點（前導命題），進行嚴密的邏輯推理構建的會計理論體系。

從演繹法的研究過程看，在科學研究中，完全意義上的演繹法是不存在的、也是沒有意義的。因為作為演繹法的基礎和出發點的基本概念（前導命題），是不可能憑空想像、完全抽象出來的，一般是歸納總結的結果。因此，演繹法常常是和歸納法結合使用的，兩者常常有機結合，演繹之中有歸納，歸納以後再演繹。純粹的歸納是沒有意義的，因為它只是經驗總結，無法上升到理論高度，進而形成一般規律③；純粹的演繹也是沒有意義的，因為它需要借助特定的基礎，沒有基礎的演繹，只能是空中樓閣，或者是脫離本來面目的主觀臆想。歸納與演繹的有機結合，正是馬克思辯證唯物主義認識論所倡導的認識從「感覺、知覺和表象」到「概念、判斷和推理」，並最終形成真理的過程。

從演繹法的本質來看，以對基本概念的不同認識作為演繹的起點，其實都是可以接受的，認識真理的過程，是從事物的一個點逐步深入擴展到全部的一個「浸潤」的過程，所謂「條條道路通羅馬」「殊途同歸」，就是這個意思。④ 不過，適當的基本概念（演繹推理起點）的選擇，對於更加便捷地認識事物和更加事半功倍地構建理論，具有重要意義。演繹法真正關鍵的問題有兩個：第一，對基本概念（前導命題）的認識必須是正確的；第二，邏輯演繹推理的過程必須是嚴密的、內在一致的。保證了這兩點，也就保證了演繹法的正確性。

當今「目標導向的會計理論」存在的主要問題就是對作為邏輯起點的基本概念的認識、把握存在偏差。以存在認識偏差的基本概念或者更嚴重地說是以對基本概念的錯誤理解為基礎進行演繹推理，展開邏輯推導，邏輯推理的過程即使再嚴密精確、完美無誤，構建的理論體系也不可能是科學的。關於當今「目標導向的會計理論體系」存在的問題，我們在第三章做進一步討論。

三、實證研究方法

當今流行的「實證法」（實證研究）是指通過搜集被觀察事物或現象的經驗性（或歷史性）數據來驗證（或概括）一些理論假說或命題，本質上屬於歸納法的範疇。它通過對大量現象的歸納總結，來解釋會計「為什麼是」這樣，並在線性假設下預測會計未來「會怎樣」。在狹義的會計中，其具體運用主要在兩個方面：一

---

① 「目標導向的會計理論體系」其實本質上是一種「本質導向的會計理論體系」，這是會計研究中一種歷史更為悠久的演繹法。學術界曾認為，本質導向的會計理論不是一種「好」的理論。

② 前已述及，當今流行的「目標導向的會計理論體系」，實際上也是一種「本質導向的會計理論體系」，是原來本質導向的會計理論體系的改頭換面。

③ 或許這正是此前會計理論長期不被認為是科學的根源。

④ 理論構建的過程就像「盲人摸象」，一個盲人無論他從鼻子開始也好，從耳朵開始也罷，抑或從象腿開始也行，只要他循序漸進、摸遍大象的全身（實際上是強調邏輯演繹中的系統、整體思想），他總能得到關於大象的正確概念；反之淺嘗輒止、就事論事、以偏概全必然是錯誤的。

方面是研究會計信息與資本市場的關係，包括會計信息與資本市場的相關性、企業會計政策選擇等；另一方面是研究信息對使用者決策行為的影響。此外，實證法在現代財務與審計中也有著廣泛的應用。實證方法的使用者認為，實證會計有三個特點：第一，價值中立。實證研究者認為，科學是客觀的、以事實為依據的；科學必須是理性的，排除研究者個人的價值、好惡判斷，客觀揭示事物的本質和規律。第二，可證偽性。實證研究者認為，理論研究必須是對可證偽（或可證實）的命題進行研究。因此，命題（理論）必須具有與之相對應的經驗現象；否則，這個命題（理論）就是理性（唯心）主義的，是無法證實或證偽的，也就是沒有意義的。第三，可重複性。實證會計的研究者認為，他們的研究與自然科學研究一樣，在相同的條件下採用相同的方法可以得到相同的實驗結果。

實證會計研究方法有三個層次的含義：第一個層次是最廣義的實證會計研究，指的是用試驗和觀察的方法進行的會計研究，所涉及的方法包括實驗室試驗、實地研究、案例研究、調查研究和檔案研究，研究涵蓋財務會計、管理會計和審計三大領域。第二個層次則是比較狹義的實證會計研究，主要是指用檔案研究方法進行的會計研究，一般所指的經驗會計研究就是這個層次的實證研究概念，其研究範圍只涉及財務會計領域。第三個層次的實證會計研究則是一個更狹義的概念，僅僅是指用檔案研究方法對財務會計中的會計政策選擇主題所進行的研究，瓦茨和齊默爾曼在1978年提出的「實證會計理論」就是這個層次的概念。

實證會計研究可以分為四個主題：估值和基本面分析、驗證市場是否有效、會計在契約和政治過程中的作用、對披露進行規範。

第一，估值和基本面分析。在市場有效的情況下，估值和基本面分析有助於正確理解價值，而在市場無效的情況下，其有助於確定被錯誤定價的股票。這個方面的研究從20世紀90年代以來一直是美國會計界的研究重點。對這個主題研究的重點主要集中於設定估值模型、對模型預測效果進行評價、將估值模型用於經驗性研究、將基本面分析用於估計貼現率和預測盈餘等方面。

第二，驗證市場是否有效。對於這個主題的研究方法主要有事項研究方法和回報預測的截面測試方法兩種。事項研究方法通過測試市場對某事項反應的程度、速度和無偏向性，對市場的有效性進行研究。回報預測的截面測試方法則通過特別的交易規則構造投資組合，計算投資組合的截面回報，並將所得的截面回報與通過資本資產定價模型（CAPM）等模型計算出來的預期回報進行比較。如果兩者的結果相符，那麼市場就是有效的。

第三，會計在契約和政治過程中的作用。對於這一主題的研究是由瓦茨和齊默爾曼首開先河的，主要對在分紅契約、債務契約和政治過程中使用會計信息影響企業的會計政策選擇進行解釋和預測。從事這個主題研究的研究者們主要致力於驗證三個主要假說，即分紅假說、債務假說和政治成本假說，並試圖改進研究設計，使其更有力度。

第四，對披露進行規範。這個主題主要研究的是在有效市場和有效簽約觀的框架下，會計準則制定機構頒布的會計準則是否實現了其所陳述的目標以及會計準則的國際化問題。

實證會計研究要通過問題抽離、問題推演和結論詮釋三個程序，具體有六個步驟：一是確定研究問題；二是發展出研究假說；三是研究設計；四是收集樣本和數據；五是統計分析；六是解釋分析得出的結果。其中，步驟一和步驟二是建立理論的過程；步驟三至步驟六則是證明理論的過程，這個過程主要運用一些統計學的計量工具，包括使用簡單的統計方法進行描述和使用統計模型進行複雜的估計、預測和檢驗等。在規範的實證會計研究中，這些步驟依次進行，先有理論再有檢驗，不可先研究數據的模式再發展出研究，也不可為了得出結論而篡改數據。

實證研究方法的代表作主要包括：

簡森（M. C. Jensen, 1976）的《關於會計研究和會計管制現狀的反應》。

瓦茨（R. L. Watts）和齊默爾曼（J. L. Zimmeman）的《實證會計理論》。

四、其他會計研究方法簡介

從研究方法上看，科學研究要麼是從特殊到一般（歸納法），要麼反過來從抽象到具體（演繹法），所有研究方法不可能超出歸納法和演繹法的範疇。因此，在這兩種方法以外，不存在其他不同的研究方法。

但是，國內外學術界在會計研究方法的總結中，還根據研究角度（立足點）不同，劃分出會計研究的其他方法，在此僅進行簡單介紹。

（一）法規法

法規法是指財務會計必須受國家特定法律、法規（如公司法、稅法等）的約束，因此會計研究必須以特定法律、法規為背景，會計理論與方法都與特定法律密切相關。如，收入實現受稅法的影響，負債定義受經濟法的約束等。

（二）倫理法

倫理法又稱道德法，是指財務會計必然受一定道德標準的約束，因此財務會計必須符合一定的道德規範，以一定的道德規範作為構建財務會計理論的基礎。比如，財務會計必須遵循客觀、公允的原則，「不偏不倚」地如實反應，就是在會計中運用倫理法的最好例證。

儘管會計理論構建的倫理法在會計準則制定中已被各方面所接受，但由於會計原則或會計準則必須根據人們的主觀判斷來進行評價。因此，採用倫理法的最大缺點是不能為會計原則的形式或現行公認會計原則的評價提供合理的基礎。

（三）經濟學法

研究者認為，不同的會計方法和技術所生成的會計信息，具有不同的經濟後果，從而影響到行為人的決策和宏觀經濟目標與行為。因此，會計應考慮會計方法和會計信息的經濟後果，服從和服務於政府的宏觀經濟政策；會計研究應採用經濟學法來認識會計的本質。最為人熟知的會計具有經濟後果的案例是不同時期存貨計價方法的選擇。

（四）事項法

事項法主張會計應按照具體的經濟事項來報告企業的經濟活動，並以此為基礎，重新構建財務會計的確認、計量和報告的理論與方法體系。事項法最早由美

国會計學家索特（George Sorter，1969）提出，他認為從會計是一個信息系統、會計的目標是提供決策有用的會計信息來看，信息有用與否的判斷者是企業外部的信息使用者，而不是企業會計本身。因此，會計不應該按照自身的主觀判斷加工，自認為對使用者有用的會計信息，而應該將會計事項「原汁原味」地提供給信息使用者，由使用者自己判斷什麼信息有用。

（五）社會學法

用社會學法構建會計理論，強調會計信息要能反應企業經營活動對社會的影響，或企業所應承擔的社會責任。這一方法把「公正性」概念擴展到「社會福利」方面，並強調會計技術和方法的社會效應。根據社會學法的要求，對所有會計原則、準則和程序的評價，都要依據它們所規定的財務報告對社會各個集團利益的影響。

（六）其他方法

除了上述方法以外，不同的研究者還分別總結出其他不同方法，包括稅務法、系統法等。

從本質上看，這些所謂的「方法」，都不是真正的研究方法，而是研究的視角或立足點，或者是會計理論研究中需要考慮的環境制約因素。這是在會計研究方法論討論中需要特別注意的一點。

五、會計研究方法評價

方軍雄在 2009 年提出，具體到會計實證研究領域，規範研究與實證研究的融合是最好的會計研究的方法基礎。

葛家澍教授在 2005 年強調，進行會計研究的正確方法是將規範會計研究與實證會計研究相結合，進而形成一個科學和完整的會計研究方法體系。

夏立軍在 2007 年發表的論文中指出，隨著實證研究方法逐漸成為主流，規範研究對於好的研究的重要性更顯突出。因為好的研究首先取決於好的研究問題，好的研究問題是重要的、新穎的而且是可行的，而對好的研究問題的判斷以及能否敏感地抓住好的研究問題則依賴於研究者良好的規範分析功底。沒有長期的規範分析所形成的理論積澱，一個研究者是很難找到好的研究問題的。另外，好的問題能否催生出好的實證研究問題還需要嚴謹的研究設計，需要對變量之間的作用機理進行細緻的分析，進而形成可檢驗的假設，而這同樣需要借助規範會計研究方法。已有的規範理論為研究者提供觀察和認識現實問題的思維工具，已有的規範理論有助於研究者針對特定問題，探尋可行的研究路徑和選擇恰當的切入點。

此外，實證會計研究過程中可能出現異常的結果，而對異常結果的解釋和糾正同樣離不開規範會計分析，如果缺少對研究問題特定背景的細緻分析以及相關理論分析，缺乏對特定制度背景的深刻理解，研究者常常會根據「想當然」的假設進行計量分析，以至於出現常識性的統計錯誤。這類常識性的缺陷只能通過加強研究者對制度背景的剖析來彌補，並且需要借助對專題理論分析框架的把握來

校正。①

思考及討論題：

1. 從哲學的高度認識理論，對我們正確認識所謂實證會計理論和規範會計理論有何重要意義？

2. 實證研究者稱，實證研究具有「價值中立」的特性。作為一種歸納法，實證研究是否真的可以做到價值中立？為什麼？

3. 什麼是可證偽性？如何正確理解哲學中的可證偽性？實證會計強調的可證偽性是否存在對哲學中可證偽性的誤解？為什麼？

---

① 李定清，羅勇，等. 會計基本理論研究 [M]. 成都：西南交通大學出版社，2014：51-52.

第三章　會計原則與財務會計概念框架

　　財務會計原則、財務會計準則、財務會計概念框架是西方財務會計理論體系的重要組成部分。考察財務會計原則、財務會計準則、財務會計概念框架的發展過程，不難看出，美國的公認會計原則形成最早，也是比較完整、系統和最具代表性的。

第一節　公認會計原則

一、公認會計原則的產生與發展

　　會計原則產生於規範會計實務的需要。20世紀20年代以前，實務中的會計處理具有多樣性。在會計的核心問題，即資產計價和收益確定方面，不同企業之間的處理差異懸殊，「各自為政」的會計方法與程序，導致會計信息的可比性大打折扣。雖然稅法對財務會計具有較強的規範作用，但是由於財務會計與稅法的本質差異，稅法對財務會計的規範在範圍上極其有限。而且，從原本意義上說，「早在1913年，會計技術已遠遠優越於早期的稅法，稅法對會計概念的依存關係很快為大家所承認。最初的歲入（財政稅收）法由於借用了會計技術才得以實施，而以後的稅法因採取了其他的會計方法才愈來愈趨向成熟」[①]。換言之，早期稅法是受會計影響的。早期對會計的規範主要來自會計自身，而會計對自身的規範，「首要的目的是減少會計實務中的可供選擇的方法」[②]。

　　早期會計對自身的規範主要是通過建立會計原則來進行的。從實踐中抽象出來，作為經驗總結的早期會計理論，「可以解決一些特定的問題，但是，一旦環境發生了急遽變化或者出現了新的情況，僅僅依賴於推理的職業就會陷入困境。這時，就需要一個明確的概念體系來對現實的寫實描述加以補充。邏輯地推出的原則能使計量的知識適用於變化的環境。它提供了一種參照框架，通過它，人們可以判斷特定會計方法的適當性，並能合理地解釋一些方法為何優於另一些方法。通過將單個的會計程序納入一個具有內在聯繫的會計體系，就能縮小報告相同業務時出現的差異，並減少使用粗糙的會計方法」[③]。正是基於這樣的目的，1922年，威廉·佩頓（William Paton）首次對包括會計原則在內的這個「概念體系」做了全面論述，針對「會計經常面臨著判斷的要求，充滿估計和假定」，提出了七項會計

[①] 查特菲爾德. 會計思想史 [M]. 文碩, 董曉柏, 等, 譯. 北京：中國商業出版社, 1989：315.
[②] 查特菲爾德. 會計思想史 [M]. 文碩, 董曉柏, 等, 譯. 北京：中國商業出版社, 1989：316.
[③] 查特菲爾德. 會計思想史 [M]. 文碩, 董曉柏, 等, 譯. 北京：中國商業出版社, 1989：435.

假設：會計主體（the Business Entity）、持續經營（the Going Concern）、資產負債表等式（the Balance-sheet Equation）、財務狀況和資產負債表（Financial Condition and the Balance-sheet）、成本和帳面價值（Cost and Book Value）、應計成本和收益（Cost Accrual and Income）、順序性（Sequence）。它是從理論上進行會計規範的一個經典。

在1929—1933年經濟大危機以後的教訓總結中，會計選擇的多樣性成為備受指責的對象。1934年，美國證券交易委員會（SEC）成立，其被賦予的一個重要職能就是制定統一的會計準則，以規範會計實務，減少會計選擇的多樣性和由此導致的隨意性和人為操縱。還在大危機中的1932年，美國紐約證券交易所就對上市公司所採用的核算方法和報告方法的多樣性表示擔憂，並委託由喬治·O.梅（George O. May）任主席的美國會計師協會（AICPA）與證券交易所特別委員會建立完善的會計標準體系。該委員會最后提出了以下五點建議：

第一，為提高一致性，股票在交易所上市的公司應遵循一定的廣泛適用的會計原則。在這個前提下，每個企業可以採用其喜歡的任何會計方法。

第二，每個上市公司編製一份在本公司財務報表中使用的會計方法一覽表。該一覽表需經企業董事會正式批准，提交交易所備案，而且應滿足所有股東的要求。

第三，在該一覽表中列示的會計程序和方法應每年連續使用，在沒有通知證券交易所和公司投資者之前，不得加以改變。

第四，財務報表應是管理狀況的反應，審計人員的任務是向股東報告各公司採用的方法是否實際採用了，這些會計方法是否符合「公認」會計原則，其使用是否具有一貫性。

第五，該委員會還提議由一組有資格的會計師、律師和公司管理人員一起列舉出一份具有權威性的會計原則目錄，以幫助公司列舉它們自己所用的會計方法。

對上述五點建議，同樣由梅任主席的註冊會計師協會（AICPA）會計程序委員會（CAP）接受了其中兩條。1933年，在對標準設計證明書的修訂中增加了詞句「認可的會計原則」（Accepted Principles of Accounting），后來又改為「公認會計原則」（Generally Accepted Accounting Principles），或稱為「普遍認可的會計原則」。但事實上，公認會計原則目錄從未出抬。1938年后，擁有準則制定權的美國證券交易委員會通過推動和支持會計職業界的會計原則計劃，將具體的準則制定權轉移給會計程序委員會（美國證券交易委員會僅保留會計準則的最終決定權）。自此之后，會計程序委員會開始了會計原則（GAAP）的系統探索。①

這一期間探索會計原則的經典文獻包括：

1936年，美國會計學會（AAA）發表的《作為公司財務報表編報基礎的會計原則草案》（A Tentative Statement of Accounting Principles Underlying Corporate Financial Statement），列出了20條原則目錄，包括特定會計科目的定義、關於財務報表

---

① 從會計程序委員會開始的公認會計原則探索包括會計假設、會計原則、會計準則、準則解釋和指南以及后來的概念公告等，這些內容屬於不同層次的會計原則。

格式和增加資產、計提折舊的正確處理方法的提示、準確劃分股本與留存收益等。但是，該草案作為會計原則的開拓者，缺陷明顯。研究者認為，該草案混淆了廣泛適用的會計原則和程序性準則的界限，而且邏輯混亂，缺乏推理的嚴密性。

1938 年，哈金斯和賽爾斯基金會（Haskins & Sells Foundation）委託 T. H. 桑德斯（T. H. Sanders）、H. R. 哈特菲爾德（H. R. Hatfield）和 U. 穆爾（Underhill Moore）去研究構建一套對於解釋和改善公司會計以及向公眾發佈的財務報表有用的會計原則體系。他們大量訪問會計工作者和報表使用者，研究期刊文獻和法院判例以及當時的公司報告書，最終形成了專門報告《論會計原則》，其研究方法對后來者產生了廣泛影響。

但是，初期的研究對「原則」的理解是混亂的，「原則」（Principle）、「信條」（Doctrine）、「慣例」（Convention）和「規則」（Rule）常常通用，不加區分。1939 年，史蒂芬·吉爾曼（Stephen Gilman）在《會計中的利潤概念》（Accounting Concepts of Profit）中，對會計原則相關術語進行了嚴格定義。他將慣例定義為構成會計理論基礎的基本前提（Premises）；信條是作為信念或政策問題才有的習慣做法，是根據方便而不是根據邏輯來證明其合理性的；規則是「規定行為或行動的指針」，而原則與自然科學中的原則一樣，是可據以產生準則的基本真理。

1940 年，佩頓和利特爾頓合著的《公司會計準則導論》（An Introduction to Corporate Accounting Standards）是當時最為系統地通過演繹推理而不是歸納法來構建和闡述會計原則的會計經典。書中堅持了利特爾頓（A. C. Littleton）一貫的觀點：規則是達到一致性的基礎，受到企業環境多樣性的影響；原則是測量與規範偏離程度的尺度，體現了基本的真理。這是第一部既精心設計了一套會計原則又具體表明了這些原則與會計方法之間的相互影響的集大成之作。

從 1936 年開始至 20 世紀 60 年代，美國註冊會計師協會（AICPA）及其下屬的、專門負責制定會計準則的會計程序委員會（CAP）以及美國會計學會，對公認會計原則的制定貢獻極大。會計程序委員會從 1939 年開始至 1959 年，先後發佈了 51 份《會計研究公報》（ARBs）；而美國會計學會則先後發佈了四份會計原則公告，分別是：

1936 年的《作為公司財務報表編製基礎的會計原則草案》（A Tentative Statement of Accounting Principles Underlying Corporate Financial Statement）。

1941 年的《作為公司財務報告編製基礎的會計原則》（Accounting Principles Underlying Corporate Financial Reports）。

1948 年的《作為公司財務報表編製基礎的會計概念和標準》（Accounting Concepts and Standards Underlying Corporate Financial Statements）。

1957 年的《公司財務報表的核算和報告標準》（Accounting and Reporting Standards for Corporate Financial Statements）。

1966 年，在美國會計學會成立 50 周年之際，著名的《基本會計理論說明》（A Statement of Basic Accounting Theory）得以發表，擬建立一種以相關性、可檢驗性、中立性和可計量性為基礎的基本的、一般的理論。

1959 年，美國註冊會計師協會新組建了會計原則委員會（APB），取代原來的

會計程序委員會（CAP），承擔制定會計準則的工作；同時以新的會計研究部（ARD）取代原來的會計研究部。會計原則委員會在它存續的 14 年間，發布了 31 份會計原則委員會意見書（APB Opinions），這些意見書的權威性和強制力得到了很大認可。該委員會主席韋爾登‧鮑威爾（Weldon Powell）曾這樣描述該委員會的研究計劃：

「……對財務會計的主要問題需要從四個層次上具體加以考慮：首先是會計假設；其次是會計原則；再次是在具體環境下應用會計原則的準則或指南；最后是研究。

「假設可以認為是原則賴以存在的基本假定……

「將在假設的基礎上努力形成一套能相當廣泛地運用，並互相協調的會計原則……」

與該研究計劃相對應的是由會計研究部主任莫瑞斯‧穆尼茨（Maurice Moonitz）撰寫、會計研究部發布的第一輯《會計研究文集》（ARS No.1）——《會計的基本假設》和由斯普勞斯與穆尼茨撰寫的第三輯《會計研究文集》（ARS No.3）——《經營企業暫定主要會計原則》。但是，1962 年會計原則委員會拒絕了這兩輯關於假設和原則的研究文集，理由是「它們與目前公認的會計原則區別太大，因此難以接受」，並委派進行新的研究，其成果就是保羅‧格雷迪（Paul Grady）採用歸納法、遵循實用主義原則構建的第七輯《會計研究文集》（ARS No.7）——《經營企業的公認會計原則綱要》。這一研究文集是一種歷史的倒退，相對於穆尼茨的研究差距甚大，如今已少有人提及。

里德‧斯托里（Reed Storey）將人們對會計原則的關心劃分為三個時期：第一個時期，也是最有成效的時期，是 1932—1940 年，個人嘗試定義會計原則和主要的會計團體制訂了會計原則研究項目，不過並沒有形成一套「公認」的會計原則；第二個時期是第二次世界大戰后的 1946—1953 年，公共團體開始建立會計原則，如美國會計師協會（AICPA）、美國會計學會（AAA）開始建立會計原則；第三個時期始於 1956 年，終於 20 世紀 60 年代初，在這一時期，會計原則委員會試圖將註冊會計師協會的實用主義方法與美國會計學會邏輯嚴密的會計原則的方法結合起來，產生了深遠影響。

二、推動會計原則發展的主要力量

公認會計原則的發展，一直受到來自兩個方面力量的推動：一是會計準則制定機構；二是會計職業團體和學術研究組織及個人。

（一）會計準則制定機構

1. 會計程序委員會（1936—1959）

公認會計原則產生的根源，在於規範會計實務的客觀需要。這種客觀需要，隨著 1929—1933 年世界經濟大危機的發生而顯得更加重要、迫切。1936 年，美國註冊會計師協會（AICPA）成立了會計程序委員會（CAP），旨在通過會計原則的制定推動會計規範化工作。1938 年，隨著美國證券交易委員會（SEC）授權將會計準則制定權利賦予職業機構，並指責民間職業機構在準則制定方面的步子太慢，

威脅如果不趕緊採取行動 SEC 將收回準則制定權以後，CAP 立即展開了會計原則的制定工作，並於始自 1939 年截至 1958 年的總共 20 年間，陸續發布了 51 份《會計研究公報》。CAP 發布的這些公報存在兩個致命缺陷：一是它是按照簡單歸納法對實務中會計處理慣例的總結，缺乏內在的一致性、科學性，凌亂、相互矛盾；二是它並沒有排除或減少實務中會計選擇的多樣性。因此，CAP 的工作遭到了各方面的批評，所制定的公認會計原則也不能取得權威性和強制性，1959 年不得不停止工作，被會計原則委員會取而代之。

2. 會計原則委員會（1959—1973）

1959 年，美國註冊會計師協會（AICPA）重新成立了會計原則委員會（APB），執行原來由 CAP 承擔的準則制定工作。APB 自 1959 年成立直到 1973 年終止工作，前后總共發布了 31 份 APB 意見書（APB's Opinions）以及一些不構成公認會計原則的報告。

與此同時，為充分吸取 CAP 的教訓，美國註冊會計師協會（AICPA）重新成立了會計研究部（ARD），通過會計研究部的專職研究人員對會計理論進行研究，為 APB 制定準則（原則，即意見書）提供理論支持。會計研究部在穆尼茨、斯普勞斯等的主持下，於 1961—1973 年間總共發表了 15 份《會計研究公報》（ARSs），其中包括穆尼茨撰寫的 ARS No. 1《會計的基本假設》和由斯普勞斯和穆尼茨撰寫的 ARS No. 3《經營企業暫定主要會計原則》。這兩輯公告發布后被 APB 否決，但是其中很多觀點后來被美國財務會計準則委員會（FASB）採用，影響深遠。

APB 的工作仍然不盡如人意。一是 APB 的意見書仍然缺乏理論的支持；二是 APB 的理論缺乏系統性和超前性，只是對實務中存在問題的一種「救火式」的補救；三是由於 APB 的構成人員主要來自部分大的會計師事務所，所以他們的工作被指責為難以真正代表公眾利益，缺乏獨立性和公正性。因此，1973 年 APB 被美國財務會計準則委員會（FASB）取而代之。

3. 美國財務會計準則委員會（1973 年至今）

由於 APB 的缺陷和它的工作備受指責，1973 年美國財務會計準則委員會（FASB）成立，取代了 APB 的準則制定職能，並延續至今。

吸取 APB 的教訓，為免受不能代表公眾利益的指責，FASB 在組建時，首先由 9 個職業團體組成財務會計基金會（FAF），基金會成立理事會，然后由理事會負責組建、任命並資助 FASB。在 FASB 下面，成立並任命「會計準則專題研究小組」和「緊急問題任務小組（EITF）」，具體負責會計準則的制定。

為避免重蹈 APB 在準則制定方面的覆轍，FASB 調整了準則制定的思路，打算遵循「會計理論構建—準則制定—準則解釋和指南」的路徑，構建一個邏輯一致的、以會計理論為基礎的準則體系。因此，FASB 成立以後發布的正式文告包括了以下方面的文件：

（1）財務會計概念公告（Financial Accounting Concept）。這些公告構成財務會計概念框架（Conceptual Framework of Financial, CF），屬於財務會計理論體系的範疇。到目前為止，FASB 已發布了 8 輯財務會計概念公告。

（2）財務會計準則公告（Financial Accounting Standard）。這些準則以財務會計

概念公告為制定基礎，與仍然有效的 CAP《會計研究公報》、APB《會計原則委員會意見書》一起構成對會計實務的具體規範。

（3）解釋（FASB's Interpretations）。解釋是對現有準則的修正和擴展，與準則公告具有同等效力，具有補充準則公告的作用。

（4）技術公報（Technical Bullitins）。目的是為財務會計與報告實務問題以及準則公告的執行提供及時的指南，充當著準則指南的作用。

與 APB 相比，FASB 更加注重對會計理論（即概念框架）的研究，希望通過構建一個完整的理論體系來指導準則的制定，使準則制定具有理論上的支持，借以保持準則之間「連貫、協調、內在一致」的邏輯體系。一個經典的案例是1978年 FASB 發布第1號財務會計概念公告《企業財務報告的目標》，1979年以它為基礎制定發布第33號財務會計準則報告《財務報告和物價變動會計》。在 FASB 成立以來的大多數時間內，準則制定基本上都遵循了這一思路，因此廣受讚譽。

（二）推動會計原則發展的其他主要職業團體和學術組織

1. 美國註冊會計師協會（AICPA）

AICPA 在美國會計原則的發展過程中，長期以來一直不遺余力。這與註冊會計師行業的職業特點是緊密相關的。1938年成立的 CAP 和 1959年成立的 APB，實際上都是 AICPA 的下屬組織，因此 AICPA 事實上充當著會計原則主要制定者的角色。除此之外，AICPA 下屬的會計準則執行委員會（AcSEC）還發表了《審計和會計指南》《見解聲明》《實務說明》以及協會會員《職業道德守則》等。

2. 美國證券交易委員會（SEC）

SEC 對會計原則的發展具有舉足輕重的作用。1933年的證券法和1934年的證券交易法，把制定會計準則的權利授予 SEC，雖然 SEC 將實際制定會計準則的權利授予了民間會計職業組織，但是 SEC 享有對會計準則的最終否決權。因此，SEC 是最具權威性的、由美國國會立法授權的會計準則制定機構。

3. 美國會計學會（AAA）

AAA 主要是作為一個純學術組織而存在並推動會計原則的發展。AAA 主要從理論研究的角度發展會計原則。正如前所述，AAA 自 1936 年開始到 1957 年，曾先後四次發表了四份有關會計原則的公報，並於 1966 年發布了著名的《基本會計理論說明》（ASOBAT），對公認會計原則的發展產生了重要影響。

三、主要會計假設和會計原則

1922年，佩頓在《會計理論》中就曾經嘗試通過會計理論研究，尋求會計的規律性，並以此為基礎指導會計實踐。1929—1933年的經濟危機，使各方深刻認識到缺乏規範的、多樣性的會計選擇所具有的嚴重危害。CAP 時代開始的會計規範，主要通過對實務中慣例的總結，來尋求會計規範之道。它被證明是邏輯混亂、缺乏內在一致性、相互之間矛盾重重的，因此依靠簡單的經驗總結規範會計實務之路不具有可行性。APB 成立以後，曾經努力嘗試通過構建會計理論來指導會計原則制定，解決準則體系之間「連貫、協調、內在一致」問題。因此，APB 在制定會計原則（意見書）的過程中，AICPA 通過會計研究部（ARD）加強了會計理

論的研究，提出了一系列會計假設和會計原則。

（一）會計假設

1. 佩頓的會計假設研究

「會計假設」一詞的使用，最早可以追溯到佩頓1922年的《會計理論》。在《會計理論》中，佩頓說：「會計經常面臨著判斷的要求，充滿估計和假定。很遺憾的是，長期以來，我們的會計師的職能只是接近猜測。會計師必須牢記，你們是處理經濟數據，是處理價值的，而不是處理自然界比較確定的數字。價值是高度不確定的，是很不穩定的，現代會計不僅在許多方面包括估計和猜測，而且可以說現代會計整個結構都是建立在一系列通用的假定基礎上。」換句話說，指導會計師的是有關現行價值、成本、收益這些具體概念（也就是指導會計師研究和處理現行價值、成本、收益的），是特定的基本前提和假設。會計不能沒有假設，事實上，假設（包括假定）是會計的前提。會計不能離開假設（因為會計存在於動態的市場經濟和高度的不確定性之中），而這些假設永遠不能得到完全的證實（即假設是不辯自明的真理）。佩頓提出了七項會計假設，而且對會計假設作出了相當精闢的說明。

（1）會計主體。實際上現在每一個商品生產者都是一個會計主體，他們獨立經營、自負盈虧，理所當然是一個會計主體。

（2）持續經營。可以把持續經營叫做假定，也可叫做會計的慣例。持續經營認為企業能無限期地經營下去。因此，一切會計處理、日常記錄、定期編製報表都是從長期考慮的。「會計主體」和「持續經營」兩個假定基本是由環境所決定的。根據這兩個假定可以再推導出五個技術性假定。

（3）會計平衡公式。一個企業的主體當然需要有資產、負債，也必定會有產權、所有者權益，這幾者之間必定要形成一定的關係，最基本的關係是財產等於產權，這是佩頓提出的第一個基本公式。產權可以一分為二，一個是外在的財產的產權，是負債；一個是內部所有者的產權，是所有者權益。這樣，就應該是「資產＝負債＋所有者權益」。這個平衡公式客觀地描述了一個企業的財產與產權之間的關係。

（4）財務狀況和資產負債表。會計平衡公式演變成一個表格就是資產負債表，資產負債表實際上是會計平衡公式的數量表現或貨幣表現。資產負債表是用來反應一個企業特定時日，某一個時點的財務狀況。

（5）成本和帳面價值。一個企業開始經營活動，進行經營記錄的價值必定是成本，比如購買存貨，進行交換，商品存貨的價值就是成本，這是歷史成本。當然開始的歷史成本同當時的市場（交換）價格是一致的，它來自市場價格。它之所以變成歷史成本是因入帳以後就不改變了。資產購入後，有的直接處理了，比如存貨，買進來按成本，發出去也按成本。但固定資產買進來後是每年提取折舊，固定資產的實物形態沒有改變，但它的價值則逐漸耗損。因此，對固定資產開始是按成本計量，以後是按成本減累計折舊計量，這又稱為帳面價值。資產在使用中，成本與帳面價值將逐漸背離。

（6）應計成本和收益。成本還有另外一個概念，就是購入的資產如果被消耗

掉，就構成銷貨成本，稱為應計成本。應計成本實際上就等於費用，存貨只是應計成本的一部分，應計成本還有固定資產折舊、現金支出費用（如工資、辦公費等）。應計成本是指資產被耗用的部分。毫無疑問，被耗費的成本是一定要收回、要得到補償的，是通過收入收回的。收入與成本配比，就是收益。

（7）順序性。會計處理要按照一定的順序。佩頓舉了一個例子，比如固定資產出售，發生了損失，損失數額的處理在會計上要有一個規定。首先從當期收益來彌補，當期收益不能彌補的，從累計收益彌補，累計收益不能彌補的，最後才從投入資本（註冊資本）彌補。這個順序可以叫做慣例，也可以叫做假定，而且這樣的規定在很多國家往往制定在公司法、證券法和其他的有關經濟法規裡。

2. 佩頓和利特爾頓在《公司會計準則緒論》中的會計假設研究

1940年，佩頓和利特爾頓合著的《公司會計準則緒論》再次論及了會計假設，不過使用了「基本概念」的稱謂。他們論及的基本概念包括：

（1）營業主體。他們特別強調不應站在企業以外的立場上（包括業主的立場上），而應站在企業的立場上進行記錄和編表。

（2）經濟活動的連續性。與前面不同的是要求使用者注意每一期間的報告數字是暫時的，都帶有暫時性。

（3）可計量的對價。會計進行計量、記錄的是買方和賣方，對賣方要記錄的是賣出的貨物的價格積數，對買方是成本。因此，價格積數對買方是成本，對賣方是發出資產的代價，是收入。總體來說都是交換價格乘數量。「價格積數」是買賣雙方在交易時所同意的價格。

（4）成本歸屬性。發生的成本是各種力量的消耗，是各種花費的貨幣表現，是重新組合的價格積數。所以說，各種服務和物質消耗只要表現為價格積數即可歸屬於一個新的價格積數——生產經營成本。不過成本歸屬性又是可分的，可分到具體的企業生產部門的不同產品、不同營業時間上。當然，必要時其必須能合成連貫一致的、毫無痕跡的一個總數。這就是馬克思所講的商品的價值不管怎麼看，怎麼也看不出它的存在。但是若用貨幣數量表現，即價格表現，所費成本的構成就一清二楚了。成本的歸屬性既可合，又可分。

（5）力量和成就。在企業經營活動中，所花的力量與所取得的成就要配比。花費成本（費用）是為了取得成就（收入），那麼取得成就就不可能不花費成本。因此，這兩者始終是結合在一起的。兩者結合起來，把收入同成本相比較，才能衡量最終的成果，那就是收益。這個概念為確認收入和與之相關聯的費用即運用配比原則提供了理論依據，這一概念可能最能體現利特爾頓的觀點。

（6）可檢驗的、客觀的證據（可檢查的客觀證據）。這一條是非常具體的，一切記錄、報告都需要有證據，而且證據必須是客觀的、可檢查的。原因在於：第一，所有權與經營權分離，所有者不參與經營管理，但需要會計信息，因此對會計信息的真實可靠性非常關注，經營者決不應提供虛假的信息來誤導投資人的決策。第二，以證據說明會計信息的客觀性。證據的廣義解釋是各種各樣的證明，包括發票、帳單和其他各種證明文件。證據要力求客觀、可驗證。絕對客觀是不可能的，因為存在持續經營，時間是長期的，而我們往往要割分成若干時期，編

製報表，確定收益，這些都存在估計、判斷。因此，客觀總是相對的，不過要力求客觀、有用。客觀性越強，可檢驗性就越強，這就是會計所要求的證據。

3. 莫瑞斯・穆尼茨的《會計的基本假設》

1961年，新的會計研究部的首屆主任莫瑞斯・穆尼茨的第一號《會計研究文集——會計的基本假設》（ARS No.1）發布，在研究中採納了AICPA的意見，遵循「會計假設是一系列基本假定，作為會計原則制定的基礎，在所有的會計基本概念中，假設，特別是由環境決定的少數基本假設，應是財務會計理論體系的起點」的研究思路，提出了以下3類14條假設：

第一，經濟、政治環境（包括行業的思維與習慣模式）的分析及其衍生的第一類（A類）假設：

（1）A-1 數量化。
（2）A-2 交換。
（3）A-3 主體，包括主體的識別。
（4）A-4 時期期限。
（5）A-5 計量單位，包括可識別性。

第二，補充包括重述的第二類（B類）——直接具體到財務會計的假設：

（1）B-1 財務報表，是「A-1 數量化」在財務會計中的體現。
（2）B-2 市場價格，同假設「A-2 交換」相關聯。
（3）B-3 主體，等於重述假設「A-3 主體」，不過在解釋上可以有所差別，前者可稱為經營主體（A-3），后者則應稱為會計主體（B-3）。
（4）B-4 暫時性，同假設「A-4 時間期限」是相關聯的。

第三，必需的（C類）命題，對A類假設、B類假設特別是B類假設的必要補充：

（1）首先必須補充的假設是「C-1 持續性」。
（2）C-2 客觀性。
（3）C-3 一致性。
（4）C-4 穩定性。
（5）C-5 披露。

根據穆尼茨的說明，A類假設是為了處理會計所存在的經濟和政治環境，並提出會計的定義，B類假設、C類假設（命題）都是為了建立環境的假設同會計的相關性而所進行的推理和補充。

4. APB的《編製企業財務報表的基本概念和會計原則》（APB Statement No.4）對會計假設的發展

1970年10月，APB發布第四號報告《編製企業財務報表的基本概念和會計原則》，（1）用「基本特徵」代替了「會計假設」，並提出了以下財務會計的13個基本特徵：

（1）會計主體。
（2）持續經營。

(3) 經濟資源與義務的計量。
(4) 時間分期。
(5) 貨幣計量。
(6) 應計。
(7) 交換價格。
(8) 近似值。
(9) 判斷。
(10) 通用目的財務信息。
(11) 基本相關的財務報表。
(12) 實質重於形式中。
(13) 重要性。

APB 所列舉的這些假設，已經有了后來成熟的會計假設的影子。

5. FASB 對會計假設的態度

FASB 成立並制定會計準則以後，不再單獨提及「會計假設」這一概念。這與 FASB 的研究思路轉變有密切的關係。

APB 時代，AICPA 一直努力嘗試根據少數幾個基本概念演繹、推導會計理論體系，進而以此為基礎制定會計準則。AICPA（以及下屬的 APB）所依賴的少數基本概念，就是會計假設。因此，會計假設是整個會計理論構建和確定會計原則、制定會計準則的邏輯起點，具有舉足輕重的地位。根據 AICPA 的意見，APB 是遵循如下路徑構建會計原則體系的：「會計假設—會計原則—會計準則—解釋和指南等」①。

進入 FASB 時代以後，原來的研究思路基本被摒棄，取而代之的是「目標導向」的會計理論構建路徑，即「會計目標—會計信息質量特徵—財務報表的要素—財務報表要素的確認與計量」。

在這樣的路徑下，會計假設已經顯得無足輕重，因此會計假設淡化成為會計（信息）特徵的一部分，專門的會計假設研究逐漸式微，並淡出研究視野。

（二）會計原則

會計原則最初是作為制定規範的基礎而存在的。20 世紀 50 年代以後，AICPA 一直堅持從假設衍生出原則，再從原則推導出準則（APB Opinion）的思路。

原則本身代表著一種規範，因此早在大危機之後會計界制定會計規範的思想正式產生開始，會計界就已經習慣使用「會計原則」這一稱謂了。

1936 年，AAA 發布《作為公司財務報表編製基礎的會計原則草案》（*A Tentative Statement of Accounting Principles Underlying Corporate Financial Statement*），希望為統一編製財務報表和正確辨明企業財務狀況與經營成果建立概括性的基本原則。他們提出了 20 條會計原則，引起了熱烈的討論。1938 年，T. H. 桑德斯（T. H. Sanders）、H. R. 哈特菲爾德（H. R. Hatfield）和 U. 穆爾（Underhill Moore）接受委

---

① 實際上 APB 並不是先有「假設」（即理論）再確定原則、制定準則的，而是反過來，先確定原則、制定準則，再發展假設，尋求理論支持。這樣的思路始終無法擺脫簡單歸納法「經驗總結」的特徵。因此，APB 時代的會計被指責為沒有系統的理論支持、邏輯凌亂也就不足為怪了。

託，研究並發表了《論會計原則》，但並不成功。1940 年，佩頓和利特爾頓發表《公司會計準則緒論》，雖然沒有論述會計原則，但已經可以從中清晰地看到后來發展起來的許多會計原則的影子。1941 年，AAA 再度發表修訂后的《作為公司財務報告編製基礎的會計原則》（Accounting Principles Underlying Corporate Financial Reports），系統探討會計原則，此后還分別於 1948 年和 1957 年兩度發布會計原則公告。

1959 年，CAP 被 APB 取代，從新的準則制定機構的名字「『會計原則』委員會」，即可看出其對會計原則的態度。配合 APB 的工作目標和 AICPA 的意圖，ARD1962 年發布了第 3 號《會計研究公報》（ASR No. 3），即《論企業廣泛適用的會計原則》（The Tentative of Broad Accounting Principles for Business Enterprises）。這一輯公報在第 1 號公報《論會計假設》的基礎上，系統論述了財務報表、資產、成本、折舊、負債、所有者權益、投入資本、留存收益、淨利潤、淨損失、收入、費用、利得、損失等概念的定義，然后分別說明了資產的性質與計量，負債與所有者權益的性質與計量以及利潤的性質與確定（包括收入、費用、利得和損失以及前期盈利錯誤更正的計量）。第 3 號實際上涉及包括財務報表各要素的定義與計量在內的所有原則，與后來 FASB 構建的概念框架類似，內容宏大。在當時，如果按照這個內容制定會計原則（會計準則），APB 勢必全部重新審視和重構會計理論、修訂和制定意見書（APB Opinions），包括此前 CAP 發布並仍然有效的《會計研究公報》，工作量的龐大程度可想而知，其對實務的衝擊和震盪以及被認可程度，也不得而知，因而風險極大。這當然是 APB 所不願意的，因此 APB 直接否定了 ARD 的第 3 號公報。

時至今日，「會計原則」仍然是一個充滿爭議、極不統一的概念。需要說明的是，自 CAP 以來的公認會計原則研究和制定，始終是一個廣義的概念。我們認為，「基本上」可以這樣概括美國的公認會計原則：「公認會計原則（GAAP）是各種用以指導（如基本概念）和約束（如準則）會計行為的規範的總稱」，它包括了基本概念（理論框架）、行為原則、會計準則、準則解釋和指南以及與此相關的一切補充公告、技術公告等。這就是 1962 年 ARD《論企業廣泛適用的會計原則》內容廣泛、基本涵蓋后來 FASB 所發展的全部概念公告內容的根本原因。

但是，2008 年 5 月，FASB 發布第 162 號財務會計準則公告（FAS 162）《GAAP 的分級》，却將概念公告排除在 GAAP 之外。第 162 號財務會計準則公告對 GAAP 的具體分級如下：

a 級：財務會計準則公告及其解釋、FASB 成員立場、AICPA 的 ARBs 和 APB 仍然有效的意見書。

b 級：FASB 技術公報以及經 FASB 確認的、AICPA 的《企業審計和會計指南》和《情況說明》（SOPs）。

c 級：經 FASB 確認的《實務公報》（PB）、EITF 發布的《（緊急情況）一致意見》和 EITF D‑Topics。

d 級：FASB 成員的《補充指南》(Q&As)、AICPA 的《會計解釋》、未經 FASB 確認的 AICPA 的《企業審計與會計指南》和 SOPs 廣泛認可的實務（操作規則）。

59

FASB 的這個 GAAP 分級，與此前習慣上將概念公告列入 GAAP 的分級方法略有不同。FASB 的這個意圖也很明顯，概念公告是作為財務會計理論基礎存在的，不具有具體規範財務會計行為的效力和作用，因此自然不屬於作為規範存在的 GAAP 的範疇。GAAP 僅僅是具有規範效力和作用的各種準則和具有準則性質的各種文告。

　　會計原則本身是一個多義詞。使用最普遍的是狹義的、用來作為會計指導思想的、凌駕於準則之上的「基本會計原則」。目前，基本會計原則包含的範圍、具體內容仍然不統一，在不同國家或地區之間，也差異甚大。使用較多的基本會計原則包括客觀性原則、相關性原則、一致性原則、實現原則、配比原則、權責發生制原則、充分披露原則、成本原則、重要性原則、穩健性原則等。關於這些原則的具體認識也極不統一，有些原則有時候被視作會計假設，比如權責發生制。在 FASB 的概念框架研究中，這些原則與假設一樣，構成財務會計的不同質量特徵。關於這些原則的具體內容，限於篇幅，此處不再深入展開。

第二節　財務會計概念框架

一、財務會計概念框架的產生與發展

　　財務會計概念框架這一稱謂產生於 20 世紀 70 年代 FASB 成立以後。財務會計報告框架一直是作為財務會計理論體系的代名詞而存在的。人們一直嘗試通過從少數幾個「概念」出發，通過邏輯推理，採用演繹的方法，構建一個科學的會計理論體系，為發展會計規範提供支持和指引。概念框架就是因此而產生、承擔著這一任務的。

　　佩頓 1922 年的《會計理論》可以看做概念框架研究的開始。在《會計理論》中，佩頓嘗試從少數幾個會計假設、價值、收益、成本等概念，通過嚴密的邏輯推理，構建系統的「會計理論」。此後，1940 年，佩頓和利特爾頓合著的《公司會計準則導論》將這一意圖闡述得更為清楚。在該書的序中，兩位作者說：「我們嘗試將會計的基本理念編織在一起，而不僅僅是表述準則。我們的意圖是要構建一個框架，並在此框架中建立起對公司會計準則的說明。在這裡會計理論被視為一個連貫、協調、內在一致的理論體系，並且如果需要的話，這一理論體系可以歸結為準則的形式表達出來。」[1] 該書從「概念」著手，通過邏輯推導，構建了一個基於歷史成本和配比原則的財務會計框架體系。其所提倡的「連貫、協調、內在一致的理論體系」的理念，影響深遠。1953 年，利特爾頓發表《會計理論結構》，試圖完整地構建一個財務會計理論的結構體系。該書從會計的本質開始，採用歷史分析法，對會計的本質、重心（收益）進行深入討論，進而系統闡述歷史成本基礎上收益確定的復式簿記原理（與會計的本質相關聯）以及會計的經管責

---

[1] W.A.佩頓, A.C.利特爾頓. 公司會計準則導論 [M]. 廈門大學會計系翻譯組, 譯. 北京：中國財政經濟出版社, 2004：5.

任，最后回到會計理論的性質及其應用的探討上。該書是基於歷史成本基礎、以會計本質為邏輯起點構建起來的財務會計理論體系的一座豐碑。

值得注意的是，上述早期探討，主要是學術界的嘗試。1940年，佩頓和利特爾頓的《公司會計準則導論》和1953年利特爾頓的《會計理論結構》，就是分別以美國會計學會（AAA）第3號和第5號專題研究報告的形式發表的。當時的準則制定機構（CAP）在會計準則（如前所述，當時稱「會計原則」）制定過程中，尚沒有充分重視理論的重要性。正是根源於這個原因，APB取代了CAP，擔當起制定會計準則的重擔。APB制定準則以後，AICPA要求APB根據會計理論制定原則，以保證會計原則的「連貫、協調和內在一致性」。而構建會計理論的重任，則交給了專門成立的會計研究部（ARD）。根據AICPA當時的要求，ARD展開了「會計假設—會計原則」這一路徑的財務會計理論體系的研究。這就有了由穆尼茨撰寫的著名的《論會計假設》（ARS No. 1）和由斯普勞斯、穆尼茨撰寫的《論企業廣泛適用的會計原則》（ARS No. 3）兩份會計研究報告。這兩份會計研究報告雖然無概念框架之名，但以後來FASB構建的財務會計概念框架進行衡量，已經完全具有財務會計概念框架之實。雖然它們在當時被APB否決，但影響深遠，在FASB的財務會計概念公告中，可以明顯看到這兩集研究公報尤其是《論企業廣泛適用的會計原則》的影子。這說明，真理並不會因為權威的否定而失去意義，「莫畏浮雲遮望眼，守得雲開見月明」，時間的洪流，終會吹散浮雲，還原事物的本來面目。

1959年，APB取代CAP的一個目的是要通過發展會計理論來指導公認會計原則的制定，為原則制定提供理論支持，保持會計原則的內在一致性。但是直至20世紀60年代初，一方面，ARD發布的《會計研究公報》（如ARS No. 1和ARS No. 3）並不被APB認可；另一方面，APB自身也沒有發展出有說服力的會計理論。因此，鑒於會計理論對指導、評估會計原則的必要性，AICPA又在1964年成立了關於會計原則委員會意見書的專門委員會，要求該專門委員會提出會計原則委員會意見書的評估報告。一年之後，該專門委員會向AICPA理事會提出報告並建議，在盡可能短的時間內，APB必須：第一，陳述它的關於公開的財務報表的目的和局限性的觀點；第二，列舉並描述作為會計原則來源的基本概念；第三，說明（會計）實務和程序應遵循的會計原則；第四，進行會計職業界使用的專業術語的定義，如「重大的權威支持」「概念」「原則」「實務或慣例」「程序」「資產」「負債」「收益」和「重要性」。

於是APB再次承擔起構建財務會計理論體系的任務。與早期AICPA要求ARD按照「會計假設—會計原則」的思路構建會計理論體系不同，受20世紀60年代信息論、系統論以及控制論在會計中快速滲透的影響，AICPA要求APB以會計目標為邏輯起點，構建新的會計理論體系。1970年，APB發布第4號報告《編製企業財務報表的基本概念和會計原則》（APB Statement No. 4：*Basic Concepts and Accounting Principles Underlying Financial Statements of Business Enterprises*），代表了APB構建「目標導向」的會計理論體系的努力成果。

這份報告首先分析了財務會計的環境，認為財務會計受到環境的重大制約，

這些制約會影響到會計的目標、基本特徵、要素以及GAAP；然后歸納出財務會計的基本特徵和基本要素。在對目標的研究中，該報告說：「財務會計與財務報表的基本目的是提供一個企業的定量化的財務信息，這些信息有助於報表的使用者（尤其是所有者和債權人）進行經濟決策，這一目的包括用於評估企業管理當局執行其受託責任和其他管理責任方面的信息。」而為達到上述基本目的的五個一般性目標是：第一，提供關於一個企業的經濟資源與義務的可信賴信息，它對於評估企業（經濟實力）的強弱十分重要；第二，提供關於企業因為其營利活動而產生的淨資源變化的可信賴程度的信息，它反應企業成功經營的能力；第三，提供有助於評估企業獲利潛力的信息（包括過去和現在），即有助於使用者對企業經營業績前景進行預測；第四，提供有關企業經濟資源及其義務的變動和其他所需信息；第五，盡可能揭示有關財務報表的其他信息。同時，該報告還說明了會計信息有用屬性的目標（即質的目標），包括相關性、可理解性、可驗證性、中立性、及時性、可比性、完整性、一致性、充分披露。

這份報告還明確了財務會計的定義和性質以及指導財務報表的公認會計原則的含義。這份報告第一次概括了財務會計的13個基本特徵（會計主體、持續經營、經濟資源與義務的計量、時間分期、貨幣計量、應計、交換價格、近似值、判斷、通用目的財務信息、基本相關的財務報表、實質重於形式、重要性），並把公認會計原則劃分為普遍性原則、廣泛運用原則和詳細會計原則三個層次。

可惜APB這個報告的發布拖了6年之久，它的一些觀點在美國會計學會1966年發布的《會計基本理論說明》中早就已經被提出來了。而且，APB的這份報告尚未研究主要的信息使用者需要哪些信息，特別是未提到普遍關注的現金流量信息。會計界認為，APB的第4號報告還不能滿足需要，公司財務報表仍然缺乏完善的、用於發展會計原則的框架。根據輿論的反應，AICPA決定成立兩個研究小組：特魯布拉德委員會（Trueblood Committee）和懷特委員會（Wheat Committee），由前者負責研究財務報表的目標，后者負責研究會計原則的建立。1972年3月，懷特委員會的研究報告發表，建議由社會各界共同成立財務會計基金會（FAF），由基金會重新組織會計原則制定機構。根據這一建議，獨立、中立的FASB於1973年取代了APB，正式拉開了財務會計概念框架研究的大幕。

為深刻吸取APB及CAP的教訓，FASB成立以後，立即著手展開財務會計理論體系的研究。FASB的思路是首先構建財務會計的理論體系，然後以該理論體系為指導和基礎，制定會計準則（原則），從而真正保證原則體系的「連貫、協調、內在一致性」。為貫徹這一思想，FASB成立之初就立即展開了對特魯布拉德委員會研究報告的深入研究。1974年，FASB發布一份討論備忘錄（DM）《財務會計和報告的概念框架：對財務報表目標研究報告（特魯布拉德報告）的思考》，首次提出「概念框架」這一術語，從此廣為傳播，名滿天下。

承接APB、AAA和特魯布拉德委員會的研究，FASB的財務會計概念框架研究是從特魯布拉德委員會的研究報告開始，並通過如下路徑構建概念框架：「會計目標—會計信息質量特徵—會計要素—確認與計量—財務報告」。

按照這一路徑，自1978年以來，FASB先后發布了總共8輯財務會計概念公

告，構成目前的財務會計概念框架體系。全部 8 輯財務會計概念公告見表 3-1。本部分的介紹主要以 FASB 發布的、仍然有效的概念公告構成的概念框架體系為準。

表 3-1　　　　　　　FASB 發布的財務會計概念公告一覽表

公告序號	發布時間	公告名稱
Con 1	1978 年 11 月	企業財務報告目標（被 Con 8 取代） (Objectives of Financial Reporting by Business Enterprises)
Con 2	1980 年 5 月	會計信息的質量特徵（被 Con 8 取代） (Qualitative Characteristics of Accounting Information)
Con 3	1980 年 12 月	企業財務報表要素（被 Con 6 取代） (Elements of Financial Statements of Business Enterprises)
Con 4	1980 年 12 月	非盈利組織財務報告目標 (Objectives of Financial Reporting by Nonbusiness Organizations)
Con 5	1984 年 12 月	企業財務報表中的確認與計量 (Recognition and Measurement in Financial Statements of Business Enterprises)
Con 6	1985 年 12 月	財務報表要素 (Elements of Financial Statements) (取代 Con 3，補充 Con 2)
Con 7	2000 年 2 月	在會計計量中使用現金流量信息和現值 (Using Cash Flow Information and Present Value in Accounting Measurements)
Con 8	2010 年 9 月	財務報告概念框架 (Conceptual Framework for Financial Reporting)

二、FASB 財務會計概念公告概覽

FASB 發布的概念公告構成了一個概念框架體系。那麼什麼是概念框架（Conceptual Framework，CF）？其意義何在？

在 1976 年 12 月發布的一份名為《概念框架項目的範圍和含義》的文件中，FASB 聲稱：「概念框架是一種構造（Constitution），一種把目標和基本概念相互聯繫、協調一致的體系。它能引導制定內在一致的準則並規定財務會計和財務報表的性質、職能和局限性。目標是用來識別會計的目的（Goals）和用途（Purposes）的基本概念，是會計的基本概念去指引如何選擇應予會計處理的事項、那些事項如何計量並把它們匯總、傳遞給有利益關係方面的手段。基本類型的概念在一定意義上說是其他一系列概念產生的依據。反覆使用的基本概念，在建立、解釋和應用會計與報告準則時是必需的。」一般認為，FASB 構建的概念框架，就是財務會計的理論體系，它本身不屬於 GAAP 的範疇，而是為制定、解釋和評估準則提供

基礎。其重要作用是保證財務會計準則的內在一致性和前后制定的 GAAP 的連貫性，即「導致內在一致的準則」；同時，解釋會計的性質、職能和局限性，指引如何處理會計事項，並幫助信息使用者理解財務會計和財務報告。[①]

(一) 概念公告 8 號（Con 8）：《財務報告概念框架》

FASB 成立以後，自 1978 年開始至 2000 年的近 13 年間，一共發布了 7 個財務會計概念公告。迫於 SEC 對財務會計概念框架的建議以及要求 FASB 進行會計準則國際趨同的壓力，2004 年 4 月，FASB 與國際會計準則理事會（IASB）召開了聯合會議，並於當年 10 月的第二次聯合會議確定啓動「概念框架聯合項目」的研究。2010 年 9 月，雙方首次發布了第一個正式的概念框架，IASB 以之取代 1989 年國際會計準則委員會（IASC）發布的《財務報表編報框架》，FASB 則將其作為《第八號財務會計概念公告》，並以之取代 FAC 1《企業財務報告的目標》和 FAC 2《會計信息的質量特徵》（第八號財務會計概念公告暫時包括第一章「通用目的財務報告的目標」和第三章「有用財務信息的質量特徵」兩章）。

1. FAC 8 (一)《第一章——通用目的財務報告的目標》

《通用目的財務報告的目標》由三部分 21 個段落構成。

第一部分「緒論」用一個段落簡要地闡明了「通用目的財務報告的目標」的地位，即它是整個概念框架的基礎，概念框架的后續部分均源於它、由它決定（Para. 1）。這是近半個世紀以來在會計基礎理論研究中堅持「目標導向的會計理論體系」的延續。

第二部分「通用目的財務報告的目標、用途（Usefulness）及其局限」總共 10 個段落，具體包括以下三方面內容：

(1) 界定了通用目的財務報告的目標是「提供（關於）報告主體的」「有助於現實的和潛在的投資者、貸款人和其他債權人作出是否向主體提供資源的決策的財務信息」，即提供現實的和潛在的投資者、貸款人和其他債權人「購買、出售或者持有權益工具和債務工具、提供或者結清貸款或其他信用工具」（Para. 2）的「期望回報」信息，也就是提供「對主體未來現金淨流入金額、時間和不確定性前景的評估」（Para. 3）信息。

(2) 從用途角度看，為了有助於現實的和潛在的投資者、貸款人和其他債權人評估主體未來現金淨流入前景，通用目的財務報告將提供關於主體所擁有資源方面的信息、對主體要求權方面的信息以及主體管理層和董事會為解除其運用主體資源的責任在效率和效果方面的信息（Para. 4）。

(3) 從局限性角度看，通用目的財務報告僅提供現實的和潛在的投資者、貸款人和其他債權人等「主要的信息使用者」「所需要的大部分財務信息」，不提供、也不可能提供主要信息使用者所需要的全部信息（Para. 5~6）；同時，通用目的財務報告也不企圖展示報告主體的價值，而是僅提供信息，主要信息使用者需要根據提供的財務信息自行估計報告主體的價值（Para. 7）；通用目的財務報告「主要致力於提供能夠滿足供大多數主要使用者需求的信息集」（Para. 8），不主要針對

---

① 此處管理構建概念框架的邏輯順序而非時間或概念框架編號順序論述。

其他當事人（如社會公眾），並且「財務報告基於估計、判斷和模型，而不是精確的刻畫……理想的財務報告概念框架願望，不可能完全實現，至少短期內不能實現」（Para. 11）。

第三部分「關於報告主體經濟資源、要求權以及資源和要求權變動的信息」是第二部分內容的一個合乎邏輯的深化，也是財務報告具體內容的概略性說明。第三部分用 10 個段落說明了以下五個方面的內容：

（1）闡明通用目的財務報告提供主體的財務狀況及其變動信息，而財務狀況信息就是報告主體經濟資源和對報告主體經濟資源要求權方面的信息；財務狀況變動信息就是導致報告主體經濟資源和要求權變動的效果和其他事項影響方面的信息（Para. 12）。

（2）指出報告主體經濟資源和要求權的變動，源於主體的財務業績和其他事項或者交易（Para. 15）。

（3）指出財務業績反應了主體資源的回報，是管理層運用主體資源的效率和效果的反應，應堅持收益確定的資產負債觀（Para. 18），並按權責發生制基礎確認（Para. 17）；同時「市價變動或者利率變動等事項」（Para. 19）也會構成財務業績，導致主體經濟資源和要求權發生金額增減。

（4）報告主體期間的現金流量，可以從另一個側面反應和解釋企業財務業績（Para. 20）。

（5）由其他交易或者事項引起的報告主體經濟資源和要求權的變動，如直接從投資者和債權人那裡獲得的額外資源（Para. 18，Para. 21），會對主體的未來財務業績產生影響。

2. FAC 8（二）《第三章——有用財務信息的質量特徵》

《有用財務信息的質量特徵》由三部分 39 個段落組成。

第一部分「緒論」對財務信息的內容、有用財務信息的意義以及提供有用財務信息及其約束條件進行了總括性介紹。

第二部分「有用財務信息的質量特徵」分「基本質量特徵」和「強化質量特徵」兩個層次詳述了有用的會計信息應該具備的各種質量特徵。

（1）基本質量特徵包括「相關性」與「忠實陳報」兩個特徵。相關性是指財務信息讓使用者據以做出差別決策的特性，財務信息要具有相關性，那麼信息本身應具有預測價值、確認價值或者二者兼而有之，預測價值與確認價值是相互聯繫的；重要性是相關性特徵中與特徵主體有關的一個方面。忠實陳報特徵指財務信息要有用，必須忠實地陳報意欲陳報的經濟現象，而要做到完美的忠實陳報，應具備三項特徵，即完整、中立、無誤；但忠實陳報本身並不必然生成有用的信息。財務信息要有用，必須在具有相關性的同時忠實陳報。

（2）會計應首先識別哪些經濟現象可能有用，再辨別有用的經濟現象中哪些信息最為相關，然后對相關的信息進行忠實陳報。強化質量特徵包括可比性、可驗證性、及時性和可理解性，它們有助於提升具有相關性且忠實陳報的信息的有用性。在可驗證性中，定量信息的驗證可以是點估計，也可以是可能的金額範圍及其對應的概率；驗證的形式可以是直接的，也可以是間接的。無論驗證的附註

信息（如果有的話），應披露（這些信息的）基礎假設、編報方法以及支撐這些信息的其他因素和情況。強化質量特徵是以財務信息具有基本質量特徵為前提的，並且通過強化質量特徵提供信息質量是一個反反覆復的過程。

第三部分「有用財務報告的成本約束」明確成本對提供有用的財務信息構成普遍約束條件。提供財務信息時應權衡所報告信息的效益與為提供信息所花費的成本，考慮所通過信息的適當性。不同主體（使用者）對報告的要求千差萬別，所提供或取得信息的成本是不一樣的，準則委員會對提高財務信息的成本與效益的衡量，只涉及通用財務報告，而不是立足每個單獨的報告主體進行考慮。

（二）概念公告6號（Con 6）：《財務報表要素》（取代 Con 3）

1985年12月，FASB 發布第6號財務會計概念公告《財務報表要素》，全面取代1980年12月發布的第3號財務會計概念公告《企業財務報表要素》，並對第2號概念公告進行補充。

（1）Con 6 對財務報表要素進行分類，盈利組織的財務報表要素被劃分為十大類：資產、負債、業主投資、業主權益、派給業主款、收入、費用、利得、損失和全面收益。

（2）Con 6 闡明了上述十個要素之間的勾稽關係：

①資產－負債 ＝ 業主權益（淨資產）

②資產－負債＋業主投資－派給業主款 ＝ 業主權益＋不包括業主投資和分派業主款的淨資產的期末比期初增長額

③收入－費用 ＝ 盈利；利得－損失 ＝ 持有損益（包括已實現和未實現）

④收入－費用＋利得－損失 ＝ 全面收益

⑤全面收益 ＝ 不包括業主投資和分派業主款的淨資產的期末比期初增長額

（3）Con 6 全面定義了要素，指明了各自的特徵。在決定財務報表的組成內容時，某一要素作為財務報表內容的一個項目，必須通過確認（再確認），定義是確認的基本標準之一。

在10個要素中，最主要的是資產、負債、業主權益、收入和費用5個要素。這5個要素給出的定義如下：

①資產：特定主體擁有或控制的、由於過去的交易或事項形成的未來經濟利益。

②負債：特定主體由於過去的交易或事項而現在承擔的在付資產（即預期可能的未來經濟利益的犧牲）的義務。

③業主權益：特定主體資產減負債后體現的剩餘未來經濟利益。

④收入：某一主體在其持續經營的核心業務中，因交付或生產了貨物，提供了勞務而獲得或新增的資產或清償了負債或兩者兼而有之。

⑤費用：某一主體在其持續經營的核心業務中，因交付或生產了貨物而付出的或耗用的資產或承擔的負債，或兩者兼而有之。

所有各要素的特性，都是由各自的定義分解而來。例如，資產的特性就是：第一，本質為未來的經濟利益；第二，該未來的經濟利益為主體擁有或支配；第三，該未來的經濟利益是主體過去交易或事項的結果。其他要素都可依此類推。

總之，把定義分解，成為特性，把特性綜合就是定義。

Con 6 對要素的定義，是一個重要創新。其承繼了坎寧以來會計應該「面向未來」的觀念，將「未來經濟利益」引入資產、負債等要素定義中，曾經得到了包括經濟學家在內的各界的廣泛認可和讚譽。

(三) 概念公告 5 號（Con 5）：《企業財務報表中的確認與計量》[①]

財務報表要素的確認與計量是影響財務報表信息（簡稱財務信息）的重要因素，財務報告（含財務報表）的目標是為財務信息的使用者提供決策有用的會計信息，但怎樣的信息才能正式進入帳簿系統，並在財務報表中正式列報，則需要通過確認與計量這兩道密切聯繫、相輔相成的關口。Con 5 就是針對這一問題的概念公告。其主要內容包括：

(1) Con 5 首先對確認進行了完整定義，並把確認與披露嚴格區分開來。確認是將某項交易作為一項資產、負債、收入、費用之類「正式記錄」或收編進財務報表中某一項目的過程。其金額包括在報表的總計之中。

對於一個項目，既要確認其取得或發生，又要確認其事後的變動（包括消除的變動），因此每一個項目的確認，都可能包括初始確認（記錄其取得和發生）、后續確認（記錄其增減變動）、消除確認（記錄其被消除）等步驟。確認的一個特點是既要用文字（如帳戶和報表項目）表現各項目的性質、特點，又要用金額描述這些項目的數量，即既要定性，又要定量。

除表內列示的部分外，包括表外附註都不屬於確認，表外附註也包括表內用括號註釋的部分以及表外底註。它們連同其他表外傳遞信息的手段皆屬於披露。

(2) Con 5 提出四項基本的確認標準。第一，可定義性，即必須符合要素的定義，因為一個項目要正式記錄必須納入相關要素所屬的帳戶中，而要編進財務報表，則必須能列入表內某項要素所屬的項目中。第二，可計量性，即必須有符合該項目特點的計量屬性。第三，相關性，所確認的項目與金額應對決策有用。第四，可靠性，所確認的項目與金額應能可靠地計量。

(3) Con 5 考慮到盈利（收益）是反應一個企業經營業績的關鍵性指標，會計信息使用者普遍承認盈利信息的重要性，因此又增加了對「盈利構成內容引用標準的指南」。以收入來說，其確認必須再考慮「已實現或可實現」（Realized Realizable）和「已賺得」。對費用來說，有因果聯繫的銷售成本應與銷售收入配比確認，有些費用是逐步消耗，並逐步轉移於產品（勞務）成本的，如折舊、保險，應有系統的攤配。有些資產的未來經濟利益明顯減少或完全喪失，應當明確確認為損失。

(4) Con 5 提出了歷史成本（歷史收入）、現行成本、現行市價、可實現淨值、未來現金流量貼現值 5 種計量屬性。認可在會計實務中多種計量屬性並存、混合計量的現狀。

(四) 概念公告 7 號（Con 7）：《在會計計量中使用現金流量信息和現值》

自 1985 年 12 月 FASB 發布第 6 號概念公告取代第 3 號概念公告以後，甚至更早的 1984 年 12 月 FASB 發布第 5 號概念公告《企業財務報表的確認與計量》以

[①] 概念公告 4 號《非盈利組織財務報表目標》不屬於企業財務會計的範疇，不予討論。

后,按照 FASB 構建概念框架的思路進行衡量,即「會計目標—會計信息質量特徵—會計要素—會計確認與計量—財務報告」,至此,概念框架的構建就已經完成了。① 這個路徑中的每一步,分別對應著一個概念公告——會計目標對應著第 1 號概念公告,會計信息質量特徵對應著第 2 號概念公告,會計要素先對應著第 3 號后概念公告對應著第 6 號概念公告,會計確認與計量對應著第 5 號概念公告。時隔近 15 年后,FASB 打破沉默,於 2000 年 2 月發布第 7 號財務會計概念公告《在會計計量中使用現金流量信息和現值》,在我們看來,它僅僅是第 5 號概念公告「確認與計量公告」的一個補充而已,並不構成一個獨立的內容。而 2000 年 FASB 重新又發布第 7 號概念公告,有其深刻的歷史根源。

在 FASB 於 1984 年 12 月發布的第 5 號財務會計概念公告《企業財務報表中的確認與計量》中,關於會計計量,概念公告闡述了 5 種計量屬性:歷史成本(歷史收入)、現行成本、現行市價、可實現淨值、未來現金流量的現值。20 年代 80 年代末期以後,衍生金融工具的出現使會計計量面臨嚴峻的挑戰。衍生金融工具具有初始投資較少或者幾乎沒有初始交易金額、未來交割、價值變動大的特點,按交易金額入帳遇到了大麻煩。如何準確計量衍生金融工具的價值呢? 鑒於經濟學上一直流行採用貼現的方法進行資產估價,而會計要素定義和會計計量也一直強調要「面向未來」,同時第 5 號概念公告中闡述的計量屬性也提及現值,因此 FASB 以為現值或許是衍生金融工具計量的恰當「屬性」②。1988 年,FASB 開始嘗試使用現值進行衍生金融工具計量,並為此專門展開了一個現值計量的研究項目。此后,現值計量研究一直持續到 20 世紀末,2000 年 2 月發布的第 7 號概念公告《在會計計量中使用現金流量信息和現值》,正是這一階段現值研究的集中成果。Con 7 的主要內容如下:

(1) Con 7 首先闡明了發布該概念公告的原因。大多數會計計量均採用可觀察到的市場定價(Observable Marketplace‐Determined Amount),因為可觀察的市場定價最可靠也比較容易取得。但若無法取得這一數據,就必須估計現金流量以確定這一價值。FASB 和 APB 都不太願意在缺乏一個框架(Without a Framework)下,採用現值技術(Present Value Techniques)。

(2) Con 7 接著介紹了 1990 年以來 FASB 進行現值計量的嘗試,並進一步說明該概念公告發布的原因:FASB 在 1990 年 12 月至 1999 年 12 月的 10 年中共發布了 32 份公告。其中,15 份涉及確認與計量,11 份涉及現值技術。儘管第 5 號概念公告提到現值,但並未說明在會計計量中何時和如何運用它。

(3) Con 7 明確了採用現值不是計量的目標,按未來現金流量來確定現值是為了尋求無法觀察到的由市場定價的公允價值。因此,該公告說「現金流量與利率的任何組合都能計算出一個現值……但現值的計算不是最終目的而是為了使財務

---

① 據葛家澍教授轉引莫斯特(K. S. Most)教授的研究,SEC 僅僅將制定計量準則的權力轉授給了 FASB,而自己一直掌握著制定信息披露準則的權力。因此,信息披露,也就是財務報告的權力在 SEC,這是 FASB 一直沒有出抬財務報告概念公告的原因。

② 採用現值計量衍生金融工具,還有金融學上的支持。在 1988 年現值項目開始以前,成熟的期權定價模型,即「布萊克—斯科爾斯模型」就已經廣泛使用,並得到普遍認可。而該模型的基本思想,就是假定未來是線性的(概率已知),然后通過貼現方式估計期權的現在價值。

報告能夠提供具有相關性的信息,現值能夠反應出被計量資產、負債的一些可觀察到的計量屬性」,即公允價值——「初始確認和重新開始計量中使用現值的唯一目的是估計公允價值」。現值計量的目的就是為了捕捉公允價值,這個公允價值就是現行市價。

(4)第 7 號概念公告對第 5 號概念公告作了重要的補充。「第 5 號概念公告對其中 3 種計量屬性(現行成本、現行市價、可變現淨值)的討論著眼於初始確認以及以后的新起點計量。對歷史成本的討論著眼於初始確認以後期間的成本標準。第 5 號概念公告提到的現值計量屬性是一項攤銷方法(Anamortization Method),可在應用歷史成本、現行成本或現行市場價值計量之後使用。」這說明,按未來現金流量信息確定的現值並不是一種計量屬性。它只是一種攤配技術,或者用於「捕捉」公允價值(即現行市價)。

完全可以這樣認為,第 7 號概念公告只是第 5 號概念公告《企業財務報表中的確認與計量》的一個補充公告,目的是澄清和說明會計計量中的現值技術,並補充說明公允價值計量屬性。

三、FASB 財務會計概念公告評述

(一)FASB 概念框架構建路徑總結與反思

FASB 制定的、由 8 輯財務會計概念公告構成的財務會計概念框架體系,按照 FASB 自身的解釋,是遵循如下路徑構建的:「會計目標—會計信息質量特徵—會計要素—會計確認與計量—財務報告」。[①]

這一路徑中的每一步驟,分別對應著不同層次的概念公告。之所以遵循這樣的構建路徑,是因為 20 世紀 60 年代以後,信息論和系統論(還包括控制論,系統論和控制論常常是不可分的)在會計中得到了廣泛滲透。這一構建路徑,習慣上稱為「以目標為導向(邏輯起點)」的研究路徑。

但是從實質上看,FASB 的研究路徑仍然是「本質導向」的。FASB 首先是認可了會計是一個信息系統,而人為的信息系統都有特定目標,所以才展開「目標導向」的會計理論體系的研究。換言之,FASB 是以「會計是一個信息系統」為基礎和前提,展開包括會計目標在內的概念框架研究。FASB 實際的研究路徑如下:「會計本質(信息系統)—會計目標(系統的目標)—信息的質量特徵—會計要素—確認與計量—財務報告」。

按照這一路徑,各概念公告的核心內容可以分別概括如下:

Con 8(一):會計是一個經濟信息系統;會計的目標是對決策有用。

Con 8(二):會計信息的質量特徵是在滿足可理解、效益大於成本的前提下,對使用者有用;有用的信息必須是相關和可靠的。

(上述 Con 1 和 Con 2 的內容即現在的 Con 8 的內容。)

Con 6(取代 Con 3,補充 Con 2):全部會計反應對象(財務報告內容)劃分為 10 個要素,核心是資產及其定義。資產是「特定主體擁有或控制的、由過去交

---

① 前已述及,「財務報告」不在 FASB 概念公告的範圍之內。

易或事項形成的、可能產生的未來經濟利益」（Assets are probable future economic benefits obtained or controlled by a particular entity as a result of past transactions or events）。

Con 5：會計確認與計量（會計確認是會計事項是否進入帳簿和報告系統的過程，包括可定義性、可計量性、相關性、可靠性四個標準；收入確認遵循「已實現或可實現」和「已賺取」，費用確認主要遵循配比和系統攤配；會計計量採用歷史成本等五種計量屬性混合計量）。

Con 7：現值計量技術，現值計量的目的是尋求公允價值即現行市價計量。

按照「本質導向」構建會計理論，在 FASB 以前曾經有過多次嘗試，利特爾頓 1953 年的《會計理論結構》就是一個經典。這一路徑以及 APB 早期所遵循的「假設—原則」路徑都是 FASB 所批判的。但是，FASB 所提倡的「目標導向」，事實上也是「本質導向」，這是不是預示著 FASB 構建的這個概念框架（會計理論體系）本身也是失敗的呢？

（二）FASB 概念框架的問題評析

我們認為，FASB 以「會計是一個信息系統」為前提構建的這個理論體系，在很多方面確實都是失敗的。這種失敗，主要表現為兩個層次：第一個層次，單獨從每個概念公告內部看，各個公告都存在缺陷甚至錯誤；第二個層次，從全部公告構成的概念框架體系看，並不是一個「連貫、協調、內在一致」的理論體系，相互之間脫節、矛盾，問題重重。

Con 8（一）：首先，會計的本質是一個信息系統嗎？我們的回答是「會計是一個信息系統」。進一步而言，將會計定義為一個信息系統，這就足夠了嗎？我們的回答是「遠遠不夠」。系統論的創始人路德維格·馮·貝塔朗菲（Ludwig Von Bertalanffy）說，宇宙間「處處是系統，大到宇宙、小到一個人或一項特定事物，都可視為一個系統」[1]。因此，事實上所有事物、所有獨立學科，都可以定義為「系統」，將會計定義為一個系統，等於沒有定義，是一句「永遠正確，但卻毫無用處的廢話」，是闡述了一個不需要回答的共識[2]。系統論也是作為一種科學研究的思想和方法論而出現的。「系統論是整體論和還原論的辯證統一」[3]，一方面，強調把事物看做一個整體（系統），從整體上觀察、分析、認識和把握所研究對象，聯繫地看事物；另一方面，要求深入整體（系統，即所研究對象）內部，深入地瞭解系統的各個組成部分或子系統，一步步把研究對象還原到越來越深的層次。科學的認識論不能僅僅注重對局部或細節的瞭解（即僅堅持還原論），也不能僅僅注重對整體的認識（即僅堅持整體論）、不深入整體這個「黑箱」去瞭解局部，而應該將兩者結合，有分有合。這就是系統論的基本觀念和方法。僅僅堅持「還原

---

① 葛家澍，劉峰．會計大典：第一卷——會計理論［M］．北京：中國財政經濟出版社，1998：310．

② 這樣的定義，就像日常生活中 A 問 B「你現在在哪裡」，而 B 回答「在地球上」一樣荒謬。這種荒謬，就是科學哲學中所說的「永遠無法證偽的命題」。遺憾的是，一向標榜「方法科學」、作為科學哲學實踐者的實證會計研究，竟然以信息系統論為基礎開許多相關問題的實證，並聲稱證實或證偽了很多有意義的命題，這現象本身說明了什麼？

③ 錢學森．創建系統學［M］．太原：山西科學技術出版社，2001：365．

論」，就會犯「盲人摸象」的錯誤；而僅僅堅持「整體論」，則會淺嘗輒止，無法深入事物內部透澈認識和瞭解事物。

其次，會計的目標是決策有用嗎？會計如何判斷所提供的信息對外部的會計信息使用者有用呢？會計信息有用與否的判斷者是信息的使用者，作為會計信息提供者的企業會計，如何在提供會計信息前知道什麼樣的會計信息是對使用者有用的呢？如何瞭解千差萬別的會計信息使用者的不同信息需求，並據以提供滿足他們決策需要的不同會計信息呢？因此，「決策有用」的會計目標從來就是一句空話，會計從來都是提供一種通用的價值信息，供外界所用，並不以使用者的意願為決定信息提供的依據。因此，這種觀點一提出，就遭受到希爾頓、斯特寧等的猛烈攻擊。①

Con 8（二）：會計信息最主要的質量特徵是相關性和可靠性嗎？相關性和可靠性真的有些時候會矛盾嗎？我們的認識是，會計信息的主要質量特徵是可靠性（真實性），相關性不是信息的質量特徵，而是會計反應應該達到的結果。相關性與可靠性並不矛盾，相關性不可能是空中樓閣，憑空得到，捨棄可靠性追求相關性，無異於緣木求魚。會計信息具備了可靠性，自然就會達到相關，可靠是相關的基礎，而相關是可靠的結果，兩者存在因果關係。

Con 6：要素定義關係到會計確認與計量，因而至關重要。理論界曾經嘗試以要素（如資產）作為構建會計理論的邏輯起點（后來被棄置）②，可見要素劃分與定義的重要性。而要素的核心是資產，它具有「一損俱損」的關鍵作用。那麼，Con 6 將資產定義為「未來經濟利益」，可行性究竟如何？我們認為，FASB 的這個定義是失敗的，集中表現在一點：未來經濟利益是資產的目的而不是資產本身，而且從確認的角度看，未來總是不確定的，將資產定義為未來經濟利益，必然使會計計量陷入「萬劫不復」的境地，建立在線性假定基礎上的一切對未來進行計價的努力都是荒唐的。因此，Con 6 的資產定義是一個完全失敗的定義，修正這個定義和 Con 6 是歷史的必然。

Con 5 和 Con 7：第 5 號概念公告和第 7 號概念公告總體上包括兩個內容，一是確認，二是計量。從確認的角度看，四個確認標準對於作為「未來經濟利益」的靜態要素（主要是資產和負責）都是脫節的，因此是不可行的。對於收入與費用確認，「實現和配比」仍然是完全意義上的「收入費用觀」。一方面，公告中構建了 10 個要素之間完整的勾稽關係；另一方面，按照「收入費用觀」確認收入與費用將使這些要素之間的勾稽關係蕩然無存。從計量的角度看，計量屬性有五種，現值僅僅是作為一種計量技術存在，歷史成本、現行成本等計量屬性可以混合使

---

① 普雷維茨，等．著．美國會計史——會計的文化意義 [M]．杜興強，等，譯．北京：中國人民大學出版社，2006：363-364．

② 在第二章中我們曾經說過，構建會計理論的邏輯起點，其實有多種選擇，會計理論的探索是「浸潤式」的，理論上從事物（而非事物以外）的任何一個點開始，往四周擴散開去，只要你能保證每一步擴展（演繹）是正確的，最終都可以，而且必然達到同一個結果，達成對事物的完整認識。所謂「條條道路通羅馬」，就是這個意思。因此，以資產為邏輯起點構建會計理論體系原本也是可行的，但是通向同一個「目的地」的路徑雖然有很多種，却有「曲」與「直」之分，選擇科學的起點，堅持走「直」徑，可以使研究者更快捷、思路更清晰地達到終點。

用，而且歷史成本是作為主要的計量屬性存在，與資產定義（資產是未來經濟利益）在很大程度上是脫節的。而且，作為未來經濟利益的資產，應該如何計量？計量屬性是什麼？能夠計量嗎？

不僅如此，各個概念公告之間的矛盾和衝突也很明顯，從而導致概念框架內部一些問題無法解決。比如，Con 8 堅持會計是一個信息系統，但是其他概念公告，已經完全沒有信息系統的影子，是徹頭徹尾的「計量觀」。可以說，FASB 構建的這個概念框架，是以「信息系統」這個「新瓶」裝上「會計的核心是計量」這個「舊酒」，概念公告體系的前後是完全脫節的。類似的細節上的衝突還有很多，比如前述 Con 6 中資產定義與 Con 5 中會計計量的衝突。限於篇幅，概念公告之間的衝突不予深入討論。

四、結束語

會計作為一門獨立的學科，構建一套科學的會計理論體系，用以指導會計準則制定和會計實踐，是完全必要的。至少從 20 世紀初開始至今，這個努力和嘗試已經持續了 100 余年。截至目前，FASB 構建的以概念框架為代表的會計理論體系，是最被認可的一個理論體系。但是，從這個理論體系本身看，仍然問題重重，缺陷甚至錯誤甚多。我們認為，完全可以預見，在不遠的未來，FASB 的概念框架體系極可能推倒重來，或者進行「洗心革面」式的大修訂、大變革。對於 FASB 的概念框架體系，要以「揚棄」的態度，去粗取精，去偽存真，正確、科學地進行認識，獨立思考，並以此為基礎發展科學的會計理論。

思考及討論題：

1. 什麼是 GAAP？你是如何認識 GAAP 的？
2. 如何評價 APB 對會計準則的貢獻？
3. 基本會計原則有哪些？各自的準確含義是什麼？

第四章　會計確認理論

　　會計加工處理信息的方法主要是分類記錄和報告。分類記錄和報告必須首先解決的問題就是要有一套明確的分類標準。在分類標準既定的情況下，還要判斷所發生的交易或事項應該歸入哪一類別、能否歸於某一特定類別以及何時對其進行歸類記錄和報告等。這一過程就是通常所說的會計確認。因此，會計確認是會計方法的基礎，是研究會計理論不可迴避的重大問題之一。

第一節　會計確認的概念

　　會計確認（Recognize）一詞最早見於威廉·佩頓（Willianm A. Panton）於1922年所著的《會計理論——兼論公司的會計問題》一書。在該書中，威廉·佩頓使用了「收入確認」概念，並探討了「會計確認標準」等問題。1938年，威廉·佩頓在其所著的《會計綱要》（*Essential of Accounting*）一書中再次提及「收入確認」概念，並對收入及費用的確認等實際問題進行了研究。1940年，在他與利特爾頓（A. C. Littleton）合作編寫的重要著作《公司會計準則緒論》中，詳細論述了收入確認問題，並對收入實現的兩種基礎——應計基礎（Accruual Basis）和現金基礎（Cash Basis）進行了研究，同時還探討了「完工比例法」在收入確認中的應用。

　　到20世紀五六十年代，「確認」的概念不再局限於「收入實現」或「收入確認」。例如，1953年美國會計程序委員會（CAP）發布的第1號公報《會計名詞公報（回顧與摘要）》將會計定義為對交易或事項按照貨幣進行記錄（Recording）、分類（Classifying）、匯總（Summarizing），將其表現為一種有意義的狀態並解釋其結果的一種藝術。其中，在解釋何謂記錄時認為記錄就是確認的開始。

　　1970年，美國會計原則委員會（APB）發布了第4號報告《企業財務報表的基本概念與會計原則》。該報告儘管沒有明確給出會計確認的定義，但卻在廣泛的解釋及應用過程中充分體現了其基本含義。例如，在該報告所確立的6條普遍適用的原則中，第一條原則即為「初始記錄原則」（Initial Recording Principle）。該原則明確規定在對會計要素進行初始記錄時應明確：第一，進入會計系統的數據；第二，進行會計處理的時點；第三，所記錄的資產、負債、收入、費用的金額。

　　對於收入和費用的具體確認時點，該報告還規定，收入實現應符合兩個條件：第一，賺取利潤的過程已完成或實質上已完成；第二，交易行為已發生。費用的確認應符合三項原則：第一，與同期收入直接關聯的費用應按因果關係予以確認；第二，同時期的收入與費用有聯繫但缺乏直接的因果關係，可採用系統合理的方

式分配；第三，某些費用不能明確提供未來經濟利益，應在發生當期確認。

1984年12月，美國財務會計準則委員會（FASB）公布的第5號《財務會計概念公告》首次給會計確認下了一個完整的定義，即確認是指把一個事項作為資產、負債、收入和費用等加以記錄並列入財務報表的過程。確認包括用文字和數字來描述一個項目，其金額包括在財務報表的合計數之中。對於一項資產或負債，確認不僅要包括該項目的取得或發生，而且要記錄其隨後發生的變動，包括將導致該項目從財務報表上予以剔除的變動。

在FASB公布了第5號《財務會計概念公告》之後，世界上許多國家和組織紛紛仿效，加拿大特許會計師協會（CICA）下屬會計準則委員會（ASC）在其發布的《財務報表概念》中，將會計確認定義為：「將某一項目包含於某一特定主體財務報表的過程，包括在報表中對該項目的文字敘述和將金額計入報表合計數之中。出於揭示的目的，在財務報表之中應將類似的項目歸為一類。」其強調：「確認不是財務報表附註中的揭示。附註既可以提供財務報表所確認項目的進一步的信息，也可以提供哪些無法滿足確認標準，因而不能在報表中予以確認的有關項目的信息。」

國際會計準則委員會（ISAC）在其於1989年7月公布的《編報財務報表的框架》第82段指出：「確認是指將符合要素定義和規定確認標準的項目納入資產負債表或收益表的過程。」確認涉及以文字或金額來表述一個項目並將該金額包括在資產負債表或收益表的總額之中。符合確認標準的項目，應當在資產負債表或收益表中得到確認，對於這類項目若未被確認，是不能通過披露所採用的會計政策或者通過附註或說明性材料來加以糾正的。

英國會計準則委員會（ASB）在其於1999年12月發布的《財務報告原則公告》第5章「財務報表的確認」中對會計確認的定義做了較為詳細的闡述：「確認視同使用文字和貨幣金額對要素進行描述，並將其金額列入財務報表匯總數字之中，會計確認分為三個階段：第一，初始確認，即將某個項目的首次計入財務報表；第二，后續再計量（Subsequent Remeasurement），即改變帳簿上已記錄的以前所確認項目的貨幣金額；第三，終止確認，即將一個已確認項目從財務報表中剔除，其前提是已沒有充足的證據表明該項目能夠帶來未來經濟利益或導致經濟利益流出。」[1]

葛家澍教授在《會計學導論》中對會計確認所下的定義是：「所謂會計確認，是指通過一定的標準，辨認應予輸入會計信息系統的經濟數據，確定這些數據應加以記錄的會計對象的要素，進一步還要確定已記錄和加工的信息是否全部列入會計報表和如何列入會計報表。」同時，葛家澍教授還指出，會計確認實際上要進行兩次，即初始確認和再確認。「初始確認決定著數據的輸入，這一程序是對經濟業務產生的數據加以具體識別、判斷、選擇和歸類，以便它們在復式簿記系統中能被正式接受和記錄。初始確認開始於審核原始憑證上所列數據含有的信息。」交易或事項產生的大量經濟數據轉化為帳簿信息後，還需要依照會計信息使用者的

---

[1] 汪祥耀. 英國會計準則研究與比較 [M]. 上海：立信會計出版社，2002：22.

要求，對帳簿信息繼續進行加工、濃縮、提煉，或加以擴充、重新歸類、匯總、組合，以形成便於會計信息使用者利用的會計報表信息，這一過程即為會計信息的再確認。再確認主要解決會計帳簿中的哪些信息應當列入會計報表，或者在會計報表上應揭示多少會計信息和何種會計信息的問題。[1]

綜上所述，會計確認是指把經濟事項作為會計要素進行記錄和列入財務報表的過程。會計確認至少應包括以下幾層含義：

（1）就確認的內容而言，會計確認不僅包括收入、費用的確認，也包括資產及負債的確認。

（2）就確認的程序而言，會計確認包括初始確認和再確認兩個步驟。

初始確認即對企業的交易或事項所產生的經濟數據，按照事先確定的會計要素或具體歸類對象，依據規定的確認標準進行識別、判斷、選擇和歸類，以便它們在復式簿記系統中能被正式接受和記錄。其具體程序包括：第一，將會計要素按照性質或用途進一步細分為會計科目；第二，判斷一項交易或事項所涉及的會計科目；第三，對照要素或會計科目的定義判斷是否應將該交易或事項帶來的影響或結果記入該要素或會計科目；第四，判斷該交易或事項對會計要素或會計科目所造成的影響的方向及金額；第五，按照規定的記帳規則將其在帳簿中進行登記。

再確認即將經過初始確認所形成的帳簿信息，依照編製財務報告的需要，對帳簿信息繼續進行加工整理、濃縮提煉、歸類組合、分析匯總，以形成便於會計信息使用者理解和使用的報告信息的過程。其具體程序包括：第一，將會計要素按照便於理解和使用的原則細分為具體的會計報表項目；第二，將會計帳簿中登記的分類信息，按照會計報表項目重新分類；第三，確定會計報表項目的金額；第四，將所確定的金額登入會計報表的具體項目，並確定同類項目的合計金額。

（3）就確認的時點而言，會計確認包括初始確認（Initial Recognition）、后續確認（Subsequent Recognition）和終止確認（Dererecognition）。初始確認是指於交易或事項發生或形成時確認；后續確認是指所記錄項目的金額發生變動時對其金額變動部分進行確認；終止確認則是指於所確認的會計要素滅失或不再具備確認條件時將其從財務報表中剔除。

（4）就確認的目標而言，會計確認的最終目標就是將用於記錄企業交易或事項的數據，通過篩選、歸類、整理、匯總，最終列示於財務報表之中，以形成對會計報表使用者決策有用的會計信息。

第二節　會計確認的標準

會計確認必須解決兩個基本問題，即是否確認及何時確認。對前者所做的回答構成了會計確認的基本標準，而對后者所做的回答則構成了會計確認的時間標

---

[1] 葛家澍. 會計學導論 [M]. 上海：立信會計出版社，1988：247 - 251.

準。在對資產、負債、收入、費用等會計要素進行具體確認時，往往要將以上兩種標準結合在一起，形成有針對性的具體確認標準，這些標準構成了會計確認的衍生標準。

一、會計確認的基本標準

會計確認的基本標準是為實現會計目標而確立的用於判別和決定交易或事項是否應予確認的基本條件。APB 在其發布的第 4 號會計公告中認為，會計確認的標準應是財務會計的目標和基本質量特徵。之后，FASB 在其發布的第 5 號財務會計概念公告中提出了對所有會計項目都適用的確認標準：一個項目及其信息的確認，必須符合四項基本確認標準，只有全部符合這些標準並滿足成本、效益的約束條件和重要性的界限，才應予確認。這些基本確認標準如下：

可定義性（Definition）——擬確認項目應符合財務報表的某個要素的定義。

可計量性（Measurebility）——擬確認項目具有可量化的特徵，即具有可用貨幣可靠計量且具有相關性的特徵。

相關性（Relevance）——該項目的信息具有導致決策差別的特性。

可靠性（Reliability）——該項目的信息具有如實反應、可驗證性和中立無偏性。

ISAC 在發布的《編報財務報表的框架》第 83 段指出：如果符合下列標準，就應當確認一個符合要素定義的項目：第一，與該項目有關的未來經濟利益很可能流入或流出企業；第二，對該項目的成本和價值能夠可靠地加以計量。該公告還特別強調：在評價一個項目是否符合會計確認標準或是否有資格在財務報表內得到確認時，應當注意重要性原則；在未來經濟利益居於不確定性時，應採用「未來經濟利益的概率」的概念評估與該項目有關的未來經濟利益流入或流出的不確定性程度。該公告特別指出：計量的可靠性標準並不排斥合理的估計，在許多情況下，必須估計成本或價值。使用合理的估計是財務報表編製過程中必不可少的部分，但是如果無法作出合理的估計，就不能在資產負債表或收益表中確認這一項目。[①]

可見，儘管國際會計準則委員會與美國財務會計委員會對會計確認基本標準的表述不盡一致，但其思想內核却極為接近，即「可定義性」和「可計量性」是會計確認的基本條件；「相關性」和「可靠性」則是會計確認的必要前提；「重要性」和「成本效益原則」則是會計確認的重要約束條件。

二、會計確認的時間標準

如果說會計確認的基本標準是決定什麼經濟事項應予確認以及應確認為什麼要素的判別標準，那麼會計確認的時間標準就是用於判斷這些要素應於何時確認入帳的判別標準。在判斷會計要素應於何時確認入帳時，通常有兩種可供選擇的時間基礎，即收付實現制和權責發生制。

---

① FASB. 論財務會計概念 [M]. 婁爾行，譯. 北京：中國財政經濟出版社，1992：112.

（一）收付實現制

在會計活動產生的早期，收付實現制一直是會計確認的天然基礎，如在自然經濟條件下，人們在計量一年的收成時，通常很自然地會用一年的現金收入扣除當年現金支出后的差額衡量全年的經濟收益。因此，收付實現制又被稱為現金制會計（Cash Basis）或現金基礎。西德尼·戴維森（Sidney Davidson）等在描述什麼是現金基礎時指出：「現金基礎是與權責發生制基礎相對應的一種確認基礎，它要求在收到現金時確認收入，支付現金時確認費用。收益確定毋需對收入和費用進行配比。」[1] 因此，現金收付制就是以現金的收付時間作為收入及費用的入帳時間，即當收到現金時確認收入，當支付現金時則確認費用，現金收支的差額就是當期收益。

然而，這種純粹的收付實現制在經營活動極為簡單，借貸關係或商品信用關係不存在或經營活動不需大額早期投入的情況下才可以付諸應用。在現實生活中，這種情況已難覓其蹤，這是因為：第一，商業信用與商品交換活動是相伴而生的，在人類早期最為簡單的商品交換活動中，就有賒欠行為的記載；第二，除極少數典型事例外，絕大部分企業在從事營利活動時，都需要預先投入一定的資金，在以機器大生產為主要特徵的工廠制度出現后尤其如此。

在商品信用關係、借貸關係空前發展，資本投入及退出極為頻繁以及資本性支出極為重要的現代社會，如果將收到的現金全部視為收入，將付出的現金全部作為費用；將收回的債權視為收入，將債務的償還或購置長期資產的支出視為費用，都會造成收益信息的嚴重歪曲。因此，純粹的收付實現制即使在經營活動極為簡單的條件下，如農戶的會計確認與計量中，也難以得到完全應用。

隨著經濟發展水平的不斷提高，尤其是產業革命帶來的機器化大生產迅猛發展，人們逐步擯棄了一些純粹的收付實現制，而逐步採取一些更為合理的做法。例如，在按收付實現制確認收入和費用的前提下，對借出款項導致的現金減少，不再計作費用而是計入債權項目；對借入款項而增加的現金，不再計作收入，而是計入債務項目。又如，對需要大量現金的長期資產項目支出予以資本化而在之后分期攤作費用，或永久列示在帳上而永不攤銷等。這些做法實際上是對收付實現制的改進或擴展，同時也是權責發生制的初步嘗試。

（二）權責發生制

顧名思義，權責發生制就是以「權利」的形成時間和「責任」或「義務」的發生時間作為會計確認的時間基礎。早期的權責發生制主要是用來判斷收入和費用應在何時確認。例如，西德尼·戴維森等認為：「權責發生制會計是按貨物的銷售（或交付）和勞務的提供來確認收入，而不考慮現金的收取時間；對費用也按與之相關聯的收入的確認時間予以確認，而不考慮現金支付的時間。」[2] 在這句話中，「權利」僅指收取現金或其他經濟利益的權利；權利的發生則指企業已通過貨

---

[1] SIDNEY DAVIDSON, et al. Handbook of Modern Accounting [M]. New york: Mc Graw - Hill Book Company, 1979: 14.

[2] SIDNEY DAVIDSON, et al. Handbook of Modern Accounting [M]. New york: Mc Graw - Hill Book Company, 1979: 6.

物的銷售或勞務的提供取得了在現在或未來某一特定時間收取現金或其他經濟利益的權利;「責任」或「義務」即僅支付現金或其他經濟利益的責任或義務,「責任」或「義務」的發生則指企業因購貨或接受勞務等事項承擔了支付現金或其他經濟利益的責任或義務。

上述定義中的權責發生制並沒有提及資產和負債應在何時確認。美國會計原則委員會（APB）在其發布的第4號會計公告中將收入和費用的確認時間與資產和負債的確認時間分別加以說明：一個企業的資源和義務（即資產及負債）與資源和義務的變動（主要指收入和費用）密不可分,因而對資源和義務的計量與對它們變動的計量,是同一個問題的兩個不同側面。但這一說明並沒有將這兩個方面較好地糅合在一起,並賦予一個一致的基礎。

國際會計準則委員會在處理這一問題時,似乎已意識到這一點,在其1989年發布的《編報財務報表的框架》第22段指出:「為了達到其目的,財務報表根據會計上的權責發生制編製。按照權責發生制,要在交易或事項發生時（而不是在收到或支付現金或現金等價物時）確認其影響,而且要將他們計入與其相聯繫的期間的會計記錄,並在該期間的財務報表內予以報告。」顯然,這一定義並沒有直接說明權責發生制是何種會計要素的確認基礎,而是從交易或事項的角度對會計確認的時間基礎加以描述,從而使權責發生制成為更為寬泛的確認基礎。也就是說,按照這一定義,權利的形成不僅表明收取未來經濟利益的權利的形成,同時也可以表明會計主體獲得了擁有某項可以帶來未來經濟利益的資源的權利。其中,前一種權利的發生時間即為收入的確認時點,而後一種權利的形成則為資產的確認時點。責任或義務的發生不僅表明會計主體支付未來經濟利益的義務的發生,同時也可以表明會計主體承擔了將會導致經濟利益流出企業的現時義務。其中,前一種義務的發生時間即為費用的確認時點,而後一種義務的發生時間則為負債的確認時點。因此,權責發生制不僅是收入、費用確認的時間基礎,同時也是資產及負債確認的時間基礎,因而是會計確認的時間基礎。

在確定「權利」的形成與「義務」的發生時間時,還有一個重要問題值得研究,即「權利」的形成與「義務」的發生時間到底應建立在交易觀（Transaction Approach）基礎之上,還是建立在事項觀（Events Approach）基礎之上。傳統財務會計為了保證會計信息的可靠性或可驗證性,往往只對交易活動產生「權利」或「義務」的發生予以確認,而對一些沒有相應交易活動的「權利」或「義務」的發生則不予確認,如對於自創商譽、自創商標以及由資產的價格變動所帶來的經濟利益的增加則不予確認。顯然,這種意義上的權責發生制是建立在交易觀基礎上的。從理論上講,這種意義上的權責發生制顯然是一種不完全的權責發生制。對此,FASB及ASB都採取了更具有包容性的做法。FASB發布的第6號概念公告將「權利」的形成與「義務」的發生基礎界定為事項基礎,即事項除交易事項外,還包括會計主體所買物品或勞務的物價變動。ASB在討論交易以外的其他事項時認為,儘管企業擁有的土地或其他財產使用價值沒有變,但其市場價格水平已發生變動,在這種情況下,如果證據充足就應該確認。顯然,將權責發生制置於「事項觀」基礎之上的觀點,為會計理論與實務的未來發展留足了空間。

三、會計確認的衍生標準

將會計確認的基本標準與時間標準相結合，具體運用於某項會計要素的確認，則形成一些常用的具體確認標準，如收入實現原則、配比原則、區分收益性支出與資本支出原則等，由於這些原則或標準是從會計確認的基本標準和會計確認的時間標準推演而來，因而又可稱之為會計確認的衍生標準。

(一) 收入確認原則

收入確認是一切以盈利為目的商業活動所關注的焦點。其原因是收益確認的時點選擇直接影響當期盈利水平，進而影響企業的納稅金額、股票市價，甚至員工的薪酬等事項。因此，收益確認時點的選擇往往也是企業盈餘操縱的重要手段。收入確認問題必須解決兩個重要問題，即收入的構成內容及不同收入入帳時點的選擇。

收入的內容可從廣義和狹義的兩個角度來理解，狹義的收入通常僅指企業日常活動所帶來的收入，而廣義的收入則包括日常收入及利得。中國《企業會計準則》規定：收入是指企業在日常活動中形成的、會導致所有者權益增加的、與所有者投入資本無關的經濟利益的總流入，而利得則指非日常活動中形成的、會導致所有者權益增加的、與所有者投入資本無關的經濟利益的總流入。有些利得可以直接計入企業所有者權益，而另一些利得則必須先計入當期損益間接增加所有者權益。利得的實現通常不納入收入實現的討論範圍，如佩頓（W. A. Paton）和利特爾頓（A. C. Littleton）在其所著的《公司會計準則緒論》一書中認為：「資產的各種形式的增值不是收益。將估計的升值（或貶值）作為補充資料，要比將其計入帳戶並加以報告更加充分。」[1]近年來，受「真實收益觀」的影響，美國會計學界已不滿足於將收益限定於營業收入範圍之內，並試圖將源於資產價格變動的「持有利得或損失」納入確認程序之內。伴隨著資產減值會計及公允價值會計的興起，確認資產、負債項目的價格變動損益的做法已逐漸體現於各國會計準則之中。

收入確認時點實際上是權責發生制原則在收入確認中的具體應用。按照權責發生制原則，收入應在企業取得現在或未來收取現金，或者其他未來經濟利益的權利時確認。APB於1970年發布的第4號會計報告指出，收入來自那些改變企業業主權益的盈利活動的結果；企業的盈利活動是一個漸進的、連續的過程；而收入是在盈利過程的某一時點實現的。這一時點就是企業的盈利過程已經完成或已實質上完成，並且交換行為也已發生。FASB發布的第5號財務會計概念公告進一步說明，收入確認除符合一般要素的確認標準外，還必須符合：第一，收入已實現或可實現（Realized or Realiable）；第二，收入已賺得（Earned）。IASC在其發布的《編報財務報表的框架》中特別指出，實務中採用的收益確認程序，要求收入已經賺得，並且能夠可靠地加以計量。

在不同的收入賺取過程中，「收入已賺得」的具體時點各不相同。中國發布的

---

[1] PATON W A, LITTLETON A C. An Introduction to Corporate Accounting Standard [M]. Sarasota: AAA, 1940.

《企業會計準則》參照國際會計準則的做法對不同情況下的收入確認做了不盡相同的規定，具體規定如下：

（1）銷售商品收入同時滿足下列條件的，才能予以確認：第一，企業已將商品所有權上的主要風險和報酬轉移給購貨方；第二，企業既沒有保留通常與所有權相聯繫的繼續管理權，也沒有對已售出的商品實施有效控制；第三，收入的金額能夠可靠地計量；第四，相關的經濟利益很可能流入企業；第五，相關的已發生或將發生的成本能夠可靠地計量。需要說明的是，收入確認理應以商品的所有權轉移為標誌，而所有權轉移在法律上往往以商品所有權上的主要風險和報酬轉移給購貨方來判斷。由於所有權轉移的法律形式與其經濟實質在很多情況下會出現不一致，在這種情況下，判斷企業是否已將商品所有權上的主要風險和報酬轉移給購貨方，應當關注交易的實質而不是形式，同時還應考慮所有權憑證的轉移和實物的交付。

（2）提供勞務交易的結果能夠可靠估計，是指同時滿足下列條件：第一，收入的金額能夠可靠地計量；第二，相關的經濟利益很可能流入企業；第三，交易的完工進度能夠可靠地確定；第四，交易中已發生和將發生的成本能夠可靠地計量。從理論上講，只有當長期合同（如建造合同）完全被履行後才具備了收入確認的條件，但由於此類合同通常是一份具有法律效力的不可撤銷的合同，本期履行的合同義務雖然只是全部合同的一部分，但這部分義務的履行最終會為企業帶來經濟利益，因此可提前予以確認。當然，從經濟后果上講，這樣做同時還可以避免完工時確認所造成各年間收入大幅波動。

（3）讓渡資產使用權收入同時滿足下列條件的，才能予以確認：第一，相關的經濟利益很可能流入企業；第二，收入的金額能夠可靠地計量。

（4）對於資產減值或公允價值變動的確認時點，中國《企業會計準則第3號——投資性房地產》特別規定，採用公允價值模式計量的，不對投資性房地產計提折舊或進行攤銷，應當以資產負債表日投資性房地產的公允價值為基礎調整其帳面價值，公允價值與原帳面價值之間的差額計入當期損益。《企業會計準則第8號——資產減值》規定，企業應當在資產負債表日判斷資產是否存在可能發生減值的跡象。因企業合併所形成的商譽和使用壽命不確定的無形資產，無論是否存在減值跡象，每年都應當進行減值測試。資產存在減值跡象的，應當估計其可收回金額，並根據其可收回金額確定並計提減值準備。這些規定實際上體現了權責發生制的基本要求。

（二）費用確認原則

企業在經營活動中，為取得收入必然要發生各種類型的支出，可大致分為以下三種情況：第一，支出是為企業的長期生產經營而發生的，如購置廠房、設備等支出，其受益期間較長，受益對象涉及多個會計期間或多項業務；第二，支出是企業生產經營的某個期間所必需發生的，如期間費用，此類支出與特定期間有密切聯繫，但與某個具體受益對象沒有特定聯繫；第三，某項支出是針對特定業務而發生的，其受益對象是某一特定收入。在對三種情況下的費用支出進行確認時形成了兩項常用原則，即配比原則和區分收益性支出與資本性支出原則。其中，

配比原則又可細分為期間配比原則及業務配比原則。

1. 區分收益性支出與資本性支出原則

收益性支出是指受益期限僅在於本期的支出，即該項支出僅僅與本期收益的取得有關；資本性支出則是指受益期間涉及多個會計期間的支出，即該項支出的發生不僅與本期收益的取得有關，而且與未來期間的收益取得有關。按照權責發生制原則，如果一項支出僅能使本期受益，就應當在本期確認；如果一項支出能使多期受益，則應在多期確認。因此，收益性支出一般在發生當期計入損益，具體可分為發生時確認和經濟利益耗盡時確認兩種情況。其中，前者為一些不形成資產項目的支出，如差旅費支出、辦公費支出、利息支出等；后者主要是一些先形成流動資產項目，然後在耗用時轉為當期費用，如原材料、庫存商品等。資本性支出通常需要根據其使用壽命的長短，在使用期內系統確認，如固定資產、無形資產等需要借助於不同的固定資產折舊方法或無形資產攤銷方法逐期將其計入各期費用。

2. 期間配比原則

期間配比原則是指當期費用應與同一期間的收益相互配比，按照權責發生制原則，收入應該與為取得該項收入所發生的各項支出相互配比。但在實際經營活動中，一個會計期間往往會有多項收入發生；同樣，有些費用往往可使本期經營的多項收入受益，包括在本期確認的收入及未在本期確認的收入。此類費用通常又被稱為期間費用。期間費用有兩個明顯的特點：其一，費用的發生往往與會計期間有密切聯繫，在一定期間內不管經營業務是否發生，此類費用都會發生，如固定資產折舊費用，管理人員薪酬等；其二，費用的發生與具體受益對象的關係難以分清，也就是說很難弄清是否是為形成那些收益而發生的費用。對此類費用既沒有必要也難以將其與特定的收益進行配比。因此，期間配比原則強調的是同一期間的費用應與當期收益相互配比。這一原則是正確計算當期經營損益的前提。

3. 業務配比原則

業務配比原則是指一項業務的收入應按照因果關係與其費用進行配比，也就是說，一項業務取得的收入應與為取得該項收入所發生的費用配比。如果說期間配比原則是為了準確計算一個會計期間的收益，那麼業務配比原則則是為了正確地計算一項業務所創造的收益。按照業務配比原則將收入與費用進行配比，要求能準確辨認為取得一項收入所發生的費用。

與前述「收入與利得」概念相對應，廣義的費用還應該包括「損失」。「損失」通常在「經濟資源」所帶來的經濟利益耗盡時確認，或必須承擔相應的義務時確認。如一項尚有帳面價值的固定資產經測定已經無法為企業帶來未來經濟利益，就應該確認為損失，但當企業接到一份罰款通知時，不管企業是否立即支付現金，都應該確認為罰款損失。

(三) 資產確認原則

資產的確認與人們對其性質的認識有關，從歷史上看，人們對資產性質的認識經歷了一個漫長的演變過程。早期關於資產性質的描述一般稱為「成本觀」或「未消逝成本觀」。1940年，佩頓和利特爾頓在《公司會計準則導論》一書中，明

確地提出了「未消逝成本觀」。他們認為，所謂資產，就是營業或生產要素獲得以後尚未達到營業成本和費用階段的生產要素。這一觀點將資產視為成本的一部分。顯然，按照「未消逝成本觀」的理念，當一項支出發生後，如果不能將其確認為費用就應該將其確認為資產，或者說，扣除費用後的剩餘部分即為資產。

進入 20 世紀 50 年代，人們逐步摒棄了資產定義的「成本觀」或「未消逝成本觀」，代之以「未來經濟利益觀」來描述資產的性質。1962 年，穆尼茨（Marice Moonits）與斯普勞斯（R. T. Sprouse）在《論普遍適用的會計原則》中指出：「資產是預期的未來經濟利益，這種經濟利益已經由企業通過現在的或過去的交易結果而獲得。」之後，美國財務會計準則委員會成為「未來經濟利益觀」的主要倡導者。中國於 2001 年發布的《企業會計制度》亦吸收了這種觀點，將資產定義為過去的交易、事項形成並由企業擁有或者控制的資源，該資源預期會給企業帶來經濟利益。

當資產被視為一種「未消逝成本」時，資產應在支出發生時確認；而當資產被視為一種「未來經濟利益」時，其確認時間應以該資產能否為企業帶來未來經濟利益作為判斷標準。正因為如此，ISAC 在其發布的《編報財務報表的框架》中指出：「如果一項資產的未來經濟利益很可能流入企業，其成本和價值也能夠可靠地加以計量，就應當在資產負債表內確認其為資產。」按照權責發生制的要求，資產作為一種能帶來未來經濟利益的資源，會計主體一旦在實質上擁有或控制該項資源就應立即加以確認；相反，當企業無法在實質上控制該項資源，或該項資源已無法為企業帶來未來經濟利益，就應將其從資產負債表中剔除。正是基於這一原因，中國企業會計準則將資產的確認條件規定為：第一，與該資源有關的經濟利益很可能流入企業；第二，該資源的成本或價值能夠可靠地計量。

（四）負債確認原則

與資產的定義相反，負債被認為是企業承擔的一項現時義務，該義務的履行將導致經濟利益流出企業。現時義務可以是法律強制執行的義務，也可以是道義上可推知的義務。例如，收到貨物或接受了勞務後發生的應付帳款，就是一種在法律上必須履行的義務；而企業基於道德要求或為了保持良好的業務關係而制定的售後服務策略則可能是一種道義上的義務。在對負債進行確認時，對於法律強制執行的義務，其確認時點應是法律效力生效之時；道義上的義務的確認時點，則是在該義務的履行難以避免之時。正因為如此，中國企業會計準則規定負債的確認條件為：第一，與該義務有關的經濟利益很可能流出企業；第二，未來流出的經濟利益的金額能夠可靠計量。

需要特別說明的是，現時義務與未來承諾之間需要劃一條界線，如企業管理層決定在未來某一時間購買一項資產，這種決定或承諾不會導致現時義務的產生，因而也就沒有必要確認相應的負債，但當企業已與供貨方簽訂了不可撤銷的購貨合同時，現時義務產生，因為如果企業不履行該項義務將導致對企業不利的經濟后果。因此，負債在法律上已生效或履行義務難以避免是其確認的重要條件。

第三節　會計確認對象的歸類

會計確認在本質上就是將企業發生的交易或事項在特定的時間內按其性質認定為某一特定的類別或具體項目。這些特定類別或項目是為實現會計目標而事前確定的。在這些特定的類別中，會計要素是最基本的分類標準，但若只有這些基本分類標準是遠遠不夠的，為完整、系統地反應企業的財務狀況、經營成果及現金流量，還需要對這些基本分類標準進一步細分類，直至細分至會計科目或報表項目。

一、會計要素

(一) 會計要素的概念

通常認為，「會計要素是根據交易或事項的經濟特徵所確定的財務會計對象的基本分類」[1]，這種所謂「分類」的提法實際上並不妥當，會計對象是企業可以用貨幣表現的經營活動。一項活動的內容往往是指該項活動的組成部分或活動方式，如企業的管理活動可分為財務管理、生產管理、行銷管理和人事管理；企業的理財活動可分為資金籌資、資金投放、資金耗費、資金收回和資金分配。因此，不管是按經濟性質還是按經濟內容來對財務會計對象進行分類，都很難得出會計對象可分為資產、負債、所有者權益、收入、費用及利潤等類別的結論。

會計目標是向會計信息使用者提供反應會計對象運動狀況的信息，這些信息往往是由一些基本信息指標體現出來的。為了全面揭示會計對象的運動狀況，所設置的信息指標應能充分體現會計對象的運動特徵。例如，青少年的身體發育狀況可在諸多指標中選擇身高和體重來描述，特定年齡的身高和體重反應了該青少年靜態的發育狀況，不同年齡的身高和體重則反應了該青少年動態的發育過程。在這裡，身高和體重都是用來體現青少年身體生長發育的基本特徵。同樣，會計對象即企業的資金運動也可以從靜態和動態兩個方面來把握。從特定時點來看，一方面，企業的資金被許多具體的形態所占用，表現為資產；另一方面，這些資產又必定來源於不同的渠道，具體表現為負債及所有者權益。從某個特定時期來看，企業的資金會因耗費而減少，同時也會因收回而增加，具體表現為費用及收入，而淨增加則表現為利潤。在這裡，資產、負債、所有者權益、收入、費用及利潤都是描述企業資金運動狀態或基本特徵的信息指標。

基於以上分析可以得出結論，會計要素是為實現會計目標而選定的，能夠全面體現企業資金運動狀態的基本特徵，是會計加工信息的基本分類標準，也是用來揭示會計對象運動狀態的基本信息指標。會計要素體現了企業交易或者事項的經濟特徵，但卻不是對企業交易或事項進行分類的結果。會計要素既是復式記帳

---

[1] 中國註冊會計師協會. 會計（註冊會計師全國統一考試輔導教材）[M]. 北京：中國財政經濟出版社，2009.

的基礎,也是會計報表的基本構成要件。

(二) 會計要素的構成

要素是事物的基本組成部分,構成某一事物的要素應具備以下基本條件:第一,充分性,由該事物的基本構成要素可以組合或推導出該事物的任何其他組成部分。例如,由100多個基本元素完全可以組合、變化成豐富多彩的物質世界。第二,必要性,即事物的構成要素夠了就行而不必太多,對於某一特定事物來說,每一要素都是必不可少的;同時,各要素不應相互涵蓋、相互交叉。例如,金、木、水、火、土這些被人們視為物質基本要素的東西,由於其本身就是有多種元素構成的,其實並非物質世界的構成要素。

會計要素作為用來揭示會計對象運動特徵的基本信息指標,亦應滿足充分性和必要性兩個基本要求。充分性要求會計要素的數量應足夠多,以充分反應企業複雜的經濟活動;必要性要求會計要素夠了就行而不必太多,以使會計信息清晰有序,而非雜亂無章。

如前所述,企業的資金運動可以從靜態和動態兩個方面來把握,資金運動的靜態可用資產、負債和所有者權益來描述,三者之間的關係是:資產 = 負債 + 所有者權益。資金運動的動態可用收入、費用和利潤來描述,三者之間的關係是:收入 – 費用 = 利潤。由於這些基本信息指標能夠較為全面地反應會計對象運動的狀況,因而被世界大多數國家選作會計要素。需要說明的是,在現行會計實務中,資金運動的動態通常還用建立在收付實現制基礎上的現金流入、現金流出及現金淨流入來描述,但由於現金實際上是企業資產的一個組成部分,按照前述必要性要求,兩個要素之間不能互相涵蓋,因此通常並不把現金流入、現金流出及現金淨流入作為會計要素。

IASC在其發布的《編報財務報表的框架》中所確立的會計要素有資產、負債、產權、收益、費用和業績六大要素。其中,收益被定義為會計期間內經濟利益的增加,其形式表現歸因資產流入、資產增值或是負債減少而引起的權益增加,但不包括與權益出資者出資有關的權益增加。收益包括收入和利得,收入在企業的日常活動中產生,有各種不同的名稱,包括銷售收入、服務費、利息、股利、特許權使用費和租金等;利得包括了複合收益定義的其他項目。費用被定義為會計期間內經濟利益的減少,其形式表現歸因資產流出,資產消耗或是負債增加而引起的權益減少,但不包括與權益出資者分配有關的權益減少。該定義包括費用和損失,費用在企業的日常活動中產生,有各種不同的名稱,包括銷售成本、工資、折舊等;損失指日常活動之中符合費用的其他項目。業績可用利潤、投資回報率或每股收益來體現。IASC之所以用「業績」而不是用「利潤」作為一個基本會計要素,原因有三:第一,利潤可以根據收入和費用推導出來;第二,利潤是另一會計要素——所有權益者權益的一個組成部分;第三,投資回報率或每股收益相比利潤來講,從某種意義上講更體現企業經營業績的好壞,如在比較不同規模的企業的業績時,投資回報率或每股收益往往更具有可比性。可見,不把利潤作為會計要素有其合理的一面;但從另一個方面講,利潤作為一個基本會計要素卻有其獨立的經濟意義。因為利潤反應了企業一定期間的經營成果,沒有利潤這

一要素，企業由於生產經營所導致的所有者權益增加額就得不到充分反應；沒有利潤要素，企業的利潤表就沒有一個歸宿。也就是說，沒有利潤要素，就難以滿足會計要素的充分性要求。

在美國財務會計準則中，除了資產、負債、業主權益、收入、費用和全面收益外，還包括利得、損失以及業主投資和業主收回，共十大要素。除資產、負債、業主權益與中國會計準則的定義基本相近外，其他要素的內容及定義如下：第一，收入，即一個主體在某一期間通過銷售或生產貨物、提供服務或來自主體的其他業務所形成的現金流入或其他資產的增加，或負債的清償，或兼而有之。第二，費用，即一個主體在某一期間通過銷售或生產貨物、提供服務或由於從事其他經濟業務而發生的現金流出或其他資產的耗用，或負債的承擔，或兼而有之。第三，利得，即一個主體由於在其主要經營活動以外的或偶然發生的交易以及除收入或業主投入以外的導致淨資產增加的事項。第四，損失，即一個主體由於在其主要經營活動以外的或偶然發生的交易或事項以及除費用或業主收回投資以外的導致淨資產減少的事項。第五，業主投資，即其他主體為取得或增加在某一特定企業中的權益，而把有價值的資源交付給企業，所造成的資產的增加。第六，業主收回，即業主從企業取得資產或利益，所造成的企業資產的減少。第七，全面收益，即一個期間所發生的非業主投入所引起的淨資產的增加。

可以看出，美國財務會計準則是從狹義的角度來定義收入和費用的，也就是說將收入定義為營業收入，而不包括利得；將費用定義為營業費用而不包括損失。為了充分反應企業的經營成果，只能把利得和損失作為基本的會計要素。同時，為了全面反應業主權益的變化，把具有獨立經濟意義的業主投資和業主收回也作為了會計要素。但從另一角度講，業主投資和業主收回所反應的經濟內容非常簡單且較少發生，通過業主權益及相應資產的增加或減少已使其得到充分反應。因此，中國的《企業會計準則》及《國際會計準則》未將其作為獨立的會計要素也是完全合理的。

（三）中國會計要素的不足與改進

2006年，中國頒布的《企業會計準則——基本準則》對會計要素的內容及定義做了如下規定：第一，資產是指過去的交易、事項形成並由企業擁有或者控制的預期會給企業帶來經濟利益的資源。第二，負債是指過去的交易、事項形成的、預期會導致經濟利益流出企業的現時義務。第三，所有者權益是指企業資產扣除負債後由企業所有者享有的權益。第四，收入是指企業日常活動中所形成的，會導致所有者權益增加的，與所有者投入利潤無關的，經濟利益的總流入。第五，費用是指企業日常活動中發生的，會導致所有者權益減少的，與所有者分配利潤無關的，經濟利益的總流出。第六，利潤是指企業在一定會計期間的經營成果，利潤包括收入減去費用後的淨額、直接計入當期利潤的利得和損失等。

從理論上講，中國《企業會計準則》將會計要素分為資產、負債、所有者權益、收入、費用、利潤六個方面既是充分的也是必要的。但在會計要素的定義方面卻存在著明顯不足，具體表現在收入、費用及利潤的定義上。中國《企業會計準則》將收入局限在營業收入範圍內，將費用局限在營業費用範圍內；同時，將

利潤定義為營業利潤外加利得減損失。這一定義方式明顯存在以下不足：第一，按照要素的充分性要求，會計要素應能充分揭示企業價值運動的全貌。若取狹義定義收入、費用，則無法反應營業收入以外的其他利潤形成途徑，如投資收益、營業外收入及公允價值變動；無法描述營業費用以外的其他導致利潤減少的事項，如投資損失、營業外支出及資產減值等。第二，由於將利潤定義為淨利潤，而將收入及費用定義為營業收入及營業費用，使「收入－費用＝利潤」這一會計基本等式無法成立。

綜上所述，在對現行會計要素進行調整時應做以下變動，將收入定義為廣義的收入，以「營業收入」取代現行準則中的「收入」概念，即收入包括營業收入和利得兩部分。其中，營業收入是指企業日常活動中所形成的，會導致所有者權益增加的與所有者投入資本無關的經濟利益的總流入；利得是指企業非日常活動中所形成的，會導致所有者權益增加的與所有者投入資本無關的，不能直接計入所有者權益的經濟利益的總流入。與收入相匹配，費用包括營業費用和損失兩部分，營業費用就是現行準則中的「費用」，即營業費用是指日常活動中發生的，會導致所有者權益減少的，與所有者分配利潤無關的，經濟利益的總流出。損失是指營業費用以外的偶發性的經濟利益的減少，即損失是指企業非日常活動中發生的，會導致所有者權益減少的，與所有者分配利潤無關的，不能直接計入所有者權益的經濟利益的總流出。將利潤定義為淨利潤或綜合利潤，即綜合利潤是指企業在一定期間取得的除資本投入和資本收回以外的企業所有者權益的淨增加。這樣定義的實質是，在定義收入、費用時與《國際會計準則》口徑相同，而在定義利潤時，則與美國會計準則中的「全面收益」概念一致。

二、會計確認的具體歸類標準

如前所述，會計要素是為實現會計目標而選定的基本歸類標準，但僅有這樣基本的分類標準還不能提供滿足會計信息使用者需要的會計信息，因此有必要在會計要素的基礎上做進一步的分類，如將資產分為流動資產和非流動資產；將負債分為流動負債和非流動負債等。對會計要素做更進一步的細分類可得到兩類最基本的分類單元，即會計科目和會計報表項目，前者用於會計初始確認，而後者則用於會計再確認。其中，會計報表項目是在會計科目的基礎上進一步加工整理而成，兩者在內容上有時完全一致，有時則有所區別。為了對財務狀況和經營成果進行補充說明，有時還需在會計科目及會計報表項目的基礎上做更進一步的細分類，形成多級明細科目或更具體的會計報表項目。

（一）資產負債表項目分類

不同的分類方法或不同分類標準的建立有不同的目的，而不同類別的會計項目所適用的計價方法又各不相同。常見的資產負債表項目分類方法主要有以下幾種：

1. 流動性項目與非流動性項目

流動性是指資產負債項目的變現能力的強弱。對資產項目來說，變現能力越強，流動性就越強；而對負債項目來說，償還期越短，其流動性就越強。流動性

是資產負債表排序的一個重要標準。一般而言，資產負債表項目依項目的流動性強弱依次展開。如對資產項目而言，流動資產在前，而非流動資產在後。在具體項目的排列上實際上也遵循了這一原則，如在流動資產的排列順序上，流動性最高的貨幣項目排在最前面，其後的項目分別是「交易性金融資產」「應收票據」「應收帳款」「預收帳款」「其他應收款」及「存貨」等。就權益性項目的排列順序而言，債權人權益即負債的流動性顯然高於所有者權益，因而負債項目自然排在所有者權益項目之前，而在負債項目中，流動負債項目則排在非流動負債項目之前。這種排序方法充分體現了流動性逐步遞減的規律。這種特有的安排旨在幫助會計報表使用者更方便地瞭解資產的變現能力及負債的償還期安排，進而瞭解企業的償債能力。

中國《企業會計準則第30號——財務報表列報》第三章規定，資產和負債應當分別在流動資產和非流動資產、流動負債和非流動負債列示。金融企業的各項資產或負債，按照流動性列示能夠提供可靠且更相關信息的，可以按照其流動性順序列示。資產負債表中的資產類至少應當包括流動資產和非流動資產的合計項目。資產負債表中的負債類至少應當包括流動負債、非流動負債和負債的合計項目。資產負債表中的所有者權益類應當包括所有者權益的合計項目。資產負債表應當列示資產總計項目，負債和所有者權益總計項目。這一規定充分體現了按流動性排序的基本要求。

2. 貨幣性項目與非貨幣性項目

貨幣性項目是指在將來某一特定時日能夠收到或付出固定或可確定金額的項目，如應收票據、持有至到期投資等資產類項目以及短期借款、應付帳款等負債類項目都屬於貨幣性項目；非貨幣型項目則是指貨幣性項目以外的其他項目，如交易性金融資產、存貨、長期股權投資及無形資產等資產項目以及預收貨款、預計負債等負債類項目。將資產負債項目區分為貨幣性項目和非貨幣性項目的目的在於瞭解不同會計項目在匯率浮動或物價變動時表現出的不同性態，以便對外幣報表進行折算或對以歷史成本為基礎的會計報表進行物價調整。

3. 金融工具項目和非金融工具項目

金融工具一般是指金融市場上資金的需求者向供應者出具的書面憑證，如支票、匯票、債券、息票、股票、認股權證、交割單、信託收據、收款憑證等。金融工具項目則指企業所擁有的現金及以合同、權證等表現的收款的權利或付款的義務。按照中國《企業會計準則第22號——金融工具的確認和計量》的規定，金融工具項目是指形成一個企業的金融資產，並形成其他單位的金融負債或權益工具的合同。其中，金融資產包括下列資產：第一，現金；第二，持有的其他單位的權益工具；第三，從其他單位收取現金或其他金融資產的合同權利；第四，在潛在有利的條件下，與其他單位交換金融資產或金融負債的合同權利；第五，將來需用或可用企業自身權益工具進行結算的非衍生工具的合同權利，企業根據該合同將收到非固定數量的自身權益工具；第六，將來需用或可用企業自身權益工具進行結算的衍生工具的合同權利，但企業以固定金額的現金或其他金融資產換取固定數量的自身權益工具的衍生工具合同權利除外。其中，企業自身權益工具

不包括本身就是在將來收取或支付企業自身權益工具的合同。金融負債包括：第一，向其他單位交付現金或其他金融資產的合同義務；第二，在潛在不利條件下，與其他單位交換金融資產或金融負債的合同義務；第三，將來需用或可用企業自身權益工具進行結算的非衍生工具的合同義務，企業根據該合同將交付非固定數量的自身權益工具；第四，將來須用或可用企業自身權益工具進行結算的衍生工具的合同義務，但企業以固定金額的現金或其他金融資產換取固定數量的自身權益工具的衍生工具合同義務除外。其中，企業自身權益工具不包括本身就是在將來收取或支付企業自身權益工具的合同。權益工具則是指能證明擁有某個企業在扣除所有負債后的資產中的剩余權益的合同。非金融工具項目則是指金融工具項目以外的其他項目，如預付帳款、遞延稅款、存貨、固定資產、無形資產、其他資產等非金融資產項目以及預收帳款、應交稅金等非金融負債項目。

將會計項目區分為金融工具項目和非金融工具項目有其特殊意義，主要表現在：第一，金融工具項目多為在將來某一特定時日，按固定或可確定的金額收取或支付現金或現金等價物的權利或義務，這種權利或義務通常都是以合同的方式固定下來的，如應收票據、應收帳款、銀行借款、應付票據、應付帳款及應付債券等。對這些未來現金流量較為固定的會計項目來說，通過現值法來確定其公允價值相對容易且較為可靠。第二，金融工具市場較之商品交易市場而言覆蓋面更廣，其公開標價更易找到。例如，任何一種公開上市公司的股價都可以隨時找到，而對一種實物資產來說，由於受地域、交通條件的限制，其公開標價很難找到，即使能夠找到，其代表性亦受到一定限制。因此，通過觀察公開市場標價來確定公允價值的方法對金融工具項目來說更為適合。第三，非金融工具項目，如存貨、固定資產等項目等，其公開市場價值較難尋覓，其會計計量較適合採用歷史成本等計量屬性，將這些項目歸為一類，有助於選擇正確的計量屬性。國際會計準則委員會及美國財務會計準則委員會發布的有關公允價值運用的會計準則中，均將金融工具作為一類最先採用公允價值計量的會計項目，其原因就在於這些會計項目不僅易於採用公允價值計量，而且採用公允價值計量后能夠提供更為有用的會計信息。

（二）利潤表項目分類

利潤表項目分類具體表現為收入項目分類、費用項目分類及利潤項目分類。按照當前國際慣例，收入項目分類主要採用來源法分類，費用項目分類一般採用功能法分類，而利潤項目分類通常則按性質不同進行分類。

1. 收入項目的分類

如前所述，國際會計準則以「收益」代替「收入」作為會計要素之一，並規定收益包括收入及利得。ISAC 在其發布的《編報財務報表的框架》第 72 段特別指出：為了提供與經濟決策相關的信息，收益和費用在利潤表內有不同的列示方法。例如，常見的方法是，將企業正常活動過程中發生的收益和費用項目與非正常活動項目發生的收益和費用分開。這一界限的劃分，所依據的是一個項目的來源是否關係到評價企業未來產生現金和現金等價物的能力。例如，像變賣長期性投資那樣的偶然活動，不可能經常反覆發生。在以這一方式區分項目時，應當考慮到

企業及其經營業務的性質。一個企業正常活動中發生的項目，對於另一個企業就可能是非正常項目。

中國《企業會計準則》將收入界定為營業收入，並將「利得」分為直接計入「所有者權益」的利得和直接計入「當期損益」的利得兩部分；對於直接計入「當期損益」的利得部分視為「利潤」要素的直接構成內容，分別列示在營業利潤（具體包括投資收益和公允價值變動收益）和營業外收入項下。在收入的具體分類上，中國《企業會計準則》與《國際會計準則》均將收入按其形成途徑區分為銷售商品取得的收入、提供勞務取得的收入以及讓渡資產使用權取得的收入及股利收入，這種分類方式有利於會計報表使用者瞭解企業的收入來源。之前將企業收入劃分為主營業務收入及其他業務收入的方法，因企業經營範圍的複雜化而不再在利潤表中體現。

2. 費用項目的分類

對於費用項目的分類，ISAC 第 1 號《財務報表的列報》第 79～82 段指出：費用項目應進一步細分以突出財務業績中的穩定性、形成利潤或虧損的潛在性和預測性等方面可能不同的一系列組成部分，這些信息應按兩種方法中的一種來提供。第一種分析稱作費用性質法，即費用按性質分類，如折舊費、原材料購買成本、運輸費用、工資及薪金、廣告費等，在收益表中反應，不再在企業內的不同功能之間重新分類。這種方法簡單，易於為許多中小企業所應用，因為其沒有必要將經營費用按功能歸類。第二種分析法稱作費用的功能分類法或銷售成本法，即費用按其功能劃分為銷售成本、銷售或管理活動等部分。這種方法能向使用者提供比按性質進行費用分類更相關的信息，但將費用歸類至各種功能具有隨意性即相當多的判斷。

在中國，人們習慣上把費用按其經濟性質或形成途徑分類的結果稱之為費用要素。費用要素通常包括外購材料、外購燃料、外購動力、固定資產折舊費用、無形資產攤銷費用、利息費用、稅金、其他支出。按費用的經濟用途或功能進行分類的結果稱為費用項目。費用項目通常包括生產費用和期間費用兩大類。其中，生產費用一般細分為直接材料、直接人工和製造費用三個成本項目，這些成本項目最終構成利潤表中的產品銷售成本項目；期間費用主要包括銷售費用、管理費用、財務費用及所得稅費用等項目。中國《企業會計準則第 30 號——財務報表列報》第三十條規定，費用應當按照功能分類，分為從事經營業務發生的成本、管理費用、銷售費用和財務費用等。

3. 利潤項目的分類

ISAC 發布的《編報財務報表的框架》第 72 段指出：為了提供與經濟決策有關的信息，收益和費用在利潤表內有不同的列示方式。例如，常見的方法是將企業正常活動中發生的收益和費用項目與非正常活動發生的收益和費用分開。在區分這一項目時，應考慮到企業及其經營業務的性質。一個企業正常活動發生的項目，對另一個企業就可能是非正常項目。《編報財務報表的框架》第 73 段指出：對收益和費用項目加以區別並且以不同的方式予以組合，還可以反應企業經營業績的若干指標。這些指標所包含的內容在程度上各不相同。例如，收益表可以反應出毛利、正常經營活動的稅前利潤、正常經營活動的稅后利潤和淨利潤。

中國《企業會計準則應用指南第 30 號——財務報表列報》將利潤表由原有的四段式改為三段式，即去除原有的「產品銷售利潤」指標，而保留「營業利潤」「利潤總額」「淨利潤」「每股收益」四個指標。其中，營業利潤用以反應企業經營活動的創利能力，利潤總額或稅前利潤體現企業的創稅能力，淨利潤則全面反應企業的經營成果，而每股收益則使不同規模的企業的盈利能力具有可比性。這樣的分類方式較好地體現了會計信息決策相關和功能明晰性的基本要求。

思考及討論題：

1. 你認為應從哪幾個層面把握會計確認的含義？
2. 如何理解會計確認的衍生標準是會計確認的基本標準和時間標準的具體結合和應用？
3. 簡述中國《企業會計準則》對會計要素的劃分的優點和缺點。
4. 常見的會計確認的具體歸類標準有哪些，各有何意義？

第五章　會計計量理論

「數量觀念是原始思維活動的基本邏輯觀念之一，儘管這種觀念在最初還顯得十分微弱，然而，在史前時期，原始人所採用的計量、記錄方法，卻孕育著數學與會計的萌芽狀態。」[1] 可見，會計從其產生之日起就與計量行為有著不解之緣。「結繩記事」往往被認為是會計活動的起源，也就是說，當人們試圖用「結繩」的方法記錄經濟活動，並計量經濟活動的成果時，便產生了會計。當然，「結繩記事」並非只是會計的起源，同時也可以認為是統計乃至數學等一切計量活動的起源。事實上，當人們用結繩的方法記錄經濟活動時便有了統計記錄；當人們去除具體的計量單位進行抽象運算時便產生了算術；當人們進入商品社會，並使用貨幣作為專門計量單位后，會計便正式從統計中分離出來。可見，會計從產生之日起，就是一種經濟計量行為。18 世紀初，中國學者焦循等所著的《孟子正義》將會計解釋為：「零星算之為之計，總合算之為之會。」這一解釋相當準確地概括了會計與計量之間的內在聯繫。會計發展至現代，人們對會計本質的認識不斷加深，美國會計學者井尻雄士認為：「會計計量是會計系統的核心職能。」[2] 應該講，這一說法毫不為過，因為會計計量作為現代會計系統運行的三個重要步驟之一，始終處於核心地位。也就是說，就會計確認、會計計量和會計報告三者的關係而言，會計確認不過是會計計量的前提，而會計報告則是會計計量的結果。

第一節　會計計量理論概述

一、會計計量的含義

計量，顧名思義，就是計數、計算、度量或測量。作為一個廣為接受的基礎概念，當人們試圖用其他詞彙來解釋它的時候反而覺得囉唆或不準確。1946 年斯蒂文（S. S. Stevents）在其所著的《計量規模理論》一書中提出：「計量是根據規則對實物或事項的數字分配。」[3] 美國會計學會（AAA）於 1971 年發表的《會計計量基礎委員會報告》認為：計量是「按照規則，在觀察和記錄的基礎上，將數字分配給一個主體的過去、現在或未來的經濟現象」[4]。井尻雄士認為：「計量是一種

---

[1] 郭道揚. 會計史研究：第一卷 [M]. 北京：中國財政經濟出版社，2004：26.

[2] YUJI IRIJI. Theory of Accounting Measurement [J]. American Accounting Association Studies in Accounting Research, 1975 (10)：29.

[3] S. S. STEWENTS. On the Theory of Scales an Measurement [J]. Scienet CM, 1946 (6)：677.

[4] YURI IRIJI. The Foundation of Accounting Measurement [J]. American Accouting Association Studies in Accounting Research, 1967 (7)：19.

特殊的語言，它通過數字和數字系統預先決定的數字關係來反應現實世界的現象。」葛家澍認為：「會計計量是指在企業核算中對會計對象的內在數量關係加以衡量、計算和確定，使其轉化為能用貨幣表現的財務信息和其他有關的經濟信息，以便集中和綜合反應企業的財務狀況及其變動和財務成果。」[①] ISAC 發布的《編報財務會計的框架》指出：「計量是指為了在資產負債表和利潤表內確認和列示財務報表要素而確定其金額的過程。」

按照《辭海》的解釋，計量是指用一個規定的「標準已知量」作單位，和同類型的未知量相比較而加以確定的過程。在這裡「標準已知量」就是計量單位；「同類型」實際上就是計量客體可用既定計量單位測量的屬性，這表明計量是由計量單位和計量屬性兩個要素組成的。會計計量作為一種計量行為，也必然面臨著如何選擇計量單位與計量屬性的問題。因此，會計計量就是用選定的貨幣計量單位針對會計對象的某一特定屬性進行度量或計算的過程。

二、計量單位

計量單位的選擇必然面臨三方面的問題：一是以何種度、量、衡為計量單位；二是在以貨幣為既定計量單位的前提下，應選擇哪國或哪種貨幣為會計計量單位；三是在選定某種貨幣為會計計量單位的情況下，為使會計信息具有可比性，應如何確定單位貨幣所具有的標準購買力。

（一）實物計量單位與貨幣計量單位

人類早期計量經濟活動所採用的計量單位是實物計量單位，隨著商品經濟的不斷發展，貨幣計量單位產生。由於貨幣計量單位能夠對不同類型或不同計量特徵的經濟活動進行統一計量，從而使貨幣逐步取代實物計量單位成為計量經濟活動的主要單位，進而產生了一種專門以貨幣為計量單位的記錄行為，這種記錄行為就是會計。因此可以說，會計之所以能夠稱為「會計」，就是因為它選擇了貨幣這種特殊的計量單位，從而使其能夠既可以對經濟活動進行「零星計之」，也可以對經濟活動進行「總合計之」。據考證，在中國春秋戰國時期，就已出現了以貨幣為計量單位的記錄行為；到秦代，隨著度量衡在全國範圍內的統一，貨幣單位已取代實物單位在會計記錄中占據主導地位。在西方，2,000 多年前的計量是以實物計量為主的；中世紀的莊園主會計已混用了實物計量單位與貨幣計量單位；到 12～13 世紀，義大利地中海沿岸島國銀行業極為繁榮，復式簿記逐漸萌芽，貨幣逐步成為主要計量單位。貨幣單位的廣泛應用為以復式簿記為代表的現代會計的產生奠定了重要基礎。

（二）統一計量單位與記帳本位幣

在西方，分佈在地中海沿岸的國家規模較小而數量眾多，不同的國家往往使用不同的貨幣，而國與國之間的貿易卻異常發達。在這種特殊環境下，企業的經濟活動往往會涉及多種貨幣，這給會計計量帶來了許多不便。因此，人們開始有意識地選擇一種統一的貨幣作為會計的計量單位。「在西方，雖然已保存下來的古

---

① 葛家澍. 會計學導論 [M]. 上海：立信會計出版社，1988：258.

代帳簿表明，早在古希臘時期，就已出現運用同一種貨幣度量進行記錄和報告。但比較穩健，也更有意義的說法應該是在復式簿記得到普遍應用之後。」[1] 盧卡·帕喬利在其復式簿記中多次提及要用統一計量單位，如在日記帳簿和分類帳簿中要求有統一的貨幣度量單位，在計算總數時只能採用同一種貨幣單位，因為不同種類的貨幣不便於匯總。[2] 總的來說，當貨幣計量單位在會計計量中的地位確定以後，由於國際貿易及跨國經營情況的存在，一個企業的經營活動有可能會涉及多種貨幣。在多種貨幣並存的情況下，為保證會計統一計量的需要必須選擇其中一種貨幣作為統一貨幣計量單位，這種被選作統一計量單位的貨幣就是記帳本位幣。

（三）名義貨幣與不變幣值

在貨幣計量單位選定之後，會隨之出現另外一個問題，即同一貨幣單位在不同時間往往會有不同的購買力。貨幣購買力的變化可能是物價變動造成的，也可能是貨幣本身的價格變動，即通貨膨脹或通貨緊縮造成的。幣值不斷變化帶來的一個問題就是在不同時間取得的同一資產、負債項目的價值信息不具有可比性。為解決這一問題，人們通常會在以下兩種計量單位中作出選擇，即名義貨幣計量單位和不變幣值計量單位。

名義貨幣計量單位，即一般意義上的貨幣計量單位。這種貨幣計量單位僅僅是一種名義上的單位或標尺，不特指具體的購買力，在具體使用時亦不考慮貨幣購買力的變化。這種貨幣計量單位可在幣值相對穩定或雖有變化，但變化幅度不大的環境下使用。現行會計實務中所選用的計量單位通常都採用名義貨幣計量單位。

不變幣值計量單位，亦稱一般購買力單位，是指具有特定購買力的貨幣單位。一般來講，在物價相對穩定時期，也就是說在幣值不變假設基本成立時期，通常以名義貨幣單位作為貨幣計量單位，而在物價變動較為頻繁或波動幅度較大時期，則可選擇具有特定購買力的貨幣單位作為計量單位，即不變幣值計量單位。從理論上講，可以選用任一時點具有特定購買力的貨幣單位作為不變幣值。例如，在確定 2008 年 12 月 31 日資產項目的金額時，可以選用 2000 年 12 月 31 日的人民幣貨幣單位作為不變幣值，也可以選用 2005 年 12 月 31 日的人民幣貨幣單位作為不變幣值。在現行實務中，通常選用報告期末的價格作為不變幣值，對於其他時點的貨幣金額，可先通過對比該時點的貨幣購買力與報告期末貨幣購買力之比確定物價指數，然後通過物價指數將該時點的貨幣金額換算為按不變幣值表示的金額。不變幣值貨幣計量單位通常是在物價變動或通貨膨脹較為嚴重的環境下採用。

三、會計計量屬性

（一）會計計量屬性的含義

在計量單位既定的情況下，會計計量必須解決的另外一個重要問題就是計量屬性的問題。計量屬性是指計量客體能夠用特定計量單位測定或計量的某一特性

---

[1] 郭道揚. 中國會計史稿 [M]. 北京：中國財政經濟出版社，1982.
[2] 林志軍. 巴其阿勒會計論 [M]. 上海：立信會計出版社，1988：80.

或某一方面。任何事物都可以從不同方面，針對其某一特性進行量化，如對一物體而言，可以用其空間特性，如長度、寬度、高度、體積來反應其特徵；也可以用其物理特性，如密度、比重、溫度等反應其特徵；還可以用其時間特性，如物體過去、現在或將來的形狀、溫度等反應其特徵。到底選取哪一方面或哪一特性作為其基礎計量屬性，取決於這一方面或這一特性是否能體現該物體的本質特徵。可見，計量屬性是計量客體本身的某一可測量或度量的特性或外在表現，是一種不以人的意志為轉移的客觀存在。

會計計量是以貨幣計量單位實施的價值計量，這就決定了會計計量屬性必須是計量客體能夠用貨幣單位測定或計量的方面。計量客體的價值量可以從多個方面來計量，從而表現為不同的計量屬性。從時間特性看，計量客體的價值量可以是某個特定時點的價值量，具有典型意義的時點包括計量客體形成時的價值量、現時持有的價值量以及將來脫手時的價值量，即所謂歷史價值、現行價值及未來價值。從不同的價值測定角度來看，計量客體的價值量又可分為基於買方視角的價值量和基於賣方視角的價值量，前者又可稱為投入價值量或成本，后者又可稱為產出價值量或市價。將以上兩種角度相結合可得到以下六種基本計量屬性，如表5-1所示。

表5-1　　　　　　　　　　常見計量屬性一覽表

時間特性 計量角度	過去	現在	未來
付現（買方視角）	歷史成本	現行成本	未來成本
變現（賣方視角）	歷史市價	現行市價	未來市價

在以上六種基本計量屬性中，未來成本和未來市價一般只在財務預測、財務分析或管理會計中使用。在會計計量過程中使用未來成本或未來市價時，必須通過折現的方法將其與現行價格置於同一可比的基礎之上，即將未來成本或未來市價表現的未來現金流出量或流入量折合成當前成本或當前市價。因此，在會計計量過程中的未來成本或未來市價，通常表現為未來現金流量的現值。歷史市價是在過去的交易中因資產變現而形成的價格，從現時來看，已售出的資產已不存在於企業，因而歷史市價對資產計價而言已失去現實意義。現行市價作為一種通用的計量屬性，在實際使用時往往根據使用目的的不同，存在多種變形或擴展形式。例如，在對存貨計價時，通常使用「可變現淨值」概念，而在理想交易環境下的現行市價往往稱之為「公允價值」等。鑒於此，目前在財務會計中所使用的計量屬性通常只包括歷史成本、現行成本和現行市價三個基本計量屬性以及未來現金流量的現值、可變現淨值和公允價值等基本計量屬性的擴展形式。

（二）常用會計計量屬性

FASB於1973年成立以后對會計計量屬性做了較為系統的研究，認為現行實務和財務報告中同時並存多種計量屬性，但會計論著和文獻中對計量屬性的表述過於多樣化。其中，有些僅適用於資產要素而不適用於其他要素，在FASB公布的第

5號概念公告《企業財務報表的確認和計量》中，特別推薦使用歷史成本（歷史收入）、現行成本（重置成本）、現行市價、可變現（清償）淨值和未來現金流量的現值五種會計計量屬性。ISAC在其發布的《編報財務報表的框架》中也做了類似的規定，財務報表在不同程度上並且以不同的結合方式採用若干不同的計量基礎，它們包括歷史成本、現行成本、可變現價值（結算價值）和現值。中國於2006年發布的《企業會計準則——基本準則》中，允許採用的計量屬性包括歷史成本、現行成本、公允價值、可變現淨值、現值。這一規定與美國財務會計準則推薦使用的會計計量屬性極為相似，不同之處僅在於中國直接以公允價值取代現行市價作為會計計量屬性。

1. 歷史成本

歷史成本是指資產取得或負債形成時的入帳價格。按照FASB於1984年公布的《企業財務報表項目的確認與計量》（SFAC5）中的定義：「歷史成本是為取得一項資產所付出的現金或現金等價物的金額，通常在取得之後按攤銷額或其他分配方式調整，包括向顧客提供商品或勞務的責任在內的負債。」[①] 中國《企業會計準則》對歷史成本下了一個與《國際會計準則》極為類似的定義，即在歷史成本計量下，資產按照購置時支付的現金或者現金等價物的金額，或者按照購置資產時所付出的對價的公允價值計量。負債按照因承擔現時義務而實際收到的款項或者資產的金額，或者承擔現時義務的合同金額，或者按照日常活動中為償還負債預期需要支付的現金或者現金等價物的金額計量。

從這幾個表述方式不盡一致但含義卻極為相近的定義可以概括出歷史成本的如下要點：

（1）歷史成本的取得時點為資產取得之日或負債形成之時。

（2）歷史成本的形成建立在實際交易的基礎之上，沒有發生實際交易的過去某特定時點的成本或價值變動不是歷史成本。

（3）歷史成本是從購買者或付款人的角度來看的，對一項資產來說，歷史成本是在資產取得時立即付現或流出其他經濟利益；對一項負債來說，歷史成本則是為得到一項資產或利益而在現在承諾的並在將來付現或流出的其他經濟利益。

（4）為得到一項資產所付出的代價，可以是現金、現金等價物或其他資產，也可以是所承擔的一項負債或預期在將來某一時日支付的現金或現金等價物。

中國《企業會計準則——基本準則》指出，企業在對會計要素進行計量時，一般應當採用歷史成本，採用重置成本、可變現淨值、現值、公允價值計量的，應當保證所確定的會計要素金額能夠取得並可靠計量。歷史成本之所以備受推崇，主要是由於以下原因：

（1）會計產生於人們對經濟活動的如實記錄，因此歷史成本計量符合人們的傳統觀念。

（2）歷史成本來自於實際交易記錄，有可驗證的憑據支持，因而符合會計信息的可靠性要求。

---

① FASB. 論財務會計概念 [M]. 婁爾行，譯. 北京：中國財政經濟出版社，1992：246.

（3）在大多數情況下，物價相對穩定，即使有變化，其變化幅度也在可以容忍的範圍之內，因而不會影響會計信息的決策有用性。

（4）歷史成本對未來的影響是不可避免的，因此其決策有用性是不可否認的。

歷史成本也有其不可避免的缺陷，主要表現如下：

（1）當物價變動幅度較大時，以歷史成本反應的資產的價值往往會嚴重偏離其真實價值。

（2）當物價變動較為頻繁時，不同時點的歷史成本代表不同的價值量，從而使會計信息不具可比性；同時，由於收入與費用的取得時點不一致，使其不能恰當地配比，從而影響收益計算的正確性。

（3）無法反應企業因物價變動所帶來的利得或損失。

基於以上原因，歷史成本計量的有用性近年來受到越來越多的質疑。

2. 現行成本

現行成本又稱重置成本，通常表示在計量日或報告日重新購置或重新建造相同或同類資產所付出的代價。對現行成本的含義往往有三種不同的理解：第一種理解認為，現行成本是重新購置相同或同類新資產的市場價格。第二種理解認為，現行成本是重新購置相同或同類新資產的市場價格扣除持有資產已使用年限的累計折舊后的淨值。第三種理解認為，現行成本是重新購置具有相同生產能力的資產的價格。IASC於1989年公布的《編報財務報表的框架》給現行成本下的定義是：現行成本是指資產的列報，按照現在購買同一或類似資產所需支付現金或現金等價物的金額。負債的列報，按照現在償付該項債務所需支付現金或現金等價物的不予折現的金額。中國《企業會計準則》為現行成本下的定義是：在重置成本計量下，資產按照現在購買相同或者相似資產所需支付的現金或者現金等價物的金額計量。負債按照現在償付該項債務所需支付的現金或者現金等價物的金額計量。可見，這一定義所指的現行成本與上述第一種理解相同。

現行成本的特點可以概括為以下幾方面：

（1）就計量時點而言，現行成本是指資產、負債項目的「現時」購置價格。所謂「現時」，通常是指在「計量日」或「報告日」。

（2）就形成方法而言，現時成本並非以現實交易為基礎，而是通過估計確定的購置成本。

（3）就交易地位而言，現行成本是基於買方視角形成的購買價格。

（4）對現有資產的購置價格進行重估，必然會形成資產帳面價值與現行成本之間的差異，從而形成利得或損失。

採用現行成本進行會計計量主要具有以下優點：

（1）現行成本反應了所耗資產的現行購置成本，能夠較好地與現行價格計價的收益相配比。

（2）在通貨膨脹期間，以現行成本為基礎計算企業的經營利潤，有助於企業實現實物資本保持。

（3）以現行成本對資產進行計價，有助於將企業的未實現利得或損失體現出來。

（4）以現行成本為基礎編報的財務報表所提供的信息具有更強的決策相關性和及時性。

但是，現行成本也具有不可避免的缺點。首先，現行成本是一種缺乏實際交易基礎的估價信息。因此，其可靠性或可驗證性難以得到保證。其次，如果將會計計量全部置於現行成本的基礎之上，在會計報告方法上仍然是一個世界性的難題，因而很難保證會計信息的決策有用性。因此，在現行會計實務中，只有對一些特殊資產項目的計量採用現行成本。例如，在對盤盈固定資產進行計價時，由於缺乏其歷史成本，可以用現行成本取而代之。

3. 現行市價

現行市價又稱脫手價值，是指資產在正常清理條件下的變現價值。IASC於1989年公布的《編報財務報表的框架》將現行市價稱為可變現價值或結算價值，並做了如下定義：資產的可變現價值是指按照現在正常變賣資產所能得到的現金或現金等價物；而負債的結算價值是指在正常經營中為償還負債將會支付的現金或現金等價物的不予折現的金額。這裡所說的「不予折現的金額」，是指負債作為未來某一時日要償還的固定金額，可以直接視為現在的結算價值，而不必以折現後的現值列報。可實現價值不同於可變現淨值，可實現淨值是可變現價值扣除繼續完工成本及直接轉換成本后的現金淨收入。在國際會計準則中，可變現淨值被視為可變現價值的變形，而不被認為是一個獨立的會計計量屬性。

澳大利亞著名會計學者羅伯特·錢伯斯認為，企業是在市場中運行的，由於市場瞬息萬變，企業必須隨時根據市場變化做出決策（諸如生產、改組或停業等決策）。很明顯，過去的交易價格對企業預期要採取的決策或行為是不相關的，而未來的交易價格又未免有太大的不確定性。因此，現時的脫手價值或在正常清理條件下的銷售價格是對企業「現時現金等值」或適應市場能力的一個較好的指示器。[①] 公允價值是由現行市價直接演變過來的，因而繼承了現行市價的上述優點，再加上兩者的計價時點完全相同，因此很多人認為，只要符合公平交易的基本條件，現行市價就是公允價值。事實上，兩者的差別是非常明顯的。首先，現行市價屬產出價值範疇，其獲取只能根據賣方市場價格而不是像現行成本那樣依據買方市場價格確定，而公允價值的確定則依資產更適於以現行成本計價，還是更適於以現行市價計價來選擇到底是應該按買方市場價格來定價，還是按賣方市場價格來定價。其次，現行市價是建立在現實交易基礎之上的一種交易價格，這種交易價格未必是來自公開市場上的公平交易價格，如當企業急於套現而被迫出售一項資產的交易價格未必是一種正常交易價格，而公允價值則是建立在公平交易基礎上的一種價格估計。最后，從獲取方式上講，現行市價一般只能以資產的市場價格為基礎來確定，而公允價值既可以採用成本法或市價法來確定，也可以根據資產負債項目所帶來的未來現金流量的現值或特定資產估價模型來確定。

由於現行市價與公允價值在實際工作中很難明確區分，這種計量屬性往往被

---

① CHAMBERS R J. Accounting Evaluation and Economic Behavior [M]. Sydney: Sydney University Press, 1966: 91-92.

視為公允價值的一種獲取方法。在中國則直接以公允價值取代現行市價作為會計基本計量屬性之一。

4. 可變現淨值

可變現淨值是指資產按照其正常對外銷售所能收到的現金或者現金等價物的金額扣減該資產至完工時估計將要發生的成本、估計的銷售費用以及相關稅費后的金額。可變現淨值與現行市價有著極為密切的聯繫，可變現淨值實際上是資產的現行市價扣除其繼續加工成本及直接銷售稅費后的金額。因此可以認為，可變現淨值實際上是現行市價的一種延伸或變形。

中國《企業會計準則第1號——存貨》規定：可變現淨值，是指在日常活動中，存貨的估計售價減去至完工時估計將要發生的成本、估計的銷售費用以及相關稅費后的金額。企業確定存貨的可變現淨值，應當以取得的確鑿證據為基礎，並且考慮持有存貨的目的、資產負債表日后事項的影響等因素。為生產而持有的材料等，其生產的產成品的可變現淨值高於成本的，該材料仍然應當按照成本計量；材料價格的下降表明產成品的可變現淨值低於成本的，該材料應當按照可變現淨值計量。為執行銷售合同或者勞務合同而持有的存貨，其可變現淨值應當以合同價格為基礎計算。這一規定表明，如果存貨能夠直接對外銷售，則以該存貨的現行市價或合同價格為依據計算其可變現淨值；如果待估價的存貨不能或不打算直接對外銷售，則以用其加工出來的可售產成品的現行市價或合同價格為依據計算其可變現淨值。可見，能夠對外銷售是可變現淨值計算的前提；可售資產的現行市價是可變現淨值的基礎。

5. 現值

（1）現值的性質。現值，即資產負債項目所帶來的未來現金流量的現在價值。近年來，關於現值是否是一項獨立的計量屬性的問題有很多爭論。這一爭論可以從FASB發布的第7號財務會計概念公告對第5號財務會計概念公告所作的補充和更正得以證實。第5號財務會計概念公告第67段指出，無論是在一般性的描述中，還是在具體列示中都把「未來現金流量的現值」認定為會計計量屬性。而第7號財務會計概念公告則對此進行了更正，認為未來現金流量的現值只是資產或負債的一種攤銷方法，而不是會計計量屬性。在會計計量中使用現值的目的是為了盡可能地捕捉和反應各種不同類型未來現金流量之間的經濟差異。使用現值法可以使未來現金流量與當前現金流量具有可比性，從而獲得與決策更相關的價值信息。

還有觀點認為，現值不過是公允價值本質屬性的數學表達，而不是一項獨立的計量屬性。這是因為資產是能夠帶來經濟收益的經濟資源，資產的內在價值體現在資產創造未來經濟收益的能力上，而未來經濟收益通常可用未來現金流量來表現，為使不同時點的現金流量具有可比性，可通過數學方法將其統一折合為當前的價值，即現值。既然現值是公允價值本質屬性的數學表達，那麼現值計算理應是公允價值最基本的獲取方法。正是基於這一原因，IASC發布的《資產減值》IAS 36將現值法規定為各資產項目「在用價值」獲取的基礎方法。FASB發布的第7號財務會計概念公告《在會計計量中應用現金流量信息及現值》將現值法規定為會計的計量基礎和資產、負債的攤銷的基礎方法，並認為現值計算以獲取計量對

象的公允價值為目的。

中國《企業會計準則——基本準則》對現值的定義是:「在現值計量下,資產按照預計從其持續使用和最終處置中所產生的未來淨現金流入量的折現金額計量。負債按照預計期限內需要償還的未來淨現金流出量的折現金額計量。」現值所描述的計量特徵是被計量項目的未來市價或未來成本,之所以要通過折現的方式計算其現在價值,是因為只有通過計算其現在價值才能將其所體現的會計信息與其他計量屬性置於同一可比的基礎之上。由於資產通常被認為是能夠帶來未來收益的經濟資源,因此通過計算資產未來收益的現值來確定其價值的方法,在理論上是最完美的。從不同測量角度來看,現值既可以是根據計量對象所能帶來的未來現金流出量計算的現行成本,也可以是根據計量對象所能帶來的未來現金流入量計算的現行市價。

(2) 現值的確定方法。現值法是應用範圍極為廣泛的一種公允價值獲取方法。可以說,只要計量對象所帶來的現金流量能夠可靠地估計,並且能夠找到一個在時間、風險等方面都與其現金流量相適應的折現率,現值法對任何項目的公允價值獲取都是適當的。在計算現值時,按照計量對象所能帶來的未來現金流量是否確定,可將現值計算區分為單一現金流量法和期望現金流量法。

單一現金流量法也稱傳統法。這種方法通常只使用一組單一的預計現金流量和與其相適應的考慮了風險因素的折現率進行折算。美國財務會計準則委員會第7號財務會計概念公告認為,傳統法之所以不失為一種有用的甚至是常用的現值計算方法,是因為傳統法相當容易運用,更為重要的是計量對象所帶來的現金流量通常是單一的,如債券投資所帶來的利息收入通常是既定的;融資租入固定資產在未來需要付出的現金流量通常是在合同中規定好的。對這些項目來說,傳統法往往是最簡捷且最合理的現值計算方法。

單一現金流量法簡便易行,對於已在合同中規定了現金流量和與現金流量之風險相適應的折現率的計量對象,或是可以在市場上找到參照物的計量對象來說,這一方法無疑是適合的。但對於一些現金流量的金額及流入或流出時間不確定的計量對象來說,這一方法則顯得過於粗糙。

期望現金流量法是在計量對象所帶來的未來現金流量有多種可能的情況下,通過計算未來現金流量的期望值來計算其現值的方法。未來現金流量的期望值是未來現金流量的各個可能值以其相應的發生概率進行加權平均所得到的加權平均數。用數學公式可表示為:

$$E = \sum P_i \cdot V_i$$

式中,E 表示期望現金流量;V_i 表示第 i 種現金流量的可能取值;P_i 表示第 i 種現金流量可能值出現的概率。其中,$0 \leq P_i \leq 1$,$\sum P_i = 1$。

計量對象所帶來的未來現金流量的不確定性有兩種表現形式,即金額不確定的期望現金流量和時點不確定的現金流量。金額不確定的期望現金流量通常指在某一特定時間,計量對象所能帶來的現金流量有多種可能,如某資產在2006年所能帶來的現金流量有5,000元、6,000元和7,000元三種可能,相應的概率分別為

20%、50%和30%，則其期望值為6,100元。未來現金流量除金額有多種可能外，其流入或流出時點也會有多種可能，如企業購入1,000股準備隨時變現的股票，這一股票在一年后售出的可能性為50%，變現額為4,500元；兩年后售出的可能性為30%，變現額為5,000元；三年后售出的可能性為20%，變現額為7,000元。假設無風險折現率為3%，一年后的風險報酬率為2%；兩年后的風險報酬率為2.5%；三年后的風險報酬率為3%。該股票按期望現金流量法計算的現值為4,737.54元。可見，期望現金流量法的優點在於把計量的重心直接放在了對現金流量的分析和計量時所採用的各種假設上，因而能夠有效地解決未來現金流量在金額、時點等方面的不確定性問題。

現值確定方法是一種看似簡單實則極為複雜的計算方法。其簡單之處表現在：當未來現金流量的金額、時間及相應的折現率既定的情況下，計算其現值將是一件非常容易的事。其複雜之處在於：現金流量及相應的折現率的極難估計，而且很難對估計過程中人為因素進行控制。然而，這種複雜性和困難性並不能否定現值法的實際應用價值，因為在很多情況下，現金流量及未來現金流量的預計是有規律可循的。例如，債券投資所帶來的利息收入及未來變現收入一般是事先規定好的；應付帳款、銀行借款及其他長期應付款等金融負債項目所能帶來的現金流出量通常是合同約定的；融資租賃資產及相應的租賃應付款直接表現為一組確定的未來支出，對這些資產、負債項目來說，其現金流量及相應的折現率完全是可以準確預計。因此，只要對現值法的適用條件、使用原則、估價程序及方法等做出明確的規定，並通過相應的具體會計準則將其固定下來，現值法完全可以成為一種可靠性較高，並且具有可操作性的公允價值獲取方法。

6. 公允價值

（1）公允價值的概念及特徵。中國於2006年2月頒布的《企業會計準則第22號——金融工具確認和計量》參照《國際會計準則》給公允價值下了一個定義，即公允價值，指在公平交易中，熟悉情況的交易雙方，自願進行資產交換和債務清償的金額。[①] 這一定義看似簡練精闢，實則存在著嚴重缺陷。這是因為，按照這一定義，我們將無法區分過去的公平交易價格與現在的公平交易價格哪個才是我們心目中的公允價值，也無法弄清公允價值到底是指「成本」還是指「價值」，因為買方的採購成本與賣方的銷售價格不過是同一交易價格的兩種不同表現形式。2000年12月，金融工具國際聯合工作組（JWG）發布的《準則草案與結論依據——金融工具及類似項目的會計處理》徵求意見稿給公允價值下了一個完全不同的新定義，即公允價值是指在計量日，由正常的商業考慮推動的，按照公平交易出售一項資產時企業收到的或解除一項負債時企業應付出的價格估計。2006年9月，FASB在其發布的《公允價值計量準則》（SFAS 157）中，將公允價值定義為計量日市場參與者之間的有序交易中出售資產收到的或轉讓負債支付的價格。從上述定義的經濟內涵及演進趨勢看，隨著公允價值計量應用範圍的不斷擴大，人

---

① 中國於2014年7月起施行的《企業會計準則第39號——公允價值計算》規定公允價值，是指市場參與者在計量日發生的有序交易中，出售一項資產所能收到或者轉移一項負債所需支付的價格。

們對公允價值的認識越來越清晰，對其本質特徵的把握越來越準確，概括起來，主要表現在公允性、現時性和估計性三個方面。

公允性是指公允價值是由熟悉情況的交易雙方，在公平交易中自願達成的交易價格。公允價值是基於企業各利害關係人的共同需要而產生的計量屬性。因此，公允性是公允價值所應具備的最基本的特徵。公允性特徵要求公允價值必須建立於一個重要前提——公平交易的基礎之上。關於什麼是公平交易，《金融工具：確認和計量》（IAS 39）第98段指出：在公允價值定義中隱含著一項假定，即企業是持續經營的，不打算或不需要清算，不會大幅度縮減其經營規模，或按不利條件進行交易。因此，公允價值不是企業在強制性交易、非自願清算或虧本銷售中收到或支付的金額。如前所述，金融工具國際聯合組給公允價值下的定義特別強調：公允價值是由正常的商業考慮推動的公平交易價格。由此我們可以把公平交易的基本條件概括如下：買賣雙方為平等自主的交換主體；交易雙方從事與財產轉移或勞務提供有關的活動時，應按照價值規律的客觀要求進行等價交換；交易的目的是出於正常的商業考慮，關聯方之間的轉移價格等不包括在內；交易雙方均熟悉市場行情，並且自願地而非被迫地進行商品交換。

現時性是指公允價值是計量對象在計量日這一特定時日的交易價格或價格估計。公允價值計量的目的在於滿足企業眾多利益相關者的決策需要。能夠滿足決策需要的信息，必須是與決策相關的、及時的信息。如前所述，無論是JWG的徵求意見稿，還是《公允價值計量準則》（SFAS 157）所下的定義都特別強調：公允價值是計量日所發生的一種價格估計。可見，立足現時是公允價值與歷史成本、未來成本或未來市價最根本的區別。在過去某一時點發生的公平交易價格，只能稱為「歷史成本」，而不能稱為「公允價值」；同樣，在將來某一時點發生的公平交易價格，只能稱為「未來成本」或「未來市價」。在初始計量時，由於交易日與計量日重疊，歷史成本與公允價值往往是相同的；在后續計量時，歷史成本已時過境遷，不再代表現時的公平交易價格，因而不再是公允價值。當然，在物價變動不大，其他相關因素亦未發生明顯變動的情況下，歷史成本與公允價值在數量上可能會完全等同，但這並不能掩蓋兩者在時間基礎上的本質區別。

估計性是指在初始計量而無法獲取市場交易價格時，或在對資產負債表項目進行后續計量時，公允價值均不是實際發生的交易記錄，而是計量主體基於市場信息對計量客體的價值做出的主觀認定。正如井尻雄士所說：「公允價值通常由市價決定，但在下述意義上，公允價值的含義比市價更寬廣，當資源常常不在市場上交易時，公允價值包括一個假設的市價。」[1] 也就是說，公允價值可以是建立在實際交易基礎上的實際交易價格，也可以是建立在假定發生的交易基礎上的估計價格。事實上，從會計報告日這一特定計量日來看，大多數資產、負債的公允價值都是靠估計得出的。因此，估計性往往被認為是公允價值的一個重要特徵。

總體來說，從定性的角度講，公允價值是計量日實際發生的或假設發生的公

---

[1] IJIRI YUJI. Theory of Accounting Measurement [J]. American Accounting Association Studies in Accounting Research, 1975 (10): 90.

平交易中，熟悉情況的交易雙方出於正常的商業考慮，自願進行資產交換或債務清償的金額；從定量的角度講，除了計量日的現行市價以外，特定情況下現值計算是確定計量對象公允價值的一種重要方法。

（2）公允價值的性質。關於公允價值的性質歸屬，在國內會計界有很多不同的觀點。有人認為公允價值是一種複合的會計計量屬性，其表現形式有歷史成本或歷史收入、現行市價、現行成本、短期應收應付項目的可變現淨值和以公允價值為計量目的的未來現金流量的現值。也有人認為公允價值是「每種計量屬性追求的最高目標」。還有人認為公允價值是與歷史成本相對立的一種依靠主觀估計來獲取的計量屬性。嚴格地說，這些定性認識都是不準確的。

當商品的交換價值取得價格這種形態后，商品的價格會隨著供求關係不斷變動。其后，人們通過較長時期的觀察發現，價格的這種表面上看似雜亂無章的波動實際上總是圍繞著一個相對穩定的中心發生，這一中心就是人們通常所說的價值。

因此，經濟學理論的一個重要任務就是通過尋找真實的價值來認識市場價格的變化規律。在這一探尋過程中，形成了不同學說和流派，各種學說和流派大致沿著兩條不同的線索來展開。一條線索是從供給方的角度探討價值的源泉及價值決定，如勞動價值論和生產費用價值論；另一條線索則是從需求方的角度進行研究，如效用價值論和邊際效用價值論。

19世紀末，馬歇爾將生產費用價值論、邊際效用價值論和供求價值論融合在一起，提出了均衡價格理論。這種理論認為，商品的價格取決於供給價格和需求價格的共同作用。需求價格是消費者對一定量商品所願意支付的價格，它的高低由一定量商品對買者的邊際效用所決定，總的變動規律是需求量隨著價格的下跌而增大，隨著價格的上漲而減少。供給價格是生產者為提供一定量商品所願意付出的價格，它的高低由生產者提供一定量商品所付出的邊際成本所決定，總的變動規律是價格高則供給多，價格低則供給少。供給價格與需求價格相等之點或需求曲線與供給曲線相交之點就是均衡價格。

公允價值的形成完全符合均衡價格形成的基本前提。首先，公允價值是在公平交易中，熟悉情況的交易雙方自願進行資產交換和債務清償的金額，因此公允價值符合公平、透明和自願三項重要前提；其次，公允價值通常以活躍市場上的公開標價為其典型表現形式，這說明存在一個活躍的交易市場實際上是公允價值存在的一個隱含的重要條件。由此可見，公允價值與均衡價格的內涵完全一致，是現實條件下所能找到的最理想的均衡價格，因而是最貼近商品真實價值的交易價格。因此，只有以公允價值作為會計的計價基礎，才能夠如實反應資產的真實價值。

公允價值是基於多種市場因素對商品的市場價值做出的認定，因而是最接近商品內在價值的價格。由於商品的內在價值是客觀存在於商品之中不可替代的、唯一的本質特徵，因此公允價值是一種計量屬性的性質特徵是不容置疑的。

（3）公允價值的表現形式。從廣義的角度講，成本與市價均屬於價值範疇，但從狹義的角度講，「價值」往往被理解為「銷售價格」或「產出價值」，被看成

與「成本」或「投入價值」相對應的概念。由於價值的測定來源於商品交換的需要，而商品交換必然涉及買方和賣方兩個當事人。從不同當事人來看，計量客體的價值量可區分為產出價值和投入價值，前者一般稱為「市價」，後者一般稱為「成本」。資產的投入價值是指為了取得資產而支付的價格，具體包括歷史成本、現行成本、預期成本和標準成本等。產出價值是資產或勞務通過交換或轉換而最終脫離企業時所獲得的現金數額或其等價物的金額，具體包括歷史市價、現行市價、預期脫手價值和清算價值。公允價值是買賣雙方自願成交的金額，因此從買方的角度講，公允價值就是成本或投入價值，而從賣方的角度講公允價值則是市價或產出價值。由於公允價值立足於現時，因此可以是現行成本，也可以是現行市價，其前提條件是兩者必須建立在公平交易的基礎之上。如前所述，2000年12月金融工具國際聯合工作組發布的《準則草案與結論依據——金融工具及類似項目的會計處理》徵求意見稿中特別強調：公允價值可以分為現行買入價格和現行脫手價格，其中現行買入價格（Current Entry Price）是指在計量日為取得一項資產將支付的金額或從一項負債發行中將收到的金額；現行脫手價格（Current Exit Price）是指在計量日銷售一項資產將收到的金額或從負債中解脫出來將支付的金額。中國於2001年修訂的《企業會計準則——投資》講解所做的解釋認為：「公允價值可以表現為多種形式，如可實現淨值、重置成本、現行市場價值、評估價值等，本準則採用公允價值意義更大。」[1]

可見，公允價值既可以是成本也可以是市價的觀點，不僅為人們所接受，而且在現行會計準則中也已有所體現。

對同一企業或同一當事人來說，市價大於成本，因為前者包括商品銷售費用、利潤及稅金等內容，而後者則不包括這些內容；但對於同一交易的雙方當事人來說，兩者則是等價的。公允價值是對計量項目真實價值的體現，因此資產負債項目的公允價值到底應以其投入價值或成本來體現，還是以其產出價值或市價來體現，要視資產負債項目的性質而定。對於在正常情況下不準備出售的固定資產、無形資產，或用於生產其他商品的原材料等資產項目來說，其現行成本往往就是其真實價值的體現，它們的公允價值可用其現行成本來表示；對於一些已完工等待銷售的產成品，準備隨時變現的短期投資等資產項目而言，其現行市價就是其真實價值的體現，對它們來說，公允價值就是其現行市價。國際會計準則委員會於1989年公布的《編報財務報表的框架》關於會計計量屬性的有關規定中，對每一種計量屬性都規定了相應的適用範圍。這些規定充分體現了應視資產負債項目的性質來確定其公允價值表現形式的基本思想。

根據以上分析可以得出這樣的結論：公允價值是用來反應計量對象內在價值的一種計量屬性，它既可以表現為投入價值，即成本，也可以表現為產出價值，即市價。

(三) 會計計量基礎

在分辨公允價值與歷史成本哪個更適合成為會計計量基礎之前，有必要首先

---

[1] 中華人民共和國財政部. 企業會計準則2002 [M]. 北京：中國財政經濟出版社，2002：281.

弄清什麼是會計計量基礎。關於會計計量基礎的概念，目前較為常見的解釋或觀點有以下幾種：

第一種觀點認為，會計計量基礎就是指會計計量屬性，如有學者認為：「資產計量屬性，也稱資產計量基礎，指所用量度的經濟屬性，如原始成本、現行成本等。」[1]

第二種觀點認為，會計計量基礎與會計計量屬性在內容上是完全相同的，但在名稱上，稱為會計計量基礎更為恰當，因為計量屬性內涵較窄，而會計計量基礎是一個比會計計量屬性更能準確地概括會計計量特徵的計量要素。國際會計準則委員會發布的《編報財務報表的框架》就持這種觀點。

第三種觀點認為，在多種會計計量屬性中，有一種計量屬性能夠更好地實現會計目標，選用這一計量屬性進行會計計量有助於提高會計信息的相關性和可靠性，這一被選用的基本計量屬性就是會計計量基礎。歷史成本就是這樣一個至今仍在世界各國占據主導地位的會計計量基礎，廈門大學常勛教授就持這種觀點。他認為：「構成會計計量基礎的是各資產、負債項目的計量屬性，一般地說，改變計量基礎的構想也就是改變以歷史成本為計量基礎的傳統模式，而代之以現時成本（現時價值，可以是現時重置成本，也可以是現值）為計量基礎的模式。」[2]

第四種觀點所強調的會計計量基礎則是指資產計價基礎。由於價值的測定來源於商品交換的需要，而商品交換必然涉及買方和賣方兩個當事人，從不同當事人的角度看，商品價值量表現為產出價值和投入價值，從而形成兩種計價基礎：產出價值基礎和投入價值基礎。建立在產出價值基礎上的計量屬性有公允價值、未來現金流量的現值、可實現淨值、現行市價（脫手價值）和清算價值；建立在投入價值基礎上的計量屬性有歷史成本、重置成本、未來預期成本和標準成本等。[3]

筆者較為贊同第三種觀點，因為計量屬性是計量客體能夠用特定計量單位測定或計量的某一特性或某一方面，而計量基礎則是一種被選定的基準價格或計價基準。被選作計量基礎的價格形式可以是一種計量屬性，如歷史成本或現行成本，也可以是一種目標價格，如計劃價格或標準成本。每一種計量屬性都可以被選作計量基礎，但不等同每一計量屬性都是計量基礎。因此，我們可以把會計計量基礎的概念概括如下：會計計量基礎是指會計計量所選用的一種基準價格或計價基準，這一基準價格或計價基準可以是一種計量屬性，也可是一種目標價格。會計計量基礎一經選定，就成為會計計量應遵循的一項基本原則。

四、會計計量模式

會計計量模式有狹義計量模式和廣義計量模式之分。狹義計量模式即通常所說的計量模式，是指由不同計量屬性與計量單位組合而成的基礎計量模式；廣義計量模式除狹義計量模式組成的基礎計量模式外，還包括基礎計量模式與具體會

---

[1] 湯雲為，錢逢勝. 會計理論 [M]. 上海：上海財經大學出版社，1997.
[2] 常勛. 財務會計四大難題 [M]. 上海：立信會計出版社，2002.
[3] 葛家澍，林志軍. 現代西方會計理論 [M]. 廈門：廈門大學出版社，2000.

計對象相結合而產生的應用模式。會計對象可以從靜態和動態兩個方面來考察，因此按計量對象的不同，會計計量模式可分為資產計價模式和收益確定模式。資產計價模式就是由特定計量單位和計量屬性構建的用來計量企業資產、負債乃至淨資產價值的組合方式；收益確定模式則是在資產計價模式的基礎上，通過特定影響因素的恰當配合來計量企業在一定期間內的經營成果的組合方式。

（一）狹義的會計計量模式

狹義的會計計量模式是指由某種計量屬性與計量單位構成的特定組合。將以上兩種貨幣單位與 5 種會計計量屬性相組合，可得到 10 種會計計量模式，如表 5－2 所示。

表 5－2　　　　　　　　　　　　　會計計量模式

計量單位＼計量屬性	歷史成本	現行成本	可變現淨值	現值	公允價值
名義貨幣	歷史成本/名義貨幣	現行成本/名義貨幣	可變現淨值/名義貨幣	現值/名義貨幣	公允價值/名義貨幣
不變幣值	歷史成本/不變幣值	現行成本/不變幣值	可變現淨值/不變幣值	現值/不變幣值	公允價值/不變幣值

在上述 10 種會計計量模式中，在理論上和實踐中具有現實意義的計量模式實際上只有「名義貨幣歷史成本」「名義貨幣現行成本」「不變幣值歷史成本」「不變幣值現行成本」「名義貨幣可變現淨值」「不變幣值可變現淨值」「名義貨幣公允價值」7 種計量模式，而真正能夠付諸實踐的計量模式只有目前正在廣泛使用的「名義貨幣歷史成本」以及在將來有可能得到廣泛應用的「名義貨幣公允價值」兩種會計計量屬性。這是因為，以名義貨幣為計量單位的「名義貨幣現行成本」「不變幣值可變現淨值」「名義貨幣現值」三種計量模式，只能針對特殊計量項目的計量，如「名義貨幣現行成本」可用於盤盈固定資產等項目的計量；「名義貨幣可變現淨值」一般用於存貨減值估計，而「名義貨幣現值」則用於未來現金流量較為明確的資產負債項目的估價等。因此，此類會計計量模型通常不具有通用性或普遍性。以不變幣值為基礎的會計計量模式，具有明顯的理論上和操作上的缺陷。其理論上的缺陷表現在這類模式實際上假定通貨膨脹對所有企業及各類資產都具有同等的影響；其在操作上的缺陷表現在不同時間購入的多批存貨，不同時間發生的多筆費用很難找到其發生時的物價指數來折算，若用一個平均的物價指數又很難反應不同資產物價變動的實際情況。因此，以不變幣值為計量單位的會計計量模式，較少在會計實踐中得到應用。需要特別指出的是，在出現了較嚴重的通貨膨脹，並且物價變動主要由貨幣貶值所引發的特殊環境下，以不變幣值名義貨幣、名義貨幣現行成本及不變幣值現行成本計量模式往往是世界各國尋求消除通貨膨脹影響的可選擇的會計模式。因此，這三種會計模式通常又被稱為通貨膨脹會計。當然，這些會計計量模式到目前為止仍只停留在理論探索階段。

(二) 廣義的會計計量模式

廣義的會計計量模式除包括由計量屬性與計量單位組合而成的基礎計量模式外，還包括由基礎計量模式和會計計量對象構成的運用模式。「一個完整的計量模式，除計量對象外，還應包括兩個要素：計量屬性和計量尺度。」[1]會計計量對象具體包括資產、負債、收入、費用等。按照計量對象的不同，會計計量可分為資產計價和收益確定。

資產計價，即以貨幣數額來確定和表現各個資產項目的獲取、使用和結存。資產計價就是以既定的貨幣單位來表現或確定各資產項目的獲取、使用和轉移價值。由於負債可以理解為負資產，所有者權益可以理解為資產扣除負債後的剩餘資產或淨資產。因此，資產計價實際上包含了所有資產負債表項目的計量。同時，資產計價又是收益計量的基礎。因此，資產計價是會計計量的核心。

收益確定，則是在資產計價的基礎上，通過收入與費用的恰當配比來決定企業在某一會計期間的收益。

第二節　資產計價

一、資產計價的目標

資產計價是會計計量的核心內容，因此資產計價的目標應服從於會計計量目標。關於會計計量目標，目前存在兩大流派，即真實收益學派和決策有用學派。前者以如實地反應企業的真實收益為會計計量的基本目標，而後者則以滿足企業會計信息使用者的決策需要為主要目標。與此相適應，資產計價的目標也可以分為兩大流派。

(一) 真實收益觀

真實收益觀認為，資產計價的最終目的是為了正確計算企業的會計收益。美國著名會計學家所羅門（David Solomence）認為，收益概念之所以受到重視，是因為它有三方面的重要作用：「收益是確定稅收額度的有效計量；收益是公司股利政策確定的基礎；收益是投資策略的指南。然而，這些目的的實現都是建立在正確地對資產進行計價的基礎之上的。」[2]

資產計價對收益確定的影響主要表現在三個方面：第一，資產形成價格，即初始成本的構成對收益的影響。資產初始成本對收益的影響主要表現為資產的初始成本最終會轉變為費用，其轉變為費用的時間可分為三種情況，即發生當期直接計入費用，如差旅費等；按特定方法分期攤入費用，如固定資產通過折舊的方法分期將其初始成本計入費用；損耗時計入費用，如交易性金融資產的初始成本應在其變現時轉入當期費用。第二，資產價格變動對收益的影響。資產價格變動對收益的影響主要表現為資產減值或資產的公允價值變動時，調整其帳面價值對

---

[1] 葛家澍，劉峰．會計大典：第一卷——會計理論 [M]．北京：中國財政經濟出版社，1998：250．
[2] 葛家澍，劉峰．會計大典：第一卷——會計理論 [M]．北京：中國財政經濟出版社，1998：250．

當期收益造成的影響。第三，資產變現價格對收益的影響。資產變現價格對收益的影響主要表現在企業銷售商品或變賣資產時確定售價對企業會計收益帶來的影響。嚴格地說，上述第三種情況不屬於資產計價範圍，因為這種意義上的資產計價，只對企業的收入產生影響，而不會對企業的資產價格帶來影響。

綜上所述，真實收益觀的要點可概括為以下幾方面：第一，就服務對象而言，真實收益觀強調的會計信息使用人主要是企業所有者、政府機關和企業的經營管理當局。第二，就會計信息的用途而言，真實收益觀強調的是如實反應經營者的履責情況；為政府稅務機關徵稅提供直接依據；為企業制定正確的股利政策提供基礎；為投資者的投資決策提供依據。第三，就所強調時間特性而言，真實收益觀強調的是企業過去發生的能夠反應企業真實業績的會計信息。第四，就所強調的重點而言，真實收益觀強調的是有據可查或可以驗證，實現會計信息以業績考核和稅收徵繳為核心的基本用途。

（二）決策有用觀

20世紀60年代后期逐漸興起的決策有用觀認為，會計的根本目標是向企業利害關係人提供對他們的經濟決策有用的信息，會計計量作為會計的核心內容，其目標應服從會計的這一基本目標。為了實現這一目標，該觀點的倡導者應用實證加演繹的方式，提出信息使用者的決策目標和決策對信息的需求，並以此為依據構建會計計量模式。例如，特魯伯羅德報告認為，投資人和債權人最需要的是關於企業未來現金流動的時機和不確定性方面的信息，因此會計計量應能提供實際已發生和預計可能發生的現金流量時間分佈及不確定性方面的信息。

以決策有用觀為基礎的資產計價目標可概括為以下幾方面：第一，就服務對象而言，會計信息使用者不僅包括企業所有者、政府稅收部門及企業管理當局，還包括現有或潛在的投資人、債權人、經營者、職工、政府機構、獨立審計人員、供應商、顧客及社會公眾。第二，就會計信息的用途而言，會計信息不僅要如實反應企業履責情況和納稅情況，還要有助於會計報表的使用者利用會計報表信息進行各種決策。第三，就所強調的時間特性而言，建立在決策有用觀基礎上的資產計價目標不僅需要過去發生的能夠反應企業真實業績的會計信息，更需要面向未來的、與決策相關的會計信息。第四，就所強調的重點而言，建立在決策有用觀基礎上的資產計價目標不僅關心有關企業經營業績的收益信息，更關心對決策有用的有關企業未來現金流動的金額、時間分佈及其不確定性方面的信息。

二、資產計價的基礎

資產的價值測定來源於資產交換的需要，而資產交換必然涉及買方和賣方兩個當事人，從不同當事人的角度來看，資產的價值表現為產出價值和投入價值，從而形成兩種計價基礎，即投入價值基礎和產出價值基礎。

（一）投入價值基礎與產出價值基礎

投入價值是指為了取得資產而支付的價格，是一種基於購買者視角的交易價格。這種價格可以是實際支付的價格，也可以是預期支付的價格。由於這種價值基礎構成了資產的取得成本，因此它通常又被稱為「成本」或資產取得成本。投

入價值基礎具體包括歷史成本、現行成本等實際支付金額,也包括尚未實際支付的預期成本、標準成本或目標成本等。

產出價值是資產或勞務通過交換或轉換而最終脫離企業時所獲得的現金數額或其等價物的金額,是一種基於購買者視角的交易價格。由於這種價值基礎構成了資產的銷售價格或變買價格,因此它通常又被稱為「市價」或資產的銷售價格。產出價值基礎具體包括歷史市價、現行市價、預期脫手價值和清算價值等。

以歷史成本為代表的投入價值基礎是資產計價所使用的傳統計價基礎,這是因為歷史成本往往有可驗證的憑證作為依據,更重要的是,將資產的歷史成本與其未來售價對比來確定收益的方法更為符合人們的傳統觀念。20世紀50年代以后,很多學者主張以現行市價為代表的產出價值基礎取代以歷史成本為代表的投入價基礎對資產進行計價。例如,美國會計學家威廉·佩頓就主張按資產的市場價值而不按資產的成本進行記錄。[①] 但是由於現行市價的獲取涉及較多的主觀因素,並且與傳統的會計計量原則相違背,因而遭到了歷史成本擁護者的反對。

一般而言,會計計量目標不同,資產計價基礎的選擇就有所不同,投入價值是基於資產的取得成本對資產的價值進行測定,它所注重的是為取得該項資產所付出的代價;產出價值是基於資產的效用對資產的價值進行測定,它所注重的是該項資產能為企業帶來的未來經濟利益。在對具體資產項目進行計價時,若投入價值能夠更準確地體現其真實價值,就以投入價值作為其計價基礎;相反,若產出價值能夠更準確地體現某資產項目的真實價值,就以產出價值作為其計價基礎。例如,固定資產的購置或持有是企業用來生產產品的,而不是用來對外銷售的,那確定其對外銷售價格實際上是沒有意義的;另外,由於固定資產所帶來的未來經濟利益是很難測定的,因此也難以用其所帶來的未來現金流量的現值來確定其價值。相反,固定資產的取得成本在一定條件下能夠較好地體現其生產能力或其真實價值,因此以投入價值基礎對固定資產進行計價是一種最佳選擇。又如,對於一項隨時準備變現的交易性金融資產來說,其價格瞬息萬變,對這種資產項目來說,其現行市價反而比其取得成本更能體現其內在價值。

(二) 事實性基礎與目的性基礎

當人們在選擇計量對象的計量屬性時,存在兩種不同的立場,一是站在完全客觀的立場上對計量客體進行計量,而不考慮計量主體的需要;二是站在計量主體的立場上根據計量主體的需要選擇會計計量屬性。例如,在對一頭牛進行計量時,人們可以客觀地報導一頭牛的年齡、體重、產奶量等基本數據,也可以根據人的主觀需要對其進行計量:如果作為奶牛,人們會根據其產奶量評估其價值;如果作為食用肉牛,人們會根據其體重確定其價值;如果作為耕牛,人們則會根據其齒齡、體重確定其價值。站在前一種立場上選擇的計量基礎屬性一般稱為事實性基礎,而站在后一種立場上選擇的計量屬性則稱為目的性基礎。

事實性基礎是指在對某一計量客體進行計量時,是從該計量客體的自身特徵出發,選擇一種最能體現該計量客體性質或特徵的計量屬性作為其會計計量基礎。

---

① 查特菲爾德. 會計思想史 [M]. 文碩, 等, 譯. 北京: 中國商業出版社, 1989: 349.

事實性基礎要求盡可能地反應計量對象的真實情況，在計量時盡可能做到客觀、公正。其基本理念是會計計量應盡可能反應計量對象的基本情況，至於會計信息使用者如何使用計量結果，則是他們自己的事。從事實性基礎出發，更傾向於採用歷史成本計量屬性，這是因為歷史成本計量屬性更為客觀、公正，主觀隨意性更低。

目的性計量基礎是指從計量主體的主觀需要或目的出發，選擇一種最能體現計量客體基本性質或特徵的計量屬性作為會計計量基礎。目的性基礎要求所選擇的計量屬性應盡可能符合會計信息使用者的主觀需要。其基本理念是會計計量應盡可能滿足不同會計信息使用者的特殊需要。例如，稅務機關要求企業能如實報稅，因而最恰當的計量屬性就是具有可驗證性的歷史成本；投資者和債權人要求企業盡可能提供對預計、比較和評估未來現金流動金額、時間分佈和不確定情況的信息，因而現值或公允價值就可能是最適合的計量屬性；在對擬銷售的存貨進行估價時，可變現淨值就是最適合的會計計量屬性。需要特別說明的是「目標成本」「標準成本」「計劃成本」等並非目的性計量基礎，因為此類人為確定的計量指標，不過是人們基於管理的目的而制定的一些標準或過渡性指標，而不是計量客體的基本屬性。

三、資產計價模式的現實選擇

資產計價模式的現實選擇包括計量單位和計量屬性的選擇及組合。其中，計量單位主要有名義貨幣單位和不變幣值計量單位。由於不變幣值計量單位具有明顯的理論上和操作上的困難或缺陷，在正常計量環境下很難得到應用，這一點已被世界各國的會計實務所證實，因此資產計價模式的選擇需要解決的重點問題就是如何選擇會計計量屬性。中國《企業會計準則——基本準則》第四十三條規定：「企業在對會計要素進行計量時，一般應當採用歷史成本，採用重置成本、可變現淨值、現值、公允價值計量的，應當保證所確定的會計要素金額能夠取得並可靠計量。」這一規定表明，中國目前仍以歷史成本為基礎計量屬性，當歷史成本計量屬性無法取得或不具備相關性或可靠性時則以其他計量屬性取而代之。在會計實務中，計量屬性的選擇必須考慮下述因素。

（一）計量客體的性質

計量客體的性質不同，所選用的會計計量屬性就有所不同。美國財務會計準則委員會（FASB）發佈的第 5 號概念公告《企業財務報表項目的確認和計量》（SFAC 5）有關條文規定：「固定資產和大部分存貨按其原始成本陳報；某些有價證券上的投資，按其現行市價陳報；短期應收項目和某些存貨按其可實現淨值陳報；長期應收款項按其現值（按內含或原始利率貼現）陳報；長期應付款項同樣地按其現值（按內含或原始利率貼現）陳報。」[1] 1991 年，英格蘭和威爾士特許會計師協會（ICAEW）和國際會計準則委員會（IASC）的研究理事會和研究委員會提出的研究報告《財務報告的未來設想》認為，資產應按下列不同基礎計量：

---

[1] FASB. 論財務會計概念 [M]. 婁爾行，譯. 北京：中國財政經濟出版社，1992：246-247.

「①財產（土地）：現行市價；②正常的廠房和設備：現行市價；③很特殊的有形資產：歷史成本（按物價變動進行調整）或按現行成本、可實現淨值取得的重估價；④投資：現行市價；⑤存貨：重置成本；⑥貨幣性資產：按貼現的預期所回收金額（如需要）；⑦無形資產：歷史成本（按物價變動進行調整）或現行成本或可實現淨值（如需要）。」① 這些規定表明，計量客體的性質不同，能體現其基本特徵的會計計量屬性就有所不同。

一般而言，如果資產的用途以本企業使用為主，其計量屬性就應該基於購買人的視角來選擇。對這類資產來說，建立在投入價值基礎或成本基礎上的計量屬性往往是最佳選擇，這類資產通常包括以自用為主而不準備對外銷售的存貨，如低值易耗品等以及除非企業破產清算而不準備外售的房屋、建築物、機器設備及土地使用權等。如果資產的用途以外售為主或準備隨時變現，其計量屬性就應該基於售賣人的視角來選擇。對這類資產來說，建立在投入價值基礎或市價基礎上的計量屬性往往是最佳選擇。這類資產通常包括準備隨時變現的股票投資和債券投資等。如果企業的資產或負債所導致的現金流入量或現金流出量能夠較為準確地測定，就應選擇其所帶來的未來現金流量的現值作為其計量屬性。這類資產通常包括長期應收款項及長期應付款項以及收益可以可靠預計的無形資產等。

（二）獲取方法的可靠性

在前述六種常用計量屬性中，除歷史成本具有可驗證的憑據支持外，其他計量屬性包括現行成本、現行市價、可變現淨值、公允價值，乃至未來現金流量的現值的獲取均離不開計量人員的判斷和估計。基於這一原因，很多人總是習慣性地將這些計量屬性與「主觀估計」甚至與「人為操縱」聯繫在一起。正因為如此，在實際應用中，可靠性往往是這些計量屬性應用的必要前提，也就是說，若這些計量屬性能夠可靠地獲取，人們當然願意以其來進行會計計量。相反，若這些計量屬性無法可靠地獲取，人們則寧可選擇相關性較差、可靠性卻較好的歷史成本進行會計計量。因此，可靠性的高低往往是計量屬性選擇的重要標準。IASC 發布的《金融工具：確認和計量》（IAS 39）② 第 68 條、第 69 條規定：「初始確認后，企業應以公允價值計量可供出售的金融資產和為交易而持有的金融資產。但在活躍的市場上沒有標價且其公允價值不可以可靠計量的金融資產不按這些規定進行計量。」《金融工具：確認和計量》（IAS 39）第 70 條進一步指出：「存在一項假定，即大多數可供出售或為交易而持有的金融資產，其公允價值是可以可靠計量的。但對於那些在活躍市場上沒有標價，而合理估計公允價值的其他方法對其又不十分合適或不好操作的權益性工具投資來說，這項假定會被推翻。」這一規定充分說明可靠性是計量屬性選擇的基本前提或取捨標準，若某種計量屬性的獲取是可靠的，則這種計量屬性就是可取的；否則，就不能選擇這種會計計量屬性進行會計計量。

---

① 葛家澍. 縱論財務報表模式的改進 [J]. 財會月刊，1998（6）.
② IASC. 國際會計準則 2000 [M]. 財政部會計準則委員會，譯. 北京：中國財政經濟出版社，2000：674－675.

可靠性是公允價值計量必須首先解決的重大問題，也是規避公允價值信息風險加劇效應的重要手段。會計信息的可靠性受兩個因素的影響：一是受會計信息真實程度的影響；二是受人們對不同計量對象計量誤差可容忍程度的影響，即受可容忍誤差大小的影響。

數據的真實程度可用多次獨立計量得出數據的離散程度來衡量。井尻雄士（Yuji Iriji）和朱迪克（Jaedicke）依據此原理提出了用均方差代表客觀性，並以數據的客觀性來表示可靠性的計量模型。具體公式如下：

$$V = \sum (X_i - \bar{X})^2 / n$$

上式中，V 表示真實程度，n 表示重複計量次數，X_i 表示第 i 次計量值，$\bar{X}$ 表示多次計量結果的期望值。然而，上述公式對計量金額相近，並且計量性質相同的項目來說有一定意義，但對於計量金額差距較大的項目來說則缺乏可比性。因此，可以用不同資產估價的均方差來衡量資產評估數據的可靠性，這樣做既吸取了上述可靠性計量模型的合理之處，又能避免不同計量規模項目之間不可比的缺點。

可容忍誤差則是指決策人員可以接受的最大誤差。會計信息的可容忍誤差率與其可靠程度互補，即可靠程度與可容忍誤差率之和等於 1，如當會計信息的可容忍誤差率為 5% 時，其可靠程度為 95%。可容忍誤差因會計信息的性質不同而有所不同，如在對庫存現金計價時，其可容忍誤差不允許超過 0.01 元，而在對房屋、建築物計價時，其可容忍誤差甚至可以設定為 5,000 元。

從公允價值計量屬性在中國的應用情況來看，中國上市公司公允價值信息的可靠性得到了較為有力的保證，其原因主要在於：第一，中國企業會計準則只允許少數資產負債項目以公允價值進行后續計量；第二，在允許以公允價值進行后續計量的項目中，「交易性金融資產」和「可供出售的金融資產」通常直接取自活躍市場的公開信息，因而完全符合「多次測定數據的均方差越小，可靠性越高」的基本要求。

(三) 信息成本

信息是不確定性的減少或者消除。[1] 因此，通過提高信息的質，增加信息的量，可以達到提高公允價值信息可靠性，減少其不確定性的目的。但是增進會計信息的可靠性既會帶來信息收益，也要付出相應的信息成本。信息收益是指因可靠性提高而增進會計信息的決策相關性和正確性所增加的益處，而信息成本則是為提高會計信息的可靠性而付出的代價。按照成本效益原則，當所選用的計量屬性所帶來的益處，大於其成本時，這種計量屬性就是一種可取的計量屬性。相反，若所選取的計量屬性所帶來的益處小於其成本，這種計量屬性就是可取的計量屬性。例如，在公允價值的多種獲取方法中，若經濟環境相對穩定，物價基本保持不變，直接以計量對象的歷史成本來代替其公允價值的方法將是一種不錯的選擇，因為其獲取成本相對較低。若資產的公開市場價格較易獲取且信息收集成本不高，現行市價法就會是一種較好的選擇。相反，若公允價值的獲取必須聘請企業外部

---

[1] 王雨田. 控制論、信息論、系統科學與哲學 [M]. 北京：中國人民大學出版社，1988：336.

獨立的評估機構來進行評定，或必須在企業內部成立一個專門的估價小組來獲得，那這種方法的可行性就值得懷疑，因為此時獲取公允價值所付出的成本可能會遠遠大於其收益。

第三節　收益確定

一、構建收益確定模式的理論依據

在實際構建收益確定模式時，人們往往會依據不同的理論觀點對收益確定模式的構成方式做出不同的選擇，如持有不同的資本保持觀念的人們會對計量單位和計量屬性做出不同的選擇；依據交易基礎觀與事項基礎觀的人們會對收益確定的確認標準做出不同的選擇；依據當期經營業績觀或總括收益觀的人們會對收益所包括的內容做出不同的選擇；依據收入費用觀和資產負債觀的人們則會對收益確定的基本結構做出不同的選擇。

（一）財務資本保持與實物資本保持

收益確定是以資本不受侵蝕為前提的，也就是說，只有在原有資本得到維持或成本得到彌補之後，才能確認收益。按照資本保持方式不同，資本保持可分為財務資本保持和實物資本保持。財務資本保持要求所有者投入的資本以貨幣表現的價值能夠得到完整保持。按照計量單位的不同，財務資本保持可分為名義貨幣財務資本保持和不變幣值財務資本保持。名義貨幣財務資本保持是現行會計實務普遍奉行的會計觀念。按照這種觀念，收益是所投入的以名義貨幣單位表示的淨資產在某一會計期間的增量。但是，這種意義上的資本保持在貨幣購買力不斷下降的情況下，儘管以現時幣值表示的意欲保持的資本雖然在數量上與期初資本等額，但在購買力上卻低於期初資本。因此，在貨幣持續貶值的情況下，實際上是無法做到資本保值的。當採用不變幣值貨幣單位計量時，收益是按不變幣值貨幣單位表示的淨資產在特定會計期間的增量。這種意義上的資本保持雖然在理論上可以避免名義貨幣單位在通貨膨脹期間無法實現保值的缺陷，但卻因缺乏可操作性而很少在現實中得以運用。實物資本保持觀念將資本視為一種用其生產能力體現的資源，因此實物資本保持要求所有者投入資本所形成的生產能力能得到完整保持。也就是說，收益應是企業在某一期間以生產能力表示的不包括資本投入與資本收回在內的資本淨增加。按照計量單位的不同，實物資本保持可分為名義貨幣實物資本保持和不變幣值實物資本保持。由於后者具有同不變幣值財務資本保持同樣的缺陷，而且所加工出的信息通常讓人匪夷所思，因此只有名義貨幣實物資本保持觀念具有現實意義。

（二）交易基礎與事項基礎

交易基礎是指收益確定應以實際發生的經濟交易為基礎，對於那些由於價格的實際變動或預計變動所引起的資產或負債價值的增減，只要沒有發生實際交易，就不予以確認和計量。事項基礎是指收益計量應建立在經濟事項的基礎之上，而不僅僅把收益看成特定經濟交易的結果。這裡所說的事項既包括交易事項，也包

括價值變動等非交易事項。美國會計原則委員會（APB）在一份報告中認為，交易或其他事項通常包括資源的取得和處理、義務的發生與解除以及所擁有資源的效用或價格變動。因此，建立在事項基礎上的收益確定模式，不但要求確認、計量建立在實際交易基礎上的已實現收益，而且要求確認、計量沒有交易基礎的未實現收益。

（三）資產負債觀與收入費用觀

資產負債觀將收益視為企業在某一期間內資本或所有者權益的淨增加。這種觀點依據的是經濟學的收益概念，其確定收益的方式是將期初、期末兩個特定時點的淨資產直接對比，兩者的差額扣除同期資本投入並調增資本退出後即為本期收益。具體可用公式「收益＝期末淨資產－期初淨資產－本期資本投入＋本期資本收回」來表示。按照這種收益確定方式，人們只需在期初、期末根據企業資產、負債的實存數編製一份資產、負債估價表，即可迅速確定企業的當期收益。收入費用觀是基於會計學的收益概念而建立的一種收益確定模式，按照這種觀點，收益被視為一定期間企業投入與產出的結果。也就是說，把特定期間內相關聯的收入和費用相互配比，進而計算出當期收益。因此，依據收入費用觀所確立的收益確定模式可用公式「收益＝收入－費用」來表示。該公式中的收入和費用均為廣義的收入和費用。其中，收入包括除業主投資以外的所有經營和非經營所得，具體包括營業收入和利得等內容；費用包括除利潤分派或資本收回以外的所有經營和非經營損耗，具體包括經營費用和損失等內容。收入費用觀是目前普遍採用的一種收益確定方式。

（四）當期經營業績觀與總括收益觀

當期經營業績觀著眼於企業經營業績的衡量。在衡量企業經營業績時，重點強調「當期」和「經營活動」兩層含義，也就是說，只有那些由本期經營決策產生的交易或事項以及可由管理當局控制的價值變動才能包括在本期收益之中。從當期收益的角度看，實際發生於以前各期而在過去予以確認或入帳的資產價值變動不應包括在本期收益之中；就經營活動而言，只有來自於正常經營活動的結果才屬於收益範疇，因為只有這樣的收益數字才能用於不同期間或不同企業之間的比較，才能更好地反應本期的經營效率和業績。按照這種觀點，企業在以前各期發生的，需要在本期調整的損益不應計入本期收益；企業正常經營活動以外的非常項目和資產價值重估增值或減值等也不應計入當期收益。總括收益觀認為，企業的收益應包括企業在某一期間內的經濟交易或非交易事項所導致的除資本投入或資本退出以外的企業所有者權益的全部變動。它既包括本期經營收益，也包括本期非常項目損益和以前各期調整事項。其理論依據在於：首先，會計分期帶有明顯的人為因素，經營活動很難依據會計期間截然分清，因此將本會計期間內的全部收益事項都計算在本期收益之中，可以避免管理當局或會計人員的主觀取捨，也更易於為報表使用者所理解。其次，經營業務和非經營業務的區分並不明顯，有些業務在某類企業可歸為「經營業務」的項目，但在另一企業則只能歸類為「非經營業務」的項目，如房產銷售損益在房地產開發企業屬於正常經營業務，而在其他企業則屬於非正常業務。即使在同一企業中，有些業務在某一期間可被歸

類為正常經營業務，在另一會計期間卻只能歸類為非正常經營業務。因此，意在比較不同期間正常經營收益的本期經營收益觀事實上卻難以做到真正的可比。

二、收益確定模式的現實選擇

(一) 資本保持觀念的選擇

鑒於不變幣值貨幣計量單位存在的缺陷，現行會計實務所選擇的計量單位只能是代表計量日的貨幣購買力的名義貨幣單位。在會計計量屬性的選擇上，由於公允價值計量屬性的可靠性難以得到保障，因而只有部分資產、負債項目，如交易性金融資產、可供出售的金融資產或符合條件的投資性房地產等，可用公允價值進行后續計量；同樣，重置成本、可變現淨值及未來現金流量的現值等只適用於特定資產項目的計量。因此，在現行會計實務中，歷史成本計量屬性的主導地位仍難以被取代。這種意義上的資本保持實際上仍然是名義貨幣單位財務資本保持。當然，隨著公允價值等計量屬性應用範圍的擴大，所有者投入資本所具有的生產能力將會得到更為完整的保持。不過，公允價值計量屬性的運用只能基於名義貨幣計量單位，因此只能說現行會計實務中的收益計量具有名義貨幣單位財務資本保持向名義貨幣單位實物資本保持過渡的特徵。

(二) 收益確定基礎的選擇

收益確定可以建立在交易基礎之上，也可以建立在事項基礎之上。交易基礎要求在實際交易發生時確認收入的實現及費用的發生和攤銷，對於那些沒有發生交易的價值變動則不予確認和計量。事項基礎將收益理解為企業內部或外部經濟活動的結果，而不僅僅是特定經濟交易的結果，這種觀點認為只要資產、負債的價值發生了變動，就應該確認為收益。也就是說，建立在事項基礎上的收益確定，不僅要確認建立在實際交易基礎上的收入和費用，也要確認未發生實際交易的「價值變動」，即只要資產負債項目的價值發生了變動，就應確認相應的收益或損失。近年來，伴隨著「資產減值」和「公允價值計量」應用範圍的不斷擴大，事項基礎已逐漸為人們所接受，但在現實生活當中，建立在事項基礎上的收益確定仍有兩個難以解決的難題：一是資產負債項目的價值變動隨時都有可能發生，但不可能隨時確認由此所帶來的收益或損失；二是價值變動的發生通常沒有可佐證其發生的可驗證的憑據，因而其可靠性難以保證。因此，在現行實務中，對第一個問題的解決方法是：在平時，收益的確認和計量建立在交易基礎上，而在計量日或會計報告日則根據其累計變動，確認和計量由於資產、負債價值變動所產生的損益。對第二個問題的解決方法是：如果其價值變動能夠可靠地加以計量則予以確認；否則，則不予確認。

(三) 收益確定結構的選擇

依據資產負債觀，收益確定的方式可用公式「收益＝期末淨資產－期初淨資產－本期投入資本＋本期資本收回」表示。按照這種方式，人們只需在期初期末根據企業資產、負債實存數編製一份資產、負債估價表，即可迅速確定企業的當期收益。從理論上說，這種收益確定方式似乎更合乎邏輯，而且所計算出的收益更為直接和準確，因為它避免了為使收入與費用合理搭配而採用的一系列成本計

算方法所造成的收益計算的人為性。但這種收益確定結構也有其不可避免的缺陷。因為若採用這種結構來計算收益，人們將無法通過會計來對企業生產經營活動的過程進行全程監控。對企業經濟活動過程和結果進行系統記錄、計量、報告的會計方法將不得不讓位於資產評估方法或統計方法，企業會計機構將被企業內部成立的資產評估機構所代替，最終使會計徹底失去其存在的意義。因此，這種方法很難成為收益確定的主流方法。

收入費用觀是將收益視為一定期間企業投入與產出的結果。也就是說，把特定期間內相關聯的收入和費用相配比，進而計算出當期的收益。因此，收益的計算最終轉化為收入和費用的確認、計量和配比。按照這一觀點，收益確定的方式可用公式「收益＝收入－費用」表示。基於這種觀點所產生的收益計量結構便於人們對企業的生產經營活動的過程和結果進行監控，從而有助於加強企業管理。然而，完全以企業投入與產出為基礎計算出的經營成果，忽略了資產價格變動所帶來的收益以及一些非日常活動所帶來的非常收益或損失，因而不能完整反應企業會計收益的全部內容。因此，在現行會計實務中，通常是在收入費用觀的基礎上，考慮資產價格變動等因素的影響。按照這一思路所建立起來的收益確定方法可用公式「收益＝收入及利得－費用及損失」表示。公式中，利得和損失項目實際上已經包含了由於資產價格變動所帶來的收益變動。因此，這種將收入費用觀與資產負債觀融合為一體的收益計量模式，不但可以充分發揮會計計量的原有功能，而且可以大大提高會計信息的相關性和可靠性。

（四）收益確定內容的選擇

當期經營業績觀與總括收益觀實際上是針對收益到底應包括哪些內容而形成的兩種不同觀點。當期經營業績觀認為企業收益只包括本期營業收益，而不包括非常項目損益、持有資產利得和損失及前期事項的更正或調整。按照這一觀點確定的收益與中國現行會計制度中的「營業利潤」較為接近，不同之處僅在於「營業利潤」包含了「公允價值變動損益」和「資產減值損失」，同時也未扣除企業所得稅。總括收益觀則認為企業收益應包括除資本投入和資本收回以外的業主權益的全部變動。按照這一觀點確定的收益與中國現行會計制度中的「淨利潤」較為接近，不同之處主要表現在兩個方面：一是中國會計準則只允許部分資產負債項目用公允價值計量，因而所確認的持有資產利得僅是局部的；二是中國企業會計準則不允許將「以前年度損益調整」直接計入當期損益。

收益確定的目的主要表現在四個方面，即衡量經營效率、確定稅收額度、制定股利政策、引導投資決策。收益確定的這四個具體目的決定了收益的內容不應是一個籠統的概念，而應是一個內容豐富、層次分明的體系。這一體系由與收益確定目的相對應的收益概念組成，各收益概念可按以下公式展開：

營業收益＝營業收入－營業稅金－營業成本－期間費用－資產減值損失±公允價值變動損益±投資損益±其他營業損益

計稅收益＝營業收入±非常項目損益±以前各期損益調整

稅后收益＝計稅收益－所得稅費用

在以上公式中，營業收入、營業稅金及營業成本既包括主營業務收入、主營

業務稅金及主營業務成本，也包括非主營業務收入、非主營業務稅金及非主營業務成本；期間費用包括營業費用、管理費用及財務費用；公允價值變動損益包括以公允價值對資產、負債項目調整時所產生的未實現利得；其他營業損益包括其他日常經營事項所產生的損益。以上公式中的「收益」也可採用中國現行企業會計準則中的通用名稱，如營業收益可稱為營業利潤；稅前收益可稱為利潤總額；稅后收益可稱為淨收益。

可見，現行會計實務選擇以上內容作為收益的基本內容是有一定道理的。首先，受公允價值獲取的可靠性影響，不可能將所有資產項目的公允價值變動都包括在當期損益之中；其次，以前年度損益調整計入當期損益會影響當期企業績效考核的正確性；最后，企業所得稅費用從性質上講雖屬日常項目，但却未包括在企業經營收益之內，這一做法有助於瞭解企業的創稅能力。當然任何做法都有其不足之處。例如，以前年度損益調整不在當期損益中反應，而是將其扣稅后的淨額直接計入未分配利潤之中，在編製會計報表時，也不在利潤表中顯示出來，而是直接調增或調減所有者權益變動表的期初未分配利潤項目。這種做法實際上是將企業一個極為重要的信息掩蓋起來，如企業在上年度會有一項重大虧損信息由於某種原因被遺漏，按現行會計制度規定，該項遺漏不在本期收益中予以揭示，而是以調減期初未分配利潤項目的方式進行調整，這種處理方式無形中隱藏了企業發生虧損的重要事實，從而嚴重誤導會計報表使用人的經濟決策，同時也不便於企業所得稅的計算和檢查。相反，若將以前年度損益調整項目直接列入計稅收益之中，則有利於將這一對經濟決策有重大影響的信息揭示出來。

第四節 會計計量的歷史發展趨勢

在對資產進行計價時，有多種計量屬性可供選擇，但在多種會計計量屬性中，會有一種計量屬性能夠更好地實現會計目標，選用這一計量屬性進行會計計量有助於提高會計信息的相關性和可靠性，這一被選用的基本計量屬性就是會計計量基礎。會計計量基礎一經選定，就成為資產計價乃至會計計量應遵循的一項基本原則。

一、以如實記錄為基礎的直觀計量階段

復式簿記產生以來，其主要職能就是如實記錄經濟活動的全過程，這一階段一直持續到20世紀初期。在這一時期，系統的會計方法尚不完善，歷史成本雖然已是主要的資產計價方法，但還沒有演變成為一個在會計計量體系中起主導作用的會計計量基礎。為了能夠如實地記錄企業的經濟活動，人們可以選擇多種不同的計量方法。正如邁克爾·查特菲爾德所說：「讓我們假設一位現代會計理論家能被派送回1900年，去制定那時的公認會計準則，如果他有過在美國從事會計實務的經驗，那麼他就不會驚奇於那時所採用的資產計價方法的多樣性，而且所有這

些資產計價方法都是公認的。」① 在這一時期，當資產負債形成時，人們按照其實際成本入帳。由於以歷史成本為基礎的成本攤銷方法尚未成為普遍採用的方法，因此在期末，有的企業直接以歷史成本反應其資產的價值，有的企業以攤余成本反應資產的價值，而有的企業則在期末對資產重新估價。「到 1900 年大部分製造企業還在使用單帳戶制或盤存法對資產進行計價，固定資產是當作未銷售產品來定價的。在每個會計期末，都要對資產進行評價或重新估價。對於大多數採用這種方法的企業來說，利潤乃是所有資產價值由於各種原因變動的結果。」② 因此，這一階段的會計計量實際上是根據經濟活動的實際發生情況直接進行計量，所採用的計量方法可能是成本，也可能是市價。記錄資產實際購入時，用成本法計量；在計算成本時，通常是先以市價法確定盤存數，然后倒擠銷售成本；而在計提固定資產折舊時，可以採用成本基礎折舊法，亦可以採用重置會計法，后一種方法是為了保證企業有足夠的準備金來維持或重置現有生產能力而被鐵路公司廣泛應用的一種折舊計算方法。

二、歷史成本計量基礎的興衰

可以說，歷史成本從會計產生的那天起就一直在會計計量中占主導地位，其根本原因就在於歷史成本具有客觀性或可驗證性，而「這種客觀性很自然地來自於日常的經營活動以及獨立當事人切身利益的相互作用，這種數字是不可能發生誤解的，不可動搖的。」③ 基於這種認識，歷史成本從 20 世紀 20 年代以後就成為無可爭議的會計計量基礎。然而，歷史成本計量基礎却存在著其自身無法克服的缺陷。

（一）歷史成本金額有時無法獲得

隨著經濟制度的不斷創新，科學技術的不斷進步，產生了很多無歷史成本記錄的資產、負債項目，其中較為典型的項目如下：

（1）通過非貨幣性交易、實物投資、債務重組及融資租賃等交易形成的資產、負債項目，這些項目在形成時，並沒有付出一個確切的金額，因而只能根據所付出對價的公允價值來作為其歷史成本。

（2）衍生金融工具。衍生金融工具只是一種雙邊合約或支付交換協議，其價值是以相關基本金融工具為基礎衍生出來的。作為一種合約，其形成時只產生相應的權利和義務，相關的交易或事項並未發生，自然無歷史成本可循。

（3）自創商譽是由於企業具有超常的盈利能力等因素所帶來的無形資產。目前除在企業併購過程中形成的商譽外，企業自創的商譽儘管符合資產的定義，但由於缺乏歷史成本記錄，只能被排除在企業資產之外。

（二）歷史成本無法準確辨認

有些資產項目，如自創商標、自創專利及自創非專利技術等無形資產，在其形成時發生的可辨認成本很少。自創專利的可辨認成本僅包括依法取得時發生的

---

① 查特菲爾德. 會計思想史 [M]. 文碩, 等, 譯. 北京：中國商業出版社，1989：349.
② 查特菲爾德. 會計思想史 [M]. 文碩, 等, 譯. 北京：中國商業出版社，1989：352.
③ A.C. 利特爾頓. 會計理論結構 [M]. 林志軍, 等, 譯. 北京：中國商業出版社，1989.

註冊費、律師費等費用；而依法申請取得前發生的研究與開發的費用，由於無法準確辨認而不能計入該專利權的成本之中。因此，按這種方法產生的歷史成本與其真實價值往往會有較大差距。

(三) 來自穩健原則的挑戰

在以歷史成本為會計計量基礎的情況下，資產、負債項目按其歷史成本入帳後，除進行正常的攤銷或折舊外，一般會保持其帳面記錄不變。但資產的價值卻會因多種不確定因素的存在而發生變化，如存貨可能會因通貨膨脹或產品過時而貶值；應收帳款可能會在到期後無法全額收回。出現這些情況時，基於保護投資人和債權人的需要，企業可以依據穩健原則，採用成本與市價孰低法對存貨的帳面成本進行調整，或通過計提壞帳準備的方法對應收帳款的帳面成本進行調整。穩健原則是一項有著久遠歷史的會計慣例，「是在帕喬利的《算術、幾何、比及比例概要》編著之前就使用多年的古老概念。但是它產生的年代是不確定的。成本與市價孰低概念在不同時代被用於不同目的，它從不同的方面為莊園管家、偷稅商人以及現代公司的經理們大開方便之門」①。從這個意義上講，歷史成本計量基礎從其產生之日起就一直面臨著穩健原則的挑戰。

使會計計量具有不確定性的另外一個重要原因來自於會計計量的間接性。「會計中大多數量度是通過一些轉換而產生的間接量度。正是這個轉換程度的大小引起了直接或間接量度的明顯差異，它被認為是產生計量誤差的罪魁禍首。」② 也就是說，建立在歷史成本計量基礎上的一系列系統而複雜的會計方法，如跨期攤配、折舊計提、費用分配、成本結轉等，這些方法的使用往往離不開人的判斷和估計，因此按這些方法加工出來的會計數據很難說能夠再現企業資產的真實狀況。

(四) 歷史成本信息嚴重失真

造成歷史成本記錄嚴重失真的原因很多，如由於通貨膨脹或通貨緊縮，造成物價的整體上漲或整體下跌；由於技術進步或產品過時等原因造成個別資產的升值或貶值以及由於多種因素促成的金融資產如股票、債券、利率、匯率等項目的市價波動。正如艾哈邁德·里亞希·貝克奧伊所指出的：「儘管我們假設美元的購買力是穩定的，但計量單位本身的不穩定依然是應用成本原則的一個主要缺陷。如果我們對不同時期資產價格的變動充耳不聞的話，那麼歷史成本計價就會產生錯誤的數字。與此相類似，不同期間購置的資產的價值，在購買力發生變化時，是不能加總的，若將其相加，則得出的結果也是毫無意義的。」③ 歷史成本嚴重脫離市價不僅直接導致帳面反應的資產、負債的價值信息嚴重失真，而且會使收益數據嚴重歪曲，進而給股東及債權人的利益帶來危害。例如，在通貨膨脹期間，企業按歷史成本計算並結轉產品成本的資產價值明顯偏低，從而導致企業利潤虛高，稅賦增多，最終使投資人的利益受損。

(五) 歷史成本信息失去決策相關性

歷史成本嚴重脫離市價的另外一個后果是使歷史成本失去決策相關性，導致

---

① 查特菲爾德. 會計思想史 [M]. 文碩, 等, 譯. 北京：中國商業出版社, 1989: 352.
② 貝克奧伊, 等. 會計理論 [M]. 錢逢勝, 等, 譯. 上海：上海財經大學出版社, 2004.
③ 貝克奧伊, 等. 會計理論 [M]. 錢逢勝, 等, 譯. 上海：上海財經大學出版社, 2004.

會計信息使用人決策失誤,從而間接影響企業利益相關人的經濟利益。此外,導致決策相關性缺失的另外一個重要原因是歷史成本信息缺乏預測價值。20世紀80年代,「美國2,000多家金融機構因從事金融工具交易而陷入財務困境,但建立在歷史成本計量模式上的財務報告在這些金融機構陷入財務危機之前,往往還顯示『良好』的經營業績和『健康』的財務狀況。許多投資者認為,歷史成本財務報告不僅未能為金融監管部門和投資者發出預警信號,甚至誤導了投資者對這些金融機構的判斷」[1]。因此,進入20世紀90年代以後,會計實務界開始著手解決歷史成本計量相關性不足的問題。1991年,美國會計學會的會計和審計計量委員會發表研究報告,指出現行會計報表缺乏相關性的原因在於三方面的不完整性:以交易為基礎的確認計量原則,忽略了非交易性的資產價值變化;財務報表缺乏不確定性的完整信息;對無形資產確認不夠。井尻雄士在回顧了美國會計75年的發展歷程時指出:「從1929年世界性經濟危機到本世紀初安然會計舞弊事件爆發,兩次股災期間發生的最大的變化就是從以事實為基礎的會計向以預測為基礎的會計轉變。」可見,歷史成本相關性不足的問題已受到人們的普遍關注,並將成為會計發展過程中一個不可迴避的重大問題。

會計計量基礎是會計計量過程中所選用的一種基準價格。作為一種基準價格,歷史成本本應是其他計量屬性的取捨標準。但事實恰恰相反,當歷史成本因特殊情況不再符合人們的要求時,就選擇其他計量屬性來計量,只有當歷史成本符合人們的要求時,才以歷史成本來進行會計計量。可見,歷史成本已不再是人們心目中的基準價格,歷史成本已不再具備繼續成為會計計量基礎的資格。

三、公允價值計量原則的興起

當我們考察現行會計實務中歷史成本被取代的這幾種情形時,不禁要問:我們應在何時對資產的歷史成本進行調整?是什麼原因使我們認為歷史成本不再適用?判斷歷史成本適用或不適用的計價基準是什麼?當歷史成本不再適用時,所選用的替代計量屬性又應當具備什麼樣的條件?這幾個問題的回答使我們清醒地認識到,歷史成本實際上是一個隨時都有可能被取代的計量屬性,它已不再是會計計量的基準價格,或者說它已不再具備繼續充當會計計量基礎的資格。不管是否願意承認,在人們心目中事實上存在一個用來判定歷史成本是否適用或替代計量屬性是否合適的計價基準,而這一計價基準就是公允價值,以公允價值作為會計的計量基礎有其歷史必然性。

(一)資產定義演變帶來的影響

從歷史上看,人們對資產性質的認識經歷了一個漫長的演變過程。早期關於資產性質的描述一般稱為「成本觀」或「未消逝成本觀」。1940年,美國著名會計學家佩頓(W. A. Paton)和利特爾頓(A. C. Littleton)在其《公司會計準則導論》一書中,明確地提出了未消逝成本觀。他們認為,所謂資產,就是營業或生產要素獲得以後尚未達到營業成本和費用階段的生產要素。這一觀點將資產視為

---

[1] 黃世忠. 公允價值會計:面向21世紀的計量模式 [J]. 會計研究, 1997 (12).

成本的一部分。顯然，未消逝成本觀是以歷史成本計量基礎為基點的，著重從成本的角度來定義資產，強調資產的取得與生產耗費之間的聯繫。也就是說，將已消耗的成本視作費用，將未耗用的成本看成是資產。未消逝成本觀在20世紀40年代頗為流行，並對當時的資產計量實務產生了影響。

　　進入20世紀50年代，人們逐步擯棄了資產定義的成本觀或未消逝成本觀，代之以未來經濟利益觀來描述資產的性質。1962年，穆尼茨（Maurice Moonitz）與斯普勞斯（R. T. Sprouse）在《論普遍適用的會計原則》中指出：「資產是預期的未來經濟利益，這種經濟利益已經由企業通過現在的或過去的交易結果而獲得。」之後，美國財務會計準則委員會成為未來經濟利益觀的主要倡導者。該委員會於1980年發布的第3號財務會計概念公告指出，資產是「可能的未來經濟利益，它是特定個體從已經發生的交易或事項中所取得的或者加以控制的」。中國於2001年發布的《企業會計制度》亦吸收了這種觀點，將資產定義為由過去的交易、事項形成並由企業擁有或者控制的資源，該資源預期會給企業帶來經濟利益。[①]

　　未來經濟利益觀對會計計量的意義表現在以下兩個方面：其一，這種觀點較之未消逝成本觀更能體現資產的本質。未來經濟利益觀認為，資產的本質在於其所蘊藏的未來經濟利益，因此對資產的認定或計量不能用其取得時所付出的代價。在會計實踐中，雖然成本是資產取得的重要證據，而且是資產計量的重要屬性，但是成本支出並不一定能帶來經濟利益。例如，一項資產的公平市價本來只有1萬元，但由於採購人員努力不夠或其他原因，導致該項資產的取得成本遠遠超過其公平市價。這部分超過該項資產公平市價的成本支出，實際上是無法帶來未來經濟利益的；相反，有些能帶來未來經濟利益的資產却沒有成本支出，如接受捐贈的資產等。從這種意義上講，未消逝成本概念很難體現資產的本質。其二，價值是指物品的效用或有用性，包括使用價值和交換價值兩種形態，這種效用或有用性實質上就是「未來經濟利益」的另一種描述。從計量的角度講，公允價值是物品真實價值的體現，因此只有以公允價值作為資產的計價基礎，才能體現資產的真實價值，才符合資產計價的真正目的。

（二）計量目標演變帶來的影響

　　如前所述，在會計計量目標演變過程中，曾先后出現過兩種觀點，即真實收益觀和決策有用觀。真實收益觀認為，會計計量的真正目的是客觀地計算企業的真實收益，也就是說收益既要真實，又要具有可驗證性。為了實現這一目標，該觀點的倡導者們先設定了一個基本命題，即「真實收益的含義是什麼」。進而將這一概念具體化到會計計量屬性的選擇中去，並據以設計出可用於具體操作的計量模式。按照這一觀點，會計計量應建立在有據可查的歷史成本計量基礎之上，資產計價應側重於反應資產的取得成本、轉移成本及結餘成本，在資產負債表上列示的應是資產的「未消逝成本」，收益計量應當期實現的收入與相應的資產的轉移成本配比的結果，而會計計量的最終目的是確定具有可驗證性的真實收益。

　　20世紀60年代后期逐漸興起的決策有用觀認為，會計的根本目標是向企業利

---

① FASB. 論財務會計概念［M］. 婁爾行，譯. 北京：中國財政經濟出版社，1992：128.

害關係人提供對他們的經濟決策有用的信息，會計計量作為會計的核心內容，其目標應服從會計的這一基本目標。會計信息的決策有用性主要體現在相關性和可靠性兩個具體指標上。

公允價值信息既是決策相關的信息，又是決策可靠的信息，因而是最具決策有用性的信息。公允價值信息的決策相關性源於其公允性及現時性。公允價值信息的公允性使會計信息能夠同時與多元產權主體的經濟決策相關；公允價值信息的現時性則使會計信息能夠反應計量對象價值的瞬間變化，並能夠使用同一時點的幣值進行會計計量，因而使會計信息具有及時性和貨幣單位的同質性。公允價值信息的可靠性來自其真實性，公允價值信息之所以具有真實性，是因為公允價值的生成條件與能夠體現商品內在價值的均衡價格的生成條件基本相同。公允價值的真實性以「結果真實」為基本特徵，與結果真實相對應的衡量指標是「程序真實」。就決策可靠性而言，「結果真實」顯然優於「程序真實」。這是因為「程序真實」不過是為保證結果真實而採取的必要手段。人們之所以認為公允價值的可靠性不足，是因為在現實條件下，公允價值信息較難得到程序上的保證。一旦「程序真實」的問題得到解決，公允價值信息不僅在相關性上高於歷史成本信息，而且在可靠性上也完全可以超越歷史成本信息。

以公允價值作為會計計量基礎實際上就是以公允價值作為會計計量的基本原則或會計計量屬性選擇的判斷標準。即當判斷歷史成本是否適用以及何時適用時，要以公允價值為判斷標準；在歷史成本嚴重背離其公允價值時，替代計量屬性的選擇同樣是以該計量屬性是否符合公允價值的基本要求為判斷標準；當發生資產減值或增值時，應以公允價值作為減值或增值數額的計算依據；對於那些缺乏歷史成本的特殊資產項目，如自創無形資產、衍生金融工具等資產項目，應當以公允價值為依據確定其入帳價值。

以公允價值作為會計計量基礎非但不排斥歷史成本計量，而且在常規計量環境下仍以歷史成本計量為主。常規計量環境，即物價相對穩定的計量環境，在這種環境下，常規會計項目的公允價值仍以歷史成本來替代。衍生金融工具、投資性房地產等特殊項目的公允價值以市價法或現值法等方法來獲取。特殊環境下，如發生了持久且嚴重的通貨膨脹，可以選擇現行成本等符合公允價值要求的計量屬性來計量。事實上，成本法本身就是公允價值的一種獲取方法，因此在常規環境下，常規會計項目的公允價值以歷史成本來替代，也可理解為其公允價值是用成本法獲取的。

思考及討論題：

1. 常用的計量屬性有哪些？各有何優缺點？
2. 公允價值計量屬性的主要特徵是什麼？
3. 資產計價模式的選擇應考慮哪些因素？
4. 收益確定的理論依據有哪些？對收益確定有何影響？
5. 你對會計計量未來發展趨勢有何看法？

第六章　財務報告理論

　　會計作為國際通用的商業語言，是以財務報告作為主要載體向外傳遞公司經濟信息的。對於財務報告的基本含義，國內外會計學界有不同的表述。但其都認為，財務報告是把一定期間內的財務信息和其他經濟信息傳遞給使用者的書面文件，包括財務報表和其他文件。中國財政部在2006年2月發布的《企業會計準則——基本準則》第四十四條指出：「財務會計報告是指企業對外提供的反應企業某一特定日期財務狀況和某一會計期間經營成果、現金流量等會計信息的文件。」

　　財務報告是公司信息溝通的重要方面，是對外傳遞財務會計信息的各種手段的總稱。但公司財務報告不能等同於證券市場信息披露。總體來說，證券市場信息披露的內容十分廣泛，包括首次披露（招股說明書、上市公告書）和持續信息披露。持續信息披露又包括定期信息披露（年度報告、中期報告）和重大事件公告等，財務報告只是定期信息披露的重要組成部分之一。但由於財務報告所提供的信息能夠比較全面地反應公司的財務狀況、經營成果和現金流量以及其他相關的財務信息和非財務信息，因而在證券市場信息披露中處於十分突出的地位。

　　作為公司對外披露信息的主要手段，財務報告在維繫公司制度、支撐資本市場有效運作以及優化資源配置等方面起著至關重要的作用。財務報告作為公司制度和資本市場的一項重要機制，其本身並不是孤立、片面的。尤其是在社會分工日益細密、法律制度漸趨完善、理論研究不斷深入、實踐發展日新月異的今天，圍繞著公司財務報告已經形成了一系列涉及面廣、內容複雜的長鏈條和多環節的制度安排。從這種意義上講，透過一個廣闊的視角對公司財務報告的理論和架構進行全面與綜合的學習、研究和分析，是非常必要的。本部分的內容就是以此為出發點而漸次展開的。

第一節　財務報告的歷史演進路徑與規律

一、財務報告的歷史演進路徑

　　對財務報告的歷史演進路徑進行考察，可以從中總結財務報告的發展規律，能使我們站在歷史的高度來俯瞰現行財務報告存在的問題以及在研究中應關注的重點。財務報告的歷史演進是在財務報表的演進過程中形成的，經歷了帳簿式、單一報表式、兩表式、三表式到現代財務報告時期。

（一）帳簿式時期

　　財務報告的產生源遠流長，帳簿式財務報告時期是財務報告的萌芽期。在此時期，首先產生了單式簿記，並成為在自然經濟占主導地位的社會形態中被普遍

採用的會計方法。但是,帳簿記錄不是財務報告,只有對核算對象進行必要的分類並在簡要、總括描述的基礎上向外傳遞的簿記才是帳簿式財務報告。早期的財務報告,一種是口頭匯報,一種是將帳簿進行「上計」。中國早在西周時期對財務報告期限就有較為嚴格的規定。據《周禮·天官·冢宰》記載:「歲終,則令群吏歲會,月終,則令正月要,旬終,則令正日成,而以考其治。」財務報告的目標就是在歲終、月終和旬終分別考歲成、月成和旬成以「考其治」。戰國時期至秦朝記錄會計事項的簡冊「計簿」的「上計」及漢代的「上計簿」就是財務報告的雛形。因為此時的財務報告尚無會計事項的具體分類,而且在形式上以敘述性的文字為主,因而還是一種較為原始的財務報告。據出土的漢代簡牘記載,為了保證財務報告的質量和及時上報,漢代已制定了規範財務報告的法規。唐宋時期,簿記理論進一步發展,此時期創建的「四柱結算法」為中國早期財務報告的發展奠定了基礎,旬報、月報和年報均以日常簿記資料為依據進行分類匯總而成。明清時期產生的復式簿記「龍門帳」和「四腳帳」屬於典型的帳簿式財務報告,因為它們在編製程序、要求及格式上更規範、科學。

在西方,帳簿式財務報告時期始於12世紀終於15世紀,曾先後經歷了佛羅倫薩式簿記、熱那亞式簿記及威尼斯式簿記三個階段。1494年是簿記學術史上的新紀元,義大利數學家、會計學家盧卡·帕喬利出版了《算術、幾何、比及比例概要》(亦譯為《數學大全》),書中題為《計算與記錄要論》(亦譯為《簿記論》)的一篇,被公認為世界上第一部會計著作。但是這部著作中尚未提到「資產負債表」和損益計算時「算書」的編製,也未提及決算時「財產目錄」的編製。這說明威尼斯的復式簿記法和帕喬利的復式簿記理論正處於幼年時期。

綜上所述,帳簿式財務報告具有以下特點:第一,從形式上看,主要採用帳戶餘額形式,帳簿尚未與報告明確分離;第二,從內容上看,既包括會計事項的簡單匯總,又包括財政、統計等方面的情況;第三,從格式上看,採用文字說明與數據組合報告。

(二) 單一報表時期

眾所周知,財務報表的出現晚於復式記帳,財務報表是復式簿記系統的延伸和發展。盧卡·帕喬利時代的復式記帳經過500多年來許多國家若干代人的實踐與總結提高,才發展為一個「會計處理數據、加工信息的特殊系統」。資產負債表是最早出現的財務報表,在從其產生到20世紀30年代初的相當長的時期內,處於絕對的主導地位,人們通常認為它起源於16世紀的歐洲。關於資產負債表的前身,人們提法不一,有的人認為是「定期財產目錄」,有的人認為是「試算平衡表」,還有的人認為是「餘額帳戶」。其實資產負債表在各地的出現並不同步,其演變的路徑也不盡相同。1531年,德國紐倫堡商人哥特德在其所著的《簡明德國簿記》中公布了世界上最早的資產負債表格式。

16世紀,義大利的企業在報告應稅財產時開始編製資產負債表。當時企業的組織形式主要為獨資企業和合夥企業,企業內外經濟關係比較簡單,經濟活動也不複雜,企業均由投資者自我經營,單憑資產負債表就能夠基本滿足外部信息使用者的需要。業主或合夥人通過查閱損益類帳戶便可獲悉企業收益成果,所以當

時一般不編製損益表。17世紀初，繼義大利盧卡・帕喬利以后的又一位會計大師——荷蘭會計學家西蒙・斯蒂文出版了《數學慣例法》一書，提出了「資本狀況表」，進一步為現代資產負債表勾畫了輪廓。17世紀，法國制定了一系列法律以避免詐欺性破產，商人們必須每兩年進行存貨的實物盤存，並提供盤存報告（資產負債表）。英國會計學者確立了「財產＝資本」和「資產－負債＝純資本」的會計等式，創建了英國式資產負債表。1844—1862年，英國《公司法》的頒布施行，明確了資產負債表的標準格式。19世紀，德國同樣也重視資產負債表，1861年《德意志商法》頒布，其中對企業定期編製資產負債表及如何對財產估價做出了規定。擔任德國「帳簿審計師協會」法律顧問的費希爾分別於1905年、1908年發表專著《資產負債表價值・第一部》和《資產負債表價值・第二部》，緊接著他又相繼發表了《資產負債表價值原理》（1909年版）及《商業簿記與資產負債表》等，為德國會計理論的進一步發展奠定了基礎。

美國的會計主要師承英國，同時博採眾長，尤其注意引進德國的資產負債表學說。1909年，被譽為會計學泰鬥的哈特菲爾德出版了其名作《近代會計學》，該書以資產負債表為主線，精闢地闡述了會計學中的一系列理論問題，奠定了美國會計學的基礎。

中國於1985年發布施行的《中華人民共和國中外合資經營企業會計制度》第一次引進西方資產負債表，但直到1993年的會計制度改革，中國企業才全面採用資產負債表以取代1952年施行的資金平衡表。

綜上所述，單一報表式財務報告是伴隨著復式簿記理論的發展、傳播、應用和社會經濟的不斷發展及企業組織形態的變化而得以發展和逐步完善的。由於出資形式的內部化，經營者集投資者於一身，企業對外界承擔的經營責任較少，作為單一報表的資產負債表基本能概括企業生產經營活動的全貌。

(三) 兩表式時期

利潤表（又稱損益表或收益表）的前身是18～20世紀初的「損益・原始資本計算書（損益表）」，而利潤表的產生最早可追溯到17世紀的損益證明書。大約從19世紀中葉至20世紀中葉，西方經濟發達國家的財務報告已逐步定型為由資產負債表和損益表組合而成的兩表體系，雖然其結構和內容存在差異，但總體來說，已從不很成熟走向成熟，從不太健全走向健全。19世紀中葉以後，股份有限公司已成為英國一種很普遍的企業組織形式，由於所有權與經營權的兩權分離，出現了職業經理階層，企業所有者退出企業的經營。股東迫切需要瞭解企業經營的好壞，尤其是盈利能力及盈利分配情況；同時，生產經營複雜性程度的加劇，導致過去單憑期初與期末淨資產的對比計算出盈利已不合時宜，於是以反應企業一定期間生產經營成果的損益表便應運而生。此外，所得稅法的引進與發展，使人們開始密切關注有關收入和費用的核算與報告問題。20世紀20年代，在美國和英國，日益增加的企業已經提供它們的利潤表了。1929年，英國公司法首次正式要求企業編製利潤表，使利潤表成為企業第二個正式對外財務報表。當然，從強調資產負債表轉變到強調利潤表，是第一次世界大戰前后到20世紀30年代這一時期中發生於美國和歐洲的最重要的變革之一（亨德里克森）。美國著名會計學家利特爾頓

在《會計理論結構》中也多次強調了利潤表的重要性,「利潤表才能反應企業經營活動是成功還是失敗這個主題」。利潤表已經逐漸成為財務報表的核心,直到20世紀末大多數企業尤其是上市公司在其年度報告中都把利潤表放在首位。

中國在1949年前利潤表被稱為損益表,20世紀50年代初期也這樣稱呼,后來改稱利潤表。中國自改革開放以來,1981年、1985年和1989年的會計制度改革仍將其稱為利潤表,1993年的會計制度改革將其改稱為損益表,1998年的《股份有限責任公司會計制度——會計科目和會計報表》及2001年、2002年、2005年的會計制度改革以及2006年頒布的《企業會計準則》均將其稱為利潤表。

(四) 三表式時期

隨著企業籌資手段的日益多樣化和複雜化,與生產經營活動一樣,企業的投資活動和理財活動也影響著企業的財務狀況與經營成果。由資產負債表和利潤表所提供的信息逐漸難以滿足企業外部信息使用者瞭解企業財務狀況變動情況的需要。因此,資金表或財務狀況變動表作為財務報告的第三財務報表也應運而生。它最早出現於美國,在它尚未正式成為對外報表之前,美國有些企業就已自發地編製「資金表」或「資金來源和運用表」,來反應企業財務狀況的變動情況,但名稱和格式各異,編製方法也不一致。最早的記載是1863年由美國北方鋼鐵公司編製的「財務交易匯總表」。1908年、威廉·莫斯·考爾第一次在他撰寫的教科書中提出「來自何方歸於何處表」,該表粗略地說明了資金的來源與運用。1963年,美國會計原則委員會(APB)在由佩里·梅森起草的研究報告《現金流量分析及資金表》的基礎上發表了第3號意見書《資金來源與運用表》,由於其權威性及所提供會計信息的有用性,很快得到會計界的認可,但表的格式和內容差別很大,只能作為一種補充信息。1971年,美國會計原則委員會發布了第19號意見書《財務狀況變動表》,取代了第3號意見書。該意見書規定,企業在提供資產負債表與收益表的同時必須提供財務狀況變動表,反應企業營運資本的來源和運用及增減淨額。從此,財務狀況變動表成為美國企業在資產負債表和收益表之外必須編製的第三種基本財務報表,其內容展示企業經營活動以及籌資和投資活動的全貌。

進入20世紀80年代以後,隨著世界經濟的發展,財務會計的基本目的轉向為投資者、債權人提供包括制定經濟決策、評估預測未來現金流量的金額等相關的必要的會計信息。1984年,FASB發布了第5號財務會計概念公告《企業財務報表中的確認和計量》,肯定了現金流量信息的地位。1987年11月,FASB發布第95號財務會計準則公告(SFAS 95)《現金流量表》,取代了APB的第19號意見書,並要求企業在1988年7月15日以後,必須以現金流量表代替財務狀況變動表。使「現金流量表」成為正式對外公布的第三基本財務報表。

現金流量表的作用主要是為投資人、債權人和其他信息使用者評估企業資金流動性、企業償債能力和財務彈性提供依據,是對資產負債表和損益表的重要補充。在現代會計中,資產負債表與損益表均使用權責發生制,它們所提供的信息大量運用應計、攤銷、遞延與分配程序,使得淨資產及淨利潤信息中含有大量主觀估計數據,都不如現金流量表信息真實。特別是淨收益部分包含許多非現金項目,並不反應企業未來現金流入、流出情況,對於預測企業未來的獲利能力和償

債能力作用有限。因為歸根到底，企業的債務、利息和股利等均靠實實在在的現金用於支付。從這個角度看，現金流量才可真實地反應淨資產的質量，淨收益和現金淨流量的相關性越高，淨收益的質量也就越高，淨收益對預測未來獲利能力和長期償債能力的作用越大。正因為如此，在現代市場經濟中，越來越多的國家把現金流量表作為企業財務報表中不可或缺的重要組成部分，編製現金流量表成為財務會計的一個國際慣例。

1989 年，國際會計準則理事會（IASB）的前身國際會計準則委員會（IASC）發表《現金流量表》（IAS 7）準則，以取代原《財務狀況變動表》（IAS 7）準則。1992 年，IASC 對《現金流量表》準則進行了修訂，並定於 1994 年 1 月 1 日起生效。英國在 1991 年發表《現金流量表》（FRS 1）準則，1996 年對其進行了修訂。澳大利亞在 1991 年 12 月發表了第 1026 號會計準則《現金流量表》。

中國財政部於 1995 年 4 月 21 日完成了《現金流量表》準則的徵求意見稿，於 1998 年 3 月 20 日正式發布《現金流量表》準則，要求以「現金流量表」取代 1985 年引進的「財務狀況變動表」，並於 1998 年 1 月 1 日起在全國範圍內施行。根據其后執行情況和經濟環境的變化，財政部於 2001 年 1 月 28 日對原《現金流量表》準則進行了修訂，並要求於 2001 年 1 月 1 日起在全國範圍內施行。2006 年 1 月，國家財政部召開會計準則發布會，重新發布了 1 個基本準則、38 個具體準則，其中就包括《企業會計準則第 31 號——現金流量表》準則。新發布的準則基本上沿襲了 2001 年的規定。

（五）現代財務報告——全面披露時期

現代財務報告的發展經歷了數百年的演進，這也是人們對會計本質逐步認識的過程。本質如同真理，只能無限接近，卻難以窮盡。在早期各時代，財務報表分別以某使用者或集團作為唯一使用者以滿足其要求。它們不要求財務報表去遵循所謂「公認」的但定義含糊的會計原則，而且通常並不期待會計師能夠完全正確地計價資產和計量收益。在資產負債表是唯一報表的情況下，會計報表只是經常揭示各資產和權益項目的記錄，而不對它們進行現行價值的反應。隨著社會經濟和技術的發展，出現了第二張主要財務報表——利潤表，會計重心由資產記錄轉移至利潤計量，當時的會計本質可以說是費用與收入的配比過程。不久，又出現了第三張報表——現金流量表。今天的財務報告發生了進一步的演變，報告不僅僅包含財務報表而且出現了大量的其他信息。這樣，早期的會計分類帳和財務報表演進成今天的現代企業財務報告體系。

現代企業的財務報告體系，包括基本財務報表、附表、附註和財務情況說明書。其中，基本財務報表包括資產負債表、利潤表和現金流量表。現金流量表與另外兩張報表主要有以下兩個不同之處：一是資產負債表是反應企業在資產負債表日這一天的全部財務資金狀況的靜態報表，利潤表是反應企業在一定期間的經營成果的動態報表；而現金流量表是反應企業在一定期間的流動資金變動原因和結果的一張動態報表。二是資產負債表和利潤表均是在應計制基礎上編製的財務報表，它們報告的是企業在公認會計標準下「應該」具有的財務狀況和財務成果，但「應該」具有的財務狀況和「帳面」的財務成果，並不等於企業真正具有這樣「現

金流量」水平的償債和股利支付能力；而現金流量表是在收付實現制基礎上編製的財務報表，它報告的是企業現金流量信息，反應了企業經營活動、投資活動和籌資活動的現金流量變動原因和變動結果。這樣，「第三表」彌補了另兩張報表披露信息的不足。

直到 20 世紀中期，典型的公司年度報告仍然只包括財務報表。此后，人們逐漸認識到財務報表內容的局限性，開始嘗試在基本財務報表之外提供其他輔助性信息，從而使財務報表開始向財務報告轉化。在這個轉化過程中，有諸多因素起了促進作用：第一，企業的生產經營與投資活動日益複雜，使沒有非貨幣性解釋的財務報表內容難以理解；第二，以歷史成本為基礎的傳統財務報表信息越來越難以滿足使用者的決策需要；第三，企業責任的擴大也促使企業拓展對外報告的內容。

1978 年 11 月，美國財務會計準則委員會（FASB）發布了第 1 號財務會計概念公告《企業財務報告的目標》。它標誌著財務報表正式向財務報告轉變。該公告明確指出，財務報告的目標並不局限於財務報表所傳遞的信息；財務報告不僅包括財務報表，而且還包括與會計系統所提供的信息（即關於企業的資源、義務和盈利等方面的信息）直接或間接相關的各種信息的其他手段；財務報告包括財務報表、其他財務信息和非財務信息，其他財務信息和非財務信息的例子包括新聞發布、管理當局的預測或對企業計劃或預期的其他表述、對企業的社會或環境影響的表述等。此后，其他財務報告的披露呈不斷擴充趨勢。現行財務報告是由財務報表逐漸演變而來的。相對於財務報表而言，財務報告所提供信息的範圍更為廣泛，針對的信息使用者也不斷增加，其披露方式也更加靈活和多樣。其目的是為了提供更多與財務報告使用者決策相關的信息。

二、財務報告的演進規律

通過對財務報告逐漸完善的歷史演進考察，可以發現財務報告的發展呈現出如下特點或規律：

（一）環境因素是推動財務報告演進的客觀動力

環境因素是財務報告演進的土壤和舞臺，環境因素不僅包括經濟環境，還包括當時的技術環境、法律環境、文化環境和政治環境。財務報告從帳簿式發展到現在的財務報告體系的每一次漸變到突變的演化，都是由於環境因素特別是經濟環境賦予了其新的內容，使得財務報告客觀上隨環境的發展而變化。可以說，財務報告是其環境的反應物。

（二）財務報告的使用者對財務信息需求的變化是促進財務報告演進的主觀原動力

財務報告的產生、發展都是為了滿足特定信息使用者對其所提供信息的需求，即財務報告作為財務信息的載體的天然使命就是為特定的使用者服務，這是財務報告的生命力之所在。有需求，就應有供給，於是雙方之間會圍繞財務信息展開博弈。因此，財務報告既具有技術性，又具有經濟后果性。財務報告的信息需求者和財務報告提供者都有內在動機。

（三）財務報告的演進速度具有突變性

財務報告的演進並不是線性的，幾次大的金融危機和會計舞弊案件迫使財務報告發生了突變式的演進，並對財務報告的發展產生了深遠影響。例如，1929—1933年華爾街股市衰退直接導致美國上市公司財務報告體系的重大變遷和政府監管模式的確立；2001—2002年的安然等一系列會計舞弊事件導致美國上市公司財務報告體系中部分要件的重大調整；等等，這些事件對其他各國的財務報告體系也產生了深遠的影響。

三、財務報告的影響因素

前面總結了財務報告的整體發展路徑與演變規律，但對於不同國家或地區的企業財務報告而言，其決定因素是繁多而複雜的，直到今天各個國家或地區的財務報告及其準則仍存在著顯著的差異。一個國家或地區的財務報告，是法律、經濟、文化、歷史等諸多方面的因素相互作用的結果。之所以任何兩個國家或地區的公司財務報告體系不可能完全相同，主要的原因在於它們在一些重要的影響因素上存在著差異。

在過往的文獻研究中，不同的學者對財務報告的影響因素有不同的看法。其中繆勒等（Muller, et al., 1997）提出了六因素觀，這些因素包括：第一，企業與資本提供者之間的關係；第二，與其他國家的政治和經濟聯繫；第三，法律制度；第四，通貨膨脹程度；第五，經營性企業的規模和複雜性；第六，文化。喬伊等（Choi, et al., 2002）提出了包括法律制度、籌資來源、稅收、政治和經濟聯繫、通貨膨脹、經濟發展水平、教育水平、文化在內的八因素觀。索代加蘭（Saudagaran, 2004）提出了十因素觀，這些因素包括：第一，資本市場的性質；第二，報告體系的類型，即財務報告與稅務報告之間的關係；第三，企業主體的類型；第四，法律制度的類型，即屬於成文法系還是英美法系；第五，法規的執行水平，它決定著會計和報告法規與實務之間的差距；第六，通貨膨脹程度；第七，政治和經濟聯繫；第八，會計職業的狀況；第九，是否存在概念框架；第十，會計教育質量。

根據上述學者的研究結果可以大致把企業財務報告的決定因素歸納為以下幾個方面：

（一）法律結構

法律結構包括法律傳統、立法模式、司法制度等內容，它直接決定著企業財務報告的法律結構和監管制度，決定著一個國家或地區的立法、司法、行政和民間力量在企業財務報告準則中的角色分工。法律結構對企業財務報告的決定作用主要體現在以下幾個方面：第一，法律結構直接決定了國家立法機關、司法機關、行政機關、民間組織、公司和各利益相關者在企業財務報告體系中的角色和相互關係；第二，法律結構直接決定著企業財務報告體系的構成，同時一些關於企業財務報告生成與提供的具體的法定要求本身也是企業財務報告體系的重要組成部分；第三，司法制度、法律執行水平是企業財務報告體系有效運作的重要保障條件。

（二）資本結構和資本市場發達程度

企業的資本結構反應了資本的來源渠道，資本結構中權益資本與債權資本的比例以及權益資本的分散程度，直接決定著企業財務報告準則的利益導向。資本結構在一定程度上決定著資本市場的發達程度。在以分散的權益資本為主導的國家或地區，其資本市場一般比較發達，對企業財務報告的要求更為迫切和深入。

資本市場的發達程度也會直接決定會計職業界、金融仲介機構的發展水平，從而對企業財務報告準則產生影響。

（三）經濟體制和經濟發展狀況

一個國家或地區的經濟體制直接決定其政府介入經濟監管的深度和廣度以及在資本市場的功能，從而對企業財務報告產生較大影響。在市場經濟體制下，資本市場是配置資本的主要手段，而企業財務報告作為重要的市場信息，有助於生成引導資本流動的市場價格信號。稅收制度是經濟體制的一個重要方面。稅法與會計是否分離直接決定著稅收制度對企業財務報告準則的影響程度。經濟發展狀況包括經濟發展水平、經濟全球化程度以及通貨膨脹程度等。一般說來，經濟越發達、經濟開放程度越高，其企業財務報告準則的發展水平越高。通貨膨脹程度則會影響到企業財務報告的具體計量方法和披露內容。

（四）文化

文化可以看做一個社會共同的價值觀念，是一個國家或地區制度結構的根基。如果從廣義上理解，文化還包括社會成員的文化素質和教育水平等。

霍夫斯蒂德（Hofstede, 1980）歸納了文化的四個維度：第一，個人主義與集體主義；第二，權力距離大小；第三，不確定性規避程度；第四，陽剛之氣與陰柔之氣。簡言之，個人主義更傾向於一種鬆散的社會結構，而不是相互依存、緊密聯結的結構，強調個性發揮；權力距離（Power Distance）是在機構和組織中，對等級制度和權力的不公平分配的接受程度；不確定性規避（Uncertainty Avoidance）是社會對不確定的未來感到不安的程度；陽剛之氣（Masculinity）傾向於區分性別功能和強調業績及看得見的成就，而忽視關係和關懷。

格瑞（Gary, 1988）根據霍夫斯蒂德的文化維度理論，提出了一個連接文化和會計的框架。它包括會計價值觀的四個維度：第一，職業主義與法律控制；第二，統一性和靈活性；第三，穩健主義與激進主義；第四，保密性與透明度。其中，職業主義傾向於運用個人的專業判斷和行業自律，而不是遵守指令性的法律規定；統一性是指在對不同的情形做出反應時，更傾向於統一性和一貫性；穩健主義傾向於用保守的方法進行計量，以應對未來的不確定性；保密性傾向於保守秘密，而不願意公開披露財務報告信息。不同國家的企業財務報告實際上都受到國家文化潛移默化的影響。

（五）國際聯繫與國際協調

國際聯繫包括歷史上的殖民統治、占領以及政治、經濟、文化交流等。通過這些途徑，會計和報告會被傳播和移植，從而影響企業財務報告準則。例如，英聯邦國家或地區的企業財務報告準則高度類似，原殖民地國家或地區與原宗主國的企業財務報告準則相近似。

20世紀後半葉以來，隨著資本流動和貿易的日益全球化，企業財務報告準則的國際協調不斷深入。區域性和全球性的協調與趨同深刻地影響著企業財務報告準則。例如，國際會計準則理事會的地位逐漸提高，各國的企業財務報告準則正在與國際財務報告準則逐步趨同。

（六）技術

技術是影響企業財務報告的重要環境因素。尤其是計算機、互聯網等技術的發展，廣泛地影響著企業財務報告的內容和形式。例如，基於可擴展商業報告語言（XBRL）的網路財務報告。

第二節　財務報告的理論基礎與目標

一、現代財務報告的理論基礎

現代企業的財務報告的作用在於維繫企業產權契約和支撐證券市場有效運作。現代財務報告的理論基礎源自以下幾種經濟學理論學說。

（一）信息不對稱和代理成本理論

新古典經濟學的理想環境假設是指經濟以完美和完全的市場機制為特徵，即不存在信息不對稱或其他影響市場公平有效運作的因素。在這樣的理想環境下，一方面，投資者的信息是完備的，公司經理的努力程度也是可以觀察的；另一方面，公司的期望價值也能很容易地計算出來，因為這樣的理想環境為現行價值會計提供了基礎——資產和負債的計價可以建立在未來現金流量現值的基礎上，並且套利行為保證了現值和市場價值是相等的，這使得財務報告既反應了企業未來的經濟前景，同時又是精確的和不偏不倚的，即具有了完全的相關性和可靠性。因此，投資者和經理之間不存在對會計政策選擇問題上的不一致，也不存在會計信息需求與供給的矛盾。

然而，信息完備的理想狀態在現實中並不存在，現實的財務報告環境也遠比理想狀態複雜。投資者與公司之間以及投資者與投資者之間都存在著不同程度的信息不對稱，經理的努力程度也是難以直接觀察的，折現率並非固定，影響公司未來現金流量的事件不可以完全預計，並且事件發生的概率也只能進行主觀的估計，這使得現值會計在現實環境中的可靠性受到了極大的阻礙。

伯利和米恩斯（Berle & Means, 1932）研究了1929年美國最大的200家非金融公司的股權結構和控制問題，發現由於股票所有權分散，公司的控制權實際上掌握在經理手中。勒納（Lerner, 1966）研究了1963年美國最大的200家非金融公司的控制類型，並與1929年相對照，發現管理者控制型所占的比例大大上升。赫曼（Herman, 1981）運用1975年的數據所進行的研究也證實絕大多數公司處於經營者控制狀態。錢德勒（Chandler, 1977）把這種所有權和控制權相分離的現象稱為美國企業史上的一次「管理革命」，並把這類公司稱為「經理式」的公司。隨著股東所有權的日益分散和職業經理占據控制權，使得公司的信息不對稱和代理問題變得十分突出。

信息不對稱指的是某些參與者擁有信息，但另外一些參與者不擁有信息，或者參與者在擁有信息的時間、數量和質量上存在顯著差別。在公司中，行使控制權的職業經理知道自己的能力和所付出的努力，而股權所有者並不知道這方面的信息。這是現代公司中最典型的信息不對稱，它在股權高度分散且可以自由流通的上市公司中，體現得尤為顯著。在信息經濟學文獻中，常常將擁有信息的一方稱為「代理人」（Agent），將不擁有信息的一方稱為「委託人」（Principle），這樣關於信息不對稱的所有問題都轉化成委託—代理模型框架下的代理問題。委託人與代理人目標的不一致，人的有限理性和信息不對稱，使得代理人有可能採取機會主義行為。在股東—經理這一典型的委託—代理關係中，經理的機會主義行為包括事前機會主義行為（逆向選擇）和事後機會主義行為（道德風險）。

現實世界的信息不對稱使投資者因面臨逆向選擇和道德風險承擔了額外的信息風險，而因此產生的檸檬問題和代理問題阻礙了資本市場在理想狀態下資源的有效分配（Healy & Palepu, 2001）。逆向選擇產生於兩方面的信息不對稱和相應的動機衝突：第一，企業家和投資者之間的信息不對稱，企業家較投資者擁有更多的關於公司投資機會價值的信息，而且存在動機對投資者誇大他們的價值，投資者因而承擔著對投資公司預期價值的估價風險；第二，知情投資者（如大股東或內部人）和不知情投資者之間的信息差異，不知情投資者面臨信息弱勢，承擔著與知情投資者之間的不公平交易風險。這兩種信息不對稱的共同點是信息優勢者利用信息優勢進行不公平交易剝奪信息劣勢者的利益，后果可能促使公司或信息劣勢者退出市場，資本市場不能有效運轉甚至崩潰，導致檸檬問題（Akerlof, 1970）。

為了解決逆向選擇問題，一般有兩種方法，即信號顯示（Signaling）和信號甄別（Screening）。信號顯示是指擁有信息的一方通過向對方發送某種信號來達成契約。例如，為了解決應聘的經理知道自身管理才能，而股東並不瞭解的問題，經理可以通過提供學歷證書、資歷證明等來顯示自己的能力。公眾公司通過財務報告公開披露信息，尤其是超越法定披露要求所進行的自願性披露，就是典型的信號顯示行為。高質量的財務報告能夠起到信號顯示的作用，有助於抑制經理的逆向選擇，從而部分地解決信息不對稱問題。信號甄別則是指不知道信息的一方提供多個不同的契約供擁有信息的一方進行選擇，擁有信息的一方可以根據自己的類型來選擇最適合自己的契約，並根據契約選擇自己的行動。例如，股東可以提出應聘經理職位的學歷或資歷要求，潛在的投資者可以通過設定相應的財務指標來選擇是否購買或持有某家公司的股票。

除了逆向選擇問題，公司投資者還要面對道德風險問題。道德風險源於投資者向公司投入資本後並沒有參與公司經營或沒有在公司經營管理中發生重要作用，公司的經營管理權實際被企業家或經理佔有，因信息不對稱，投資者不能觀察到企業家的全部行為，自利的企業家因利益驅動有可能通過各種方式剝奪投資者的投入資金，如獲得額外津貼、超額報酬，或者做出損害外部投資者利益的投資或經營決策，導致代理問題（Jensen & Meckling, 1976）。代理問題的存在會導致代理成本（Agent Cost）。詹森和梅克林（Jenson & Meckling, 1976）認為，代理成本

包括：第一，委託人的監督成本，即委託人用來約束代理人越軌活動的支出，它實際上包括約束性支出和激勵性支出兩類，前者如對由經理披露財務報告以及對其進行審計的費用等，後者如給經理以與業績相聯繫的獎金等；第二，代理人的保證成本，即代理人用來保證其不採取損害委託人行為所付出的成本，如承包制下承包人所支付的承包抵押金等；第三，剩餘損失，即由於代理人的決策與使委託人福利最大化的決策之間存在某些偏差，使委託人的福利所遭受的貨幣損失，如經理追求公司經營規模、個人在職消費等與股東利益不相容的目標或偷懶而使股東遭受的價值損失等。假設抑制代理人機會主義行為的支出具有典型的成本效益，即支出與效果成正比，那麼約束機制和激勵機制越健全，即監督成本和保證成本越高，代理人與委託人目標偏離的程度就會越小，從而剩餘損失就會越小；反之，代理人就會按照自己的目標去經營公司，勢必導致機會主義行為，損害委託人的利益，從而加大剩餘損失。由此可見，代理成本內部存在著一種此消彼長的關係，實質上是複雜的代理制衡關係的體現（方紅星，1995）。財務報告成本本身屬於代理成本的一個項目，如果財務報告的成本與質量正相關的話，那麼財務報告成本的增加會使代理成本中的另一個項目相應地降低。這構成了經濟學上一個典型的權衡（Trade‐off）模型。

因此，在信息不對稱與代理成本理論下，財務報告是公司投資者抵禦逆向選擇和道德風險的一個重要工具，投資者要求獲得有關公司前景價值以及經營狀況的信息，財務報告在為滿足投資者信息需求以及改善檸檬問題和代理問題方面，發揮著重要的作用，因此信息不對稱與代理成本理論成為現代企業財務報告體系的一個重要的理論基礎。

（二）資本市場效率理論

資本市場效率一般指的是資本市場配置資本的效率，即資本市場能否有效地調節和分配資本，其標誌是市場上證券的價格能否根據相關的信息做出快速、準確的反應。也有人把這種調節、配置效率稱為資本市場的外在效率，以區別於資本市場本身的內在效率——交易營運效率，後者的標誌是資本市場能否在最短的時間、以最低的交易費用為交易者完成一筆交易（吳世農，1996）。

資本市場效率理論的代表性成果是著名的有效市場假說。資本市場效率理論引起了證券市場會計研究的興起，它對於財務報告的各方利益相關者（即與財務報告架構這一「制度」相對應的「組織」）具有顯著的意義。從中我們可以清楚地認識到公司財務報告及其架構是支撐資本市場有效運作的重要機制，而資本市場的有效性又是財務報告及其架構研究的基本理論出發點。

法瑪（Fama，1970）提出了區分有效市場的三種水平：第一，弱式有效市場。它表明證券價格能夠充分、及時地反應有關價格變動的歷史信息，包括過去的價格、報酬率等，因此投資者無法根據歷史信息獲得超額報酬。第二，半強式有效市場。它表明證券價格能夠充分、及時地反應所有與證券定價相關的公開信息，包括歷史信息、公司財務報告、其他公開信息等，因此任何已公開的信息都不具備獲取超額報酬的價值。第三，強式有效市場。它表明證券價格中已經充分、及時地反應了所有已公開的信息和未公開的私下信息，因此投資者不可能通過任何

歷史的、當前的和私下的信息來獲取超額報酬。

在正式提出有效市場假說 20 年后，法瑪（1991）把三種類型的有效市場的經驗檢驗重新概括為：針對弱式有效市場的報酬預測能力檢驗（Tests for Return Predictability）、針對半強式有效市場的事項研究（Event Studies）、針對強式有效市場的私下信息檢驗（Tests of Private Information）。其中，事項研究是研究樣本公司在某個時間區間內對於某一可識別事項（如盈餘公告、股票分拆和股票股利、現金股利、盈利預測、會計政策變更等）的任一側面的剩餘價格變動的檢驗，主要檢驗了與公開披露的財務報告信息有關的市場效率的幾個重要方面。

有效市場假說為財務報告信息與股票價格之間搭建了一種關聯，對這種關聯及其推論[如財務報告數據是否具有信息含量（Information Content），即是否能向市場傳遞關於股票價格的新的有用信息] 的檢驗直接成為證券市場會計研究的核心，同時也使后者成為日漸勃興的經驗會計研究（Empirical Accounting Research）的主體。圍繞財務報告信息的決策有用性所進行的證券市場經驗會計研究，逐漸形成三大主要流派：

（1）信息觀（Information Perspective）。信息觀研究財務報告數據與股票價格之間的關係，認為財務報告數據（尤其是會計盈餘）的功用是向投資者傳遞某種有助於判斷和估計經濟利潤（真實利潤）的「信號」（Signal），而不是經濟利潤本身。它一般通過探尋非預期盈餘（Unexpected Earning）與股票的非正常報酬率（Abnormal Return）之間的統計關係，來檢驗會計盈餘數據是否具有信息含量。信息觀發源於波爾（Ray Ball）和布朗（Philip Brown）於 1968 年對年度報告盈餘數據與股票價格之間關係所進行的經典性研究。

（2）估價觀（Valuation Perspective）。估價觀又稱計量觀（Measurement Perspective），有別於歷史上認為會計應該反應企業的真實利潤的古典估價觀，直接關注的是財務報告信息（如盈餘）對資產定價（股票價格的決定）所起的作用，即財務報告信息應該怎樣轉換到股票價格中間去。估價觀的經典性成果被概括為著名的費爾薩姆—奧爾森模型（Feltham – Ohlson Model）。

（3）契約觀（Contract Perspective）。契約觀從信息不對稱問題和代理契約理論出發，認為財務報告數據的作用不僅僅體現在它與股票價格的關聯上，它在構成企業各種契約條款的制定和實施中起著十分重要的作用，這就大大拓展了財務報告信息有用性的視角。契約觀的代表人物是著名的實證會計理論（Positive Accounting Theory）的集大成者瓦茨（Ross L. Watts）和齊默爾曼（Jerold L. Zimmerman）。

比弗（Beaver, 1973）總結了證券市場的有效性對財務報告的幾個重要啟示：第一，只要會計政策沒有導致現金流量產生差別，或者對所採取的特定會計政策所形成的差別予以披露以及投資者能夠獲得足夠的信息以致能夠在不同的會計政策之間做出抉擇，那麼公司所採取的會計政策就不會影響證券的市場價格。第二，有效證券市場是與充分披露的概念緊密聯繫在一起的，經理應該披露對投資者而言收益大於成本的信息。第三，市場的有效性意味著公司不必過分考慮無知的投資者，即財務報告信息不用過於簡單的方式表達，以致任何人都能夠理解。第

四，會計正在與其他信息渠道，如新聞媒體、證券分析師乃至市場價格本身相互競爭，會計要想得以生存就必須為投資者傳遞相關、可靠、及時和符合成本效益原則的信息。

根據黃偉華（1998）的概括，有效市場假說的會計含義至少包括：第一，強調實質重於形式這一財務信息披露原則；第二，認識到會計信息只是股票價格會反應的信息的一部分；第三，發揮會計在防止內幕交易方面的功能；第四，重新考慮對投資者的保護問題；第五，反思應計制的地位；第六，懷疑「功能鎖定」在會計研究中的作用。而針對有效市場假說對會計的影響，不同意見主要包括：第一，對證券市場的影響只是會計廣泛的經濟影響的一部分；第二，有效市場假說的條件不現實；第三，信息的有效性並不意味著分配的有效性。

比弗（1999）論述了有效市場假說對財務報告的各種利益相關者（即與財務報告體系相對應的組織）的重要含義：第一，對於投資者而言，財務報告信息與證券價格之間的關係可能影響到投資者對財務報告信息的需求。證券價格的變動實質上會導致投資者之間的財富再分配。價格充分反應豐富而綜合的信息系統的觀念，也許會降低單個投資者對財務報告信息的直接需求，他們作為「價格的接受者」（Price Taker），是反應在證券價格中的財務報告信息的「搭便車者」（Free Riders）。相反，證券價格不充分反應某些信息的觀念，可能導致投資者採取一定的投資組合策略，通過探尋信息失效（Information Inefficiency）的方式（如借助信息仲介或發現被錯誤定價的證券）去實現超額報酬。而信息不對稱則有可能使投資者退出證券市場。第二，財務報告的監管者主要關心的是投資者的福利和證券市場的公允性（Fairness），也會考慮財務報告和信息披露程度對資源配置和資本形成的影響。充分反應在證券價格中的信息將部分地決定給定的財務報告監管對價格的影響。第三，出具財務報告是公司經理的一項主要責任。市場效率與經理在不同的財務報告制度之間的選擇對證券價格的影響有關。因此，公司經理有自願性披露私下信息的動機。第四，審計師的工作潛在地降低了信息不對稱，因而市場效率對於審計師而言也有潛在的含義。第五，信息仲介扮演了搜尋（搜集和傳遞信息）、預測和解釋財務報告信息（生產信息）的角色，同時又是財務報告信息在證券市場上的競爭者。信息仲介可能是信息反應到價格這個過程的一個重要組成部分，而市場效率可能使個別信息仲介更難於從它們的分析活動中獲取報酬。

在證券市場中公開發行股票企業的財務報告所披露的信息是證券市場信息的重要組成部分，其對於支撐證券市場的有效運作、發揮配置效率起到了重要作用。而圍繞這些上市公司財務報告的一系列制度安排，既是產生高質量財務報告信息的制度保障，又是證券市場運行機制的一個組成部分。實際上，可以把財務報告體系看做一種機制，能夠把相關的信息從公司內部傳遞給外部的利益相關者。這樣不僅有助於投資者做出更好的決策，而且還可以通過促進證券市場的有效運作來增進社會效益（Scott, 2000）。運用有效證券市場理論所進行的會計研究，最終使得披露導向的思想在美國等資本市場發達的國家占據了主導地位，導致了關於會計目標的「決策有用觀」被美國的財務會計準則制定機構財務會計準則委員會（FASB）正式接納。

(三) 利益相關者理論

利益相關者（Stakeholder）理論是在對傳統的股東（Stockholder）利益至上理論的批判中產生的。該理論主張公司不應該只片面地追求股東的利益，而應該全面地考慮包括股東在內的各個利益相關主體的利益。利益相關者理論是與公司的社會責任理論、多重委託—代理理論等理論相伴生而發展的。

現代公司是十分典型的利益相關者的契約聯結，所涉及的利益相關者繁多而複雜。具有財務報告信息需求的利益相關者至少包括個人投資者、機構投資者、潛在投資者、債權人、潛在債權人、政府監管部門、證券交易所、註冊會計師、獨立董事、證券分析師、信用評級機構等。此外，公司的員工、供貨商、競爭者、客戶乃至最終消費者都有可能會對公司的財務報告信息感興趣。

不同利益相關者對財務報告信息的需求不盡一致。投資者關心的是與投資決策相關的價值信息，主要關注的是公眾公司創造未來價值的能力。如果假設公司的利潤能夠反應其價值的話，這種關注對象可以轉化成公司的獲利能力。債權人關心的則是公司的償債能力，涉及公司的資產質量、流動性和營運能力。政府監管部門根據其監管內容的不同有不同的信息需求，稅收當局關注的是與計稅基數有關的財務報告數據，證券監管當局關注的是財務報告信息披露的合規性、充分性和及時性。證券交易所要求公眾公司提供其監管內容範圍內的信息。註冊會計師需要瞭解財務報告及其編製依據，以便形成審計意見。獨立董事需要瞭解財務報告以及相關的重大信息，以便行使其職權。證券分析師及信用評級機構需要盡可能多地瞭解公眾公司的財務報告及相關的信息，以便分析、解釋、預測和評級。公司員工則希望瞭解員工福利、公司發展前景方面的信息。

不同類型的投資者對財務報告信息的需求也各不相同。非專業的個人投資者可能需要簡單明瞭、容量小、非專業性的財務報告信息，專業的個人投資者和機構投資者則可能需要經過技術加工、對信息加工過程有專門說明和解釋、容量大、專業性強的財務報告信息。

由於成本約束，現代公司不可能分別向不同的利益相關者提供從形式到內容完全符合其各自願望的財務報告，而只能通過通用財務報告來提供信息。此時，通用財務報告的內容、格式便是對各方利益相關者信息需求進行權衡的結果。但隨著利益相關者對信息訴求的增加，越來越多的非經營性會計信息在財務報告中出現，如大量關於企業履行社會責任方面的信息出現在現代財務報告中。

二、現代財務報告的目標

對財務報告進行理論分析的最終目的是要明確財務報告的目標。財務報告是聯繫信息供需雙方的紐帶。財務報告應為誰服務？或者說，財務報告應為誰提供什麼信息？這個問題就涉及財務報告的目標問題。1971 年 AICPA 成立「財務報表研究小組」，專門就財務目標進行研究，並於 1973 年提出了報告《財務會計的目標》。FASB 於 1978 年發表了財務會計概念公告第 1 號（SFAC No. 1）《企業財務報告目標》，指出了財務報告的目標主要有受託責任觀和決策有用觀兩種觀點。

(一) 受託責任觀

受託責任觀形成於公司制和現代企業產權理論。其代表人物主要有井尻雄士

（Yuji Ijiri）、E. J. 帕羅科（Ernest J. Parloek）、F. S. 薩托（Framk S. Sato）。受託責任學派在財務所有權上的受託責任研究成果的基礎上，將其擴展、應用到其他領域，認為社會的每一個方面都存在著受託責任。這種觀點認為，財務報告的目標是反應受託者對受託責任的履行情況。受託責任存在的前提條件是所有權與經營權的分離，在這兩權分離中，所有者（委託者）與經營者（受託方）都十分明確、清晰，雙方都十分關注受託資源的保值和增值，因而有關受託資源有效運用的客觀信息就占重要地位。受託責任觀同時認為，由於最有效地反應受託責任履行情況的信息是關於經營業績的信息，因此財務報表應以反應經營業績及其評價為重心。受託責任觀傾向於預防道德風險，認為投資者更需要與經理努力程度高度相關的可靠的會計信息，而歷史成本會計更具可靠性，能更好地滿足有效契約的要求。

（二）決策有用觀

決策有用觀是美國會計學界在批評古典會計學派注重會計數據的準確性而忽視會計對決策有用性的基礎上形成的。其代表人物主要有羅伯特・N. 安東尼（Robert N. Anthony）、E. S. 亨德里克森（E. S. Hendrikson）、羅伯特・T. 斯普勞斯（Robert T. Sprouse）等。

決策有用觀認為，為抵禦逆向選擇，投資者特別需要公司未來業績和經營風險的信息以助於決策，這不僅意味著更多的信息披露，即大範圍的表外附註、管理人員討論分析書，甚至財務預測，還意味著更多的以現行價值為基礎的計量和披露，注重信息的相關性。

因此，財務報告的目標是提供對經濟決策有用的信息，而對決策有用的信息主要取決於企業現金流動的信息和關於經營業績及資源變動的信息。FASB 在《企業財務報告目標》中認為，財務報告目標主要應包括如下幾個方面：第一，財務報告應提供對現在的和潛在的投資者、債權人和其他使用者做出合理的投資、信貸和類似決策有用的信息。這類信息對那些相當瞭解經營和經營活動並願意相當勤奮地研究這類信息的人們來說，應該是全面的。第二，財務報告應該提供有助於現在的和潛在的投資者、債權人和其他使用者評估來自股利或利息及來自銷售、償付、到期匯券或貸款等的實得收入和預期現金收入的金額、時間分佈和不確定性信息。第三，財務報告應該提供關於企業的資源、對這些資源的要求權（企業把資源轉移給其他主體的責任和業主權益）以及使資源和對這些資源的要求權發生變動的交易、事項和情況的影響信息。第四，財務報告應該提供關於企業如何獲得並花費現金的信息、關於企業的舉債和償還債款的信息、關於資本交易的信息、關於可能影響企業變現能力或償債能力的信息。第五，財務報告應該提供關於企業管理當局在使用業主委託給它的企業資源時是怎樣履行它對業主（股東）的「管家」責任的信息。第六，財務報告應提供對企業經理和董事們在按照業主利益進行決策時有用的信息。

（三）兩種觀點的局限性和各自的應用範疇

對受託責任觀和決策有用觀進行考察，兩者都是以一定的環境為前提的，都是在所有權和經營權相分離的情況下對財務報告目標的闡述，在一定程度上具有

其合理性的一面，但是也存在一定的局限性。

對受託責任觀而言，反應受託責任及其履行情況是報告的一項重要的具體目標，但具體目標並不能包含財務報告的原因在於：第一，受託責任觀必須有明確的受託方和委託方，委託方才能根據受託責任履行情況決定是否對該受託方繼續予以委代。企業中，受託方是確定的，而委託方則是不確定的流動性的股東。同時，潛在投資者與企業經營者在財產所有權上並不存在聯繫，而它們也是信息的重要使用者之一。第二，受託責任觀強調為外部使用者服務，為企業內部服務這一重要的目標却被其忽略，其反應的僅是基於財產所有權上的受託責任，但從廣義上講，受託無處不在。信息使用者所需要的信息，不僅僅局限於受託責任信息。

決策有用觀要求財務報告提供對決策者有用的財務信息，比受託責任觀要寬泛許多。但決策有用觀也存在如下幾個方面的局限性：第一，信息使用者和它們的特定決策模型與信息需求存在巨大差異，決策內容也有所不同，因此很難用「決策有用」概括在內容上有很大差異的信息需求。第二，從對內信息需求而言，決策僅是企業管理的一個環節，它還包分析、控制等內容，為企業決策服務並不能代替財務報告為企業管理層服務的作用。

因此，兩種觀點都比較準確地反應了特定環境中特定會計信息具有特定需求情況下的財務報告目標，但由於未能從整體上確定財務報告目標，試圖用某一具體財務報告目標代替整體目標，結果是不能科學地概括財務報告目標。

在信息不對稱的非理想環境中，能最好地解決逆向選擇問題的會計系統往往不能令人滿意地解決道德風險問題。但投資者同時面臨逆向選擇和道德風險問題，而且信息不對稱又使得完全相關和可靠的會計信息並不存在，即現實環境致使財務會計在一份報告中無法同時滿足投資者的上述兩種會計信息需求，從而導致財務會計信息的供給者必須在有助於投資者決策和滿足有效契約所產生的兩種基本會計信息需求間進行權衡。

因此，財務報告必須在解決投資者決策的信息需求和滿足有效契約需求的雙重角色之間進行協調，即從社會的角度確定會計信息生產的適當方式和數量。因此，財務報告目標應定位為滿足的信息需求，既能反應服務的對象，又能兼容上述兩種對立的觀點。中國財政部2006年頒布的《企業會計準則——基本準則》第四條指出：「財務會計報告的目標是向財務會計報告使用者提供與企業財務狀況、經營成果和現金流量等有關的信息，反應企業管理層的受託責任履行情況，有助於財務會計報告使用者作出經濟決策。財務會計報告使用者包括投資者、債權人、政府及其有關部門和社會公眾等。」這說明中國《企業會計準則》要求企業財務報告的目標是要同時滿足受託責任觀和決策有用觀兩種財務報告目標，同時企業財務報告要為企業不同的利益相關者提供他們所需要的會計信息。

第三節　財務報告的編製理念

現代財務報告由三張主要報表和附註構成，但受到理論基礎與財務報告目標

的影響，財務報告存在著不同的編製理念。在不同的編製理念下，財務報告中相關會計要素的確認、計量以及披露方面存在著不同的側重點，三張報表的重要性程度也有所不同。有關財務報告編製的兩種重要的會計理念包括收入費用觀（也稱為利潤表觀）和資產負債觀。目前無論是國際財務報告準則，還是中國的《企業會計準則》都傾向於採用資產負債觀理念來進行會計要素的確認計量以及財務報告的披露。在過去數十年間，收入費用觀一度是財務報告的主要理論基礎，為什麼會發生這樣的變化呢？我們首先要理解兩種理論觀念及其區別。

一、收入費用觀

收入費用觀注重收入、費用會計要素，認為利潤表的作用大於資產負債表，強調收入和費用的配比；如果無法配比，則作為期間費用或遞延費用。這種觀點確認的收益僅為已實現的收益，強調企業的經營成果和管理者的受託責任。

在收入費用觀下，財務報告通常是在確認收益後再計量資產的增加或是負債的減少。企業首先必須按照實現原則確認收入和費用，然後根據配比原則確定收益，會計上通常是在產生收益後再計量資產的增加或是負債的減少。收入費用觀要求在會計準則制定過程中，首先考慮與某類交易或事項相關的收入和費用的直接確認與計量。在這種觀點下，損益表成為財務報告的重心，損益表把企業已實現的收益和為實現收益所消耗的費用進行期間配比，而資產負債的存量由交易流量的初始確認金額和決算時期間利潤扣除預計或遞延的收益、費用的金額構成，因此資產負債表成了損益表的附表，包含了資產、負債和其他用以保持資產負債表平衡的應計項目和遞延項目。

由於收入費用觀強調基於實現原則、採用交易法進行收入與費用的配比，因此傾向採用歷史成本進行會計計量。歷史成本確保了信息的可靠性，但不能充分揭示會計信息的相關性和有用性。另外，以收入費用觀為基礎，期間利潤或損失只不過是作為財富增減計量值的一部分。因此，計算出的利潤不完全反應企業資產、負債所產生的價值變動。

二、資產負債觀

資產負債觀基於資產和負債的變動來計量收益，因此當資產價值增加或是負債價值減少時會產生收益。根據資產負債觀，收益的確定不需要考慮實現問題，只要企業的淨資產增加了，就應當作為收益確認。因此，應首先對交易或事項產生的資產或負債進行準確計量，再根據所定義的資產和負債的變化來確認收益，即收益之度量取決於資產和負債的計量。由此可以看出，資產負債觀更注重資產、負債會計要素，認為資產負債表才是企業最重要的報表，在這種觀點下確認的收益反應了企業在一定期間內資產、負債價值的全部變化，而不管交易是否實現。

資產負債觀是以資產、負債的概念為基礎和核心，定義利潤及其構成要素。在資產負債觀下，企業所有存量的變動就成為其增加經營活動成果的最好且唯一的證據。資產負債觀下可以根據各個資產和負債的特徵進行多種計量屬性的選擇。因為資產負債觀強調決策有用，編製報表時不同性質的資產其存量價值變化特點

不同，為了客觀反應這些資產的存量價值，有些資產選擇歷史成本計量，有些資產選擇公允價值計量。具體來說資產負債觀主要有以下幾個特點：

（一）會計目標側重決策有用觀

決策有用學派認為，會計目標就是向會計信息的使用者提供對他們決策有用的信息，而對決策有用的信息主要是關於企業現金流動的信息和關於經營業績及資源變動的信息。決策有用觀更強調信息的相關性，作為委託人的投資者更加關注整個資本市場的可能風險和報酬以及投資企業可能的風險和報酬。資產負債觀作為會計準則制定理念，更加強調資產、負債的真實價值，而且也更加重視收入費用的完整性。資產負債觀重視交易活動的實質，主要是對已經發生的影響資產、負債計量的事項都要確認資產、負債的增加或減少，不管是否已經實現。因此，資產負債觀更重視資產、負債的未來經濟利益，在其指導下的會計準則提供的信息更加具有未來預測性，因而所能實現的目標更加傾向於決策有用觀。

（二）優先定義資產和負債會計要素

按照資產負債觀的要求，會計要素的定義與分類中優先定義資產和負債的概念，再以資產和負債這兩項最基本的要素的變化來定義其他要素。最能代表資產負債觀下會計要素的定義與分類的方式的是美國會計準則的概念框架中對會計要素的規定。圖6-1展示了FASB概念公告中會計要素的關係。

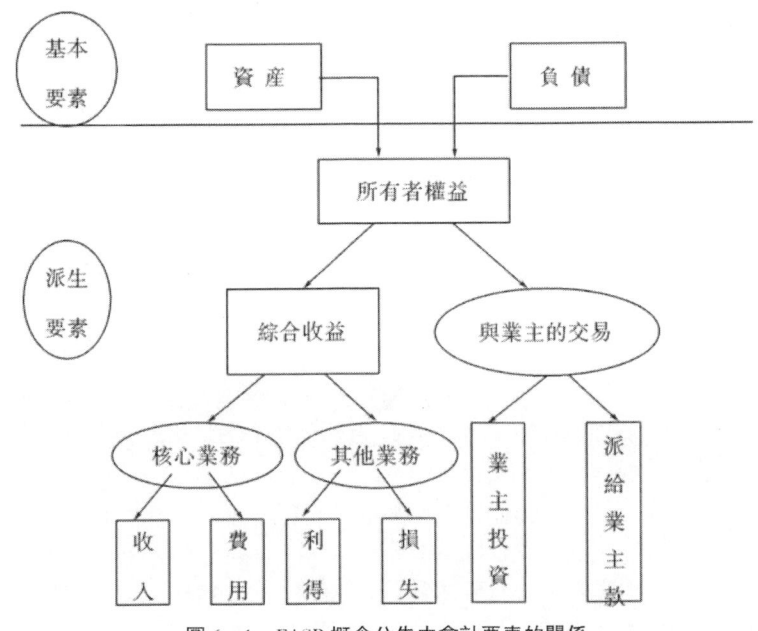

圖6-1　FASB概念公告中會計要素的關係

從圖6-1可以看出，FASB的會計要素定義與分類是資產負債觀的一個典型體現。

其優先定義了資產和負債作為會計基本要素，以兩者的差額所有者權益作為一個反應企業財務狀況的總指標，用綜合收益、收入、費用、利得、損失以及業

主投資和派給業主款等派生會計要素全面、恰當地揭示了所有者權益變動的結果和原因。資產負債觀一切從資產負債的定義及其變動出發，通過對其變動原因和具體變動項目金額的確認與計量，達到真實公允地反應企業報告期內資產負債變動情況的目的。

（三）會計計量以資產、負債計價為重心，並廣泛採用公允價值

按照資產負債觀，會計計量的重心是資產和負債的計價。資產是最基本的要素，其他會計要素的定義和計量都和資產計價密切相關。同時，按照資產負債觀的要求，「未來的經濟利益」是資產的一項重要特性，資產的定義側重面向未來。因此，資產計價自然要體現這一特性，側重反應資產面向未來的價值。這就必然要求資產計價的定量化過程也要面向未來，改變傳統的全部簡單地採用歷史成本計量的方式，更多地引入現行成本、現行市價和未來現金流量現值等計量屬性，由之帶來的資產帳面價值變動產生的利得和損失也應當及時確認和計量。

資產負債觀強調會計信息的決策有用，要求如實反應資產負債現行的真實價值，同時要求會計收益中全面反應報告期內企業各項交易和事項的影響，因此必然要求在會計計量中採用公允價值，真實地反應特定時點上企業各項資產負債的即時的公允價值，全面反應報告期內所有交易和事項的實質，並進而由之計算確定企業報告期內的收益。從各國會計準則的發展情況看，隨著財務報告編製理念轉向資產負債觀，會計計量中對公允價值的運用也日益普遍。

（四）收益計量考慮綜合收益模式

資產負債觀認為，企業的收益是企業在某一時期內資源增加的淨額。其收益確定公式如下：

收益(虧損)＝期末淨資產－期初淨資產＝（期末資產－期末負債）－（期初資產－期初負債）

這樣，收益計量從屬於資產的計價，直接用企業資產和負債的量度確定收益，最終財務報告反應的是企業的綜合收益。

傳統的以收入費用觀為導向的財務會計遵循歷史成本原則、配比原則和謹慎性原則確定損益，對於不符合實現原則的交易或事項不予確認。例如，對於衍生金融工具的確認問題一直是以收入費用觀為導向的財務會計無法解決的問題，其原因在於收入實現原則要求不能確認未來合約的交易或事項，這就導致了資產價值增值期間與價值報告期間的時滯性，會計信息的相關性無疑將受到影響，決策有用的會計目標不能實現，因此就必須突破傳統的收益確認的瓶頸。在資產負債觀下，收益的確認將擴展到全面收益的範疇，利得和損失被納入會計報表中。許多資產規定了以公允價值計量且其變動計入當期損益。例如，金融資產或金融負債公允價值變動所形成的利得和損失計入當期損益，表明了現代財務報告採用了資產負債觀為基礎的綜合收益的理念。國際財務報告準則也採用了資產負債觀理念的收益確認和計量模式。

（五）會計信息質量特徵：注重相關性

在2006年7月之前，美國和國際會計準則都採用可靠性作為會計信息質量特徵之一。FASB認為，可靠性的構成要素包括如實反應、可驗證性和中立性。IASB

則認為，信息要有用，還必須可靠。當其沒有重要差錯或偏向，並能如實反應其所擬反應或理當反應的情況而能供使用者作依據時，信息就具備了可靠性。在FASB發布的財務會計概念公告第2號（SFAC No.2）中，如實反應性被定義為計量、描述與現象所意欲反應的事實之間的相符或一致，其對應的主要內容主要陳述了反應真實性的度的問題。在會計中，要反應的現象就是經濟資源和義務以及使這些資源和義務發生變動的交易和事項。

2006年7月，在FASB和IASB聯合開展的趨同概念框架改進項目中，對傳統意義上的可靠性做出了一個非常重大的改變。改變的結果是放棄了「可靠性」的概念，而以「如實反應」取而代之。根據FASB和IASB在2006年7月發布的《基本觀點：財務報告概念框架——財務報告目標與決策有用財務報告信息的質量特徵》的要求，為了有助於制定投資、信貸和其他類似資源配置決策，財務報告信息必須對其意欲反應的真實世界經濟現象作出如實反應。信息若是對經濟現象如實反應，其必須是可驗證的、中立的和完整的，並且對如實反應的定義中增加了「真實世界經濟現象」的概念。實際上，財務報告中描述的現象之所以能稱得上是真實世界的，是因為它們現在存在著或者已經發生過。為了如實地反應，會計計量或者描述必須反應經濟現象——經濟資源和義務以及改變它們的交易——而不僅僅是會計概念。舉例來說，資產負債表應當真實反應在報告日符合確認標準的那些形成主體資產、負債和權益的交易和其他事項。在收入費用觀下，資產和負債並沒有得到真實的表達，而僅僅是作為收入、費用配比後的結果列示在資產負債表中，資產負債表成為利潤表的附表，包含了沒有被真實反應的資產、負債及用以維持資產負債表平衡的許多遞延、待攤項目。這些所謂的「遞延借項」（Deferred Charges）和「遞延貸項」（Deferred Credits），並不能反應經濟資源（即資產），也不能反應經濟義務（即負債），那麼這樣的描述就不是如實反應。

在資產負債觀下，對交易和事項的會計處理包括確定資產和負債以及與這些交易和事項相關的資產、負債的變化。資產負債觀為經濟實質提供了最有力的概念描述，從而成為準則制定過程中合適的基礎。資產負債觀可以基本上做到如實反應，但是在資產負債觀下，更加注重資產、負債的未來經濟利益的流入和流出，因此提供的會計信息與未來的經濟決策更加具有相關性的同時，信息的可驗證性則在這個過程中由於預測的增加而削弱。圖6-2反應了資產負債觀下的會計信息質量特徵。

財務報告的目標就是為信息使用者提供決策有用的會計信息。信息經濟時代的到來加劇了影響決策的相關因素的複雜程度，加大了決策的難度和風險，因此現代的財務報告更加重視相關性這一會計信息質量特徵。

（六）財務報表列報：綜合收益表的出現

隨著資本市場的迅速發展和投資者對會計信息決策要求程度的加大，傳統的以歷史成本為基礎的財務會計已力不從心，以公允價值為計量屬性的收益模式得以確立。新模式要求在損益的確認上要突破傳統的實現原則，將已確認未實現的利得和損失這種新的會計要素納入財務報表，於是形成了一種新的報表模式，即綜合收益表。FASB和IASB對於綜合收益表的列報模式主要有一表法和兩表法。

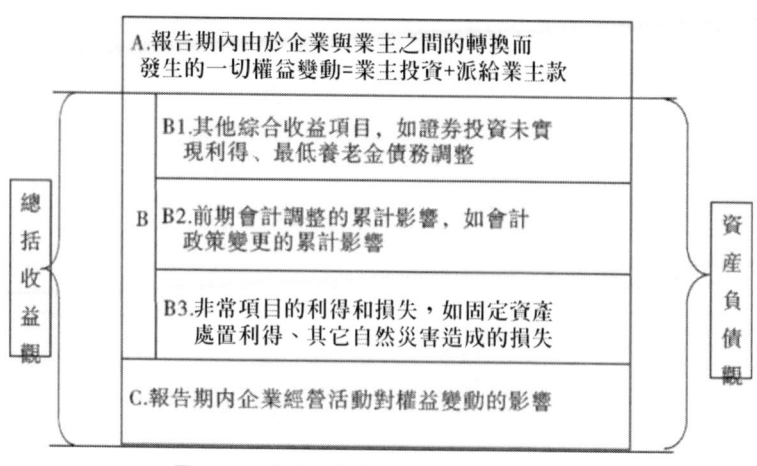

```
                    ┌─────────────────────────────────────┐
                    │ A.報告期內由於企業與業主之間的轉換而  │
                    │   發生的一切權益變動=業主投資+派給業主款 │
                    ├─────────────────────────────────────┤
                    │   ┌─────────────────────────────┐   │
          總        │   │ B1.其他綜合收益項目，如證券投資未實 │   │  資
          括        │   │    現利得、最低養老金債務調整     │   │  產
          收        │   ├─────────────────────────────┤   │  負
          益      B │   │ B2.前期會計調整的累計影響，如會計  │   │  債
          觀        │   │    政策變更的累計影響           │   │  觀
                    │   ├─────────────────────────────┤   │
                    │   │ B3.非常項目的利得和損失，如固定資產│   │
                    │   │    處置利得、其它自然災害造成的損失│   │
                    │   └─────────────────────────────┘   │
                    ├─────────────────────────────────────┤
                    │ C.報告期內企業經營活動對權益變動的影響│
                    └─────────────────────────────────────┘
```

圖6-2　資產負債觀下的會計信息質量特徵

一表法是對原有的損益表改良而來，在淨利潤之后再列示其他綜合收益，如交易性衍生金融工具公允價值變動形成的損益、外幣匯率變動形成的損益等。兩表法是重新編報一張綜合收益表，形成第四張報表。而中國《企業會計準則第30號——財務報表列報》的要求更傾向於兩表法，首先在原來的損益表的基礎上添加若干利得和損失項目，如「公允價值變動損益」「資產減值損失」等項目，此外要求企業編製「所有者權益變動表」，該表充分體現了企業過去一年中綜合收益和業主權益的變化。

三、資產負債觀與收入費用觀的區別辨析

傳統的觀點認為資產負債觀與收入費用觀是兩種不同的收益決定的理論，資產負債觀強調基於資產和負債的變動來計量收益，只要將除所有者投資及利潤分配以外的淨資產的變動都應計入當期損益，使損益能夠反應財富的現時變化，就接近經濟學收益的概念，而收入費用觀卻通過權責發生制確認的收入和費用的直接配比來計量損益，其計算的損益是傳統意義上的會計收益的概念。

收入費用觀是按照「收入－費用＝利潤」的邏輯展開的，依據權責發生制和配比原則的要求確認收益，實現原則和配比原則要求使收入費用觀在確認上不能確認不符合實現原則的交易和事項、在計量屬性上則緊緊跟隨歷史成本。對於那些影響損益但是又不符合實現和配比原則的交易或事項就採取遞延的方式進入了資產負債表，由此形成了各種遞延收益等既不符合資產定義，也不是損益的過渡性的科目，此時損益表成為第一報表，而資產負債表則是為了確認和合理計量損益表的跨期攤銷的過渡性的報表（資產負債表因此被有的人戲稱為「垃圾堆」，也正因為此，收入費用觀受到了諸多的批評），資產負債表也徹底淪為了損益表的附表的角色。

資產負債觀強調資產定義的第一性，其他的會計要素都可以通過資產來表示，如負債可以看做負資產，權益可以看做淨資產，損益項目可以看做權益的增減，

因此資產計價成為會計計量的重心。在這樣的邏輯下，只要資產增減了（也就是說未來經濟利益發生了變化），損益也就變化了。於是不管資產交易是否發生、資產的風險、報酬是否轉移，只要資產的市場價值發生變化時，原來不計入損益的，在資產負債觀下都必須計入損益表項目，特別是在金融工具的運用與創新如此迅速的現代市場經濟中，資產負債觀的採用則更有實際意義。這樣，傳統歷史成本下的財務會計將發生巨大的變化，利得和損失的確認、公允價值計量屬性以及綜合收益的財務報告等新問題實質上都是以資產負債觀作為基本的基礎理念的。但資產負債觀也存在著局限，在資產負債觀下，許多未實現的損益被放入到利潤表中，導致企業在不同年度利潤表中的利潤可能因資產價格波動發生巨大的變化，這個問題在 2008 年發生的美國金融危機中充分地體現出來，從而引起許多學者對資產負債觀的批評。

綜上所述，我們將資產負債觀與收入費用觀的主要區別概括如表 6-1 所示。

表 6-1　　　　　　　　　　資產負債觀與收入費用觀的區別

項目＼理念	資產負債觀	收入費用觀
會計目標	提供的信息符合決策有用觀	提供的信息符合受託責任觀
會計要素	資產要素的定義是其他會計要素定義的基礎	收入與費用配比後得到利潤、收入、費用要素的定義
會計確認	除了交易因素，還考慮非交易因素（只要資產價值變動就代表損益變動），因此要確認未實現損益	只考慮交易因素特徵（已發生的交易才可以確認損益），只有當交易實現時才確認損益，因此不存在未實現損益的確認問題
會計計量屬性	為了及時反應資產價值的變動，強調公允價值的運用	歷史成本屬性強調根據過去交易計量，符合交易因素的特徵
會計信息質量特徵	所提供的信息更符合相關性	所提供的信息更符合可靠性
會計報告的內容	形成包括未實現損益在內的全面收益報表	只形成報告淨損益的傳統報表

由上述比較可以看出，不同的理念選擇會影響到會計要素的確認、計量以至於財務報告的結果。採用不同的編製理念將對整個財務報告及其經濟後果產生不同的影響。

四、資產負債觀取代收入費用觀的歷史演進及啟示

從歷史演進的角度來看，財務報告的理念經歷了由原始的資產負債觀發展到收入費用觀，最後又回到資產負債觀的否定之否定的過程（李勇，2006）。

我們可以從這樣的歷史演進回顧中尋找到規律並預測其未來的發展方向。會計的形成可以追溯到人類社會的早期，資產負債觀是最原始的會計理念，此時的資產負債觀強調的是原始的財產保全的概念，這還得從資產負債表的起源說起。資產負債表是會計報告的最初的、最原始的也是最基礎的會計報告，所有其他的

會計報告都是在資產負債表的基礎上衍生出來的（謝志華，2003）。資產負債表之所以是最原始的會計報告，一是由於資產負債要素相對於收入費用要素更加感性、直接，因此資產負債的概念必然首先存在於人的意識中形成感性認識，至於收入、費用和利潤項目可以通過資產和負債項目倒擠得出。更為重要的是，資產負債表相對於損益表而言更加全面地反應了會計主體的經濟業務，左側的非現金資產項目反應的是會計主體的投資活動，右側的負債和權益項目（實收資本）反應的是籌資活動、權益項目（未分配利潤）且還可以體現經營活動；而損益表僅僅能提供會計主體的經營活動信息。因此，從信息提供的範圍來看，資產負債表完全可以涵蓋會計主體基本經濟活動的會計信息，資產負債觀也毫無疑問是最原始的會計理念。

但是，環境的變化也會促使會計理念做出調整。到19世紀末20世紀初時，西方工業革命的完成催生了股份有限公司這一新的產物，由於兩權分離帶來了股東收益分配的要求以及對經營者經營業績考核的客觀需要，定期報告盈利的質量保全和持續增值成為新的需求，損益表的重要性明顯增大，收入費用觀遂逐漸取代資產負債觀而走上了歷史的舞臺。20世紀20年代以後，美國公司規模擴大以及股東的分散性導致了中小股東不可能控制企業的實際經營，更不可能對資產的未來經濟利益感興趣，短期損益，即損益表的項目成為股東關注的重點。在美國，SEC一直支持民間組織制定會計準則，在這樣的背景下，收入費用觀成為準則制定的重要理念，在這段時期APB發布的意見書都體現了收入費用觀的要求。

但是20世紀70年代以後，美國出現了歷史上罕見的通貨膨脹，對會計長期以來賴以生存的幣值穩定假設、歷史成本原則等提出了嚴峻挑戰，致使會計信息前後各期沒有可比性，財務報表不能反應企業的財務狀況和經營成果，對信息使用者的經濟決策產生了很大影響。隨著金融衍生工具、股份支付管理人員薪酬等新生事物的出現，以歷史成本計價已不能反應其真實信息，人們於是開始關注資產的質量。在這樣的背景下，FASB於1973年取代APB之後，揚棄了APB的收益認定理念，由收入費用觀逐步又迴歸到資產負債觀。在FASB於1973年發布的《企業財務報表的各種要素》中，FASB第一次採用資產負債觀來定義其他損益要素，標誌著資產負債觀的理念成為新一輪會計準則制定的理論基石。2001—2002年美國安然、世通等財務舞弊案曝光以後更是給國際會計界帶來了巨大的震動和反思，通過研究其舞弊手段可以發現，利用「特別目的實體」高估利潤、低估負債，通過空掛應收票據高估資產和股東權益或者通過費用的任意資本化來虛增利潤是主要原因，從會計準則制定角度看，收入費用觀的大行其道是罪魁禍首。因此，學術界深感只有資產和負債才是真實的存在，收益無非是淨資產變動的表現而已。SEC在其後給FASB的改革報告中也明確提出資產負債觀是會計準則制定的最合適的基礎。但隨著2008年美國金融危機的爆發，資產負債觀再次受到了質疑，一些學者指出由於大量未實現損益出現在利潤表中，使得企業的利潤在各年之間會出現大幅波動，從而容易誤導投資者做出一些錯誤的決策。實際上當市場尚未達到半強式有效的前提下，利用資產負債觀編製財務報告，會增加一般投資者的分析難度，從而可能造成市場非理性交易上升、股市大幅波動的現象。

由上述歷史演進的回顧可以得到以下幾點啟示：一是資產負債觀是會計最初的理念和發展的本原，收入費用觀實際上是由資產負債觀衍生出來的產物；二是財務報告編製理念的交替變化是外在環境變化的結果，從而要求財務報告相關準則的制定也要適應環境的變化，環境因素是考慮選擇資產負債觀還是收入費用觀的歷史和邏輯的起點；三是兩者並不是非此即彼的關係，而應是辯證的關係，兩者都應是會計準則制定中應該考慮的，只不過應該適時地考慮兩者對財務報告影響程度的大小。

第四節　財務報告未來發展的理論研究與展望

一、財務報告改進與發展的相關研究評述

對於財務報告的未來發展和改進，在國內外都有許多學者對此問題進行了研究，並形成了豐富的理論研究結果。就國內而言，中國的學者主要從以下幾個方面對財務報告的改進和未來發展進行了研究。

（一）財務報告理論框架的改進研究

葛家澍（2002）認為，財務報告的改進與發展應該從整個財務報告模式的高度統一進行探討，從更高理論層次，即會計基本假設、會計目標和會計對象上進行改革，按會計基本假設、會計目標和會計對象進行重新認識，按會計確認和計量原則的修訂和現行財務報告模式的具體改革順序進行。

方紅星（2004）立足於制度變遷理論和演化經濟學，引入「制度競爭」進行橫向分析，引入「路徑依賴」進行縱向分析，對公司財務報告架構及其演化進行分析性描述。從優化和改進中國公眾公司財務報告架構的目的出發，引入制度競爭模式。例如，允許乃至鼓勵符合條件的上市公司採用高質量的國際架構。方紅星（2005）還提出在公眾公司財務報告架構方面，要強化信息披露的透明度，加強財務報告治理機制和內部控制。導入嚴格、高效的財務報告治理機制的有效措施包括強化制度性的財務報告監督機制，引入獨立董事，設立審計委員會，強化公司治理信息披露等。而對公司財務報告信息進行監管或審核，引入基於財務報告信息披露的上市公司資質評價和淘汰制度，是保證上市公司資質的有效措施。

朱開悉（2007）的研究提出「會計報告革命」，要求對會計報告的基石，即現行會計方程進行變革，這是因為現行的會計方程沒有反應會計誤差，從而影響了以會計方程為基石的會計報告的科學性和有用性。這些會計誤差包括確認誤差、計量誤差、記錄誤差和報告誤差。因此，他認為應該在會計方程中引入會計誤差的概念，改進會計報告的披露質量。

此外王萍（2007）、宋永春（2007）等也分別從中國財務報告體系存在的缺陷出發，提出了改進現有財務報告體系過程中應遵循的具體原則和改進措施。

（二）財務報告信息含量和信息質量的改進研究

在這一方面的研究中，眾多學者通過從不同角度分析現行財務報告存在的具體缺陷和問題，提出有針對性的改進辦法，主要包括改進和完善全面業績報告、

中期報告和分部報告，企業財務報告信息發布與傳播的電子化等方面。

李玉敏和王慧芳（2002）認為，新經濟時代對傳統經濟學構成了現實挑戰，同時也為改進財務報表帶來了一些啟示。財務報表應接納新興業務進入報表體系，重視無形資產和人力資源的披露，財務報告目標應轉向為知識的所有者提供信息，報告的信息類型也應由企業創造未來現金流量的能力轉變為企業知識資本擁有量及其增進能力，同時還應考慮人力資源等無形資產產生的收益及參與利潤分配。

劉亞莉（2003）以電力企業上市公司為例進行了實證研究，發現上市公司都根據《中華人民共和國證券法》《中華人民共和國公司法》《中華人民共和國會計法》的要求披露了經營業績相關信息，但環境、社會責任和具有行業特色的信息披露存在很多不足，提出了改進自然壟斷企業財務報告的構想：第一，增加信息內容，包括環境會計信息、社會責任會計信息、反應行業特色的信息；第二，改進財務報告披露方式，強制性披露與自願性披露相結合，法定性財務報告和規制性財務報告相結合。

劉天明（2004）認為，上市公司定期財務報告存在的問題包括：第一，公布期限太長；第二，「補丁」現象增多；第三，內容不夠完整；第四，披露方式缺乏多樣化，部分披露信息項目名稱和形式不統一；第五，公開披露前洩密情況嚴重。對此，他提出了相應的改進措施：第一，縮短上市公司定期財務報告的編製期限；第二，提高編報人員業務素質和職業道德水平，盡量減少「補丁」現象；第三，重新定位上市公司財務報告目標；第四，規範上市公司定期財務報告的披露行為，增加披露方式。

李傳憲（2004）認為，由於會計自身的發展和信息技術的日新月異，為財務會計報告的發展變革提供了技術支持，表現在會計數據的載體、會計數據處理工具、會計信息輸入輸出模式的變化，財務報告也將在財務報告內容和信息載體（存儲介質）、傳遞方式、報告形式等方面發生改變。

劉長翠、孔曉婷（2006）通過實證研究的方法對中國上市公司財務報告中的社會責任披露問題進行了研究，結果發現大部分上市公司還沒有轉變觀念，仍是以經濟利益最大化為公司目標，沒有把披露社會責任信息作為自己分內的義務。而根據國外的經驗，披露社會責任會計信息不僅可以維護企業的社會形象，而且有助於企業的可持續發展。因此，他們提出應建立完善的社會責任會計信息披露制度，可以在原有會計報表的基礎上增加社會責任信息的科目，並且數據披露和文字表述相結合。

黃曉波（2007）的研究指出隨著經濟形態從工業經濟到知識經濟的轉變、發展觀念從無限增長觀到可持續增長觀的轉變、企業從「經濟人」到「社會生態經濟人」的轉變，企業資本呈現出一種泛化的趨勢，即從傳統財務會計中的財務資本轉變為包括財務資本（債務資本、權益資本）、人力資本、組織資本、社會資本、生態資本等在內的廣義資本。廣義資本共同創造了企業價值，都應在企業享有相應的權益。因此，新經濟時代的財務報告應為廣義資本所有者提供其產權價值實現和保障情況的個性化的信息。

張丹（2008）對中國 49 家優質上市公司 2001—2005 年的 226 份年報進行了分

析，發現中國上市公司年度報告中關於人力資本、組織資本與客戶資本等構成的智力資本信息已經存在，並發現智力資本的披露對公司股票的市場價值有顯著的影響，從而提出應建立與規範中國企業的智力資本報告。

（三）從其他角度出發的針對財務報告改進的研究

不少專家學者根據經濟形勢和會計環境的變化，對財務報告提出了批評意見和改進措施。

於增彪、梁文濤（2002）通過對現代公司預算編製起點問題的探討，提出公開披露「利潤預算觀」，披露作為預算反饋報告的實際的財務報表及其與預算的差異，以改進現行財務報告。

張先治（2003）認為，在新的經濟環境下，會計相關性要求會計報告應提供對外報告（財務報告）和對內報告（內部報告）。從未來會計相關性變化角度出發，財務報告改進從整體上將呈現以下特點和原則：第一，歷史報告與未來報告結合；第二，通用報告與按需報告結合；第三，財務報告與非財務報告結合；第四，定期報告與即時報告結合。

袁甜甜（2006）將QFR（Quality Financial Report，高質量財務報告）思想與上市公司財務報告改進相結合，提出了基於QFR思想的財務報告變革基本構想和制衡機制。

李翔、馮崢（2006）通過問卷調查的方式對投資者的會計信息需求進行了研究，結果發現投資者對上市公司財務報告的披露信息存在不滿。原因在於：一是財務會計信息披露本身受規則限制，難以完全滿足投資者的信息需求，需要其他信息披露的補充；二是非會計信息披露缺乏披露規範的約束，難以得到投資者的完全信任，並缺乏公司間的可比性。他們研究發現投資者對管理會計信息的披露持支持態度。其中，反應公司戰略制定和執行的管理會計信息最受重視。因此，他們提出增加管理會計信息的披露以彌補公司治理主體決策的信息不足。

姚正海（2007）通過分析高技術企業與傳統企業在內在特徵、價值體現、價值增值方式等方面的不同特徵表現，提出高技術企業價值報告應披露有關財務核心能力、無形資產、智力資本、社會責任和價值鏈等相關信息。

上述學者的意見已部分體現在中國2006年頒布的《企業會計準則》中。對於現行財務報告體系的改進問題，目前中國學者採用的分析方法主要是規範研究方法。其中，主要是針對現有財務報告的缺陷進行分析，然後對症下藥地提出改進意見，這類文章數量較多，但觀點、結論重複現象較為嚴重。還有一部分學者著眼於基礎理論的研究，為財務報告改進問題的研究提供理論依據。這類研究的缺陷主要表現在缺乏系統性這一點上。因此，在下一階段的研究中，應加強在實證方面的研究，從而加強研究成果的實際應用性。

二、財務報告未來發展展望

結合上述學者的研究結果，考慮到現代資本市場和信息技術的發展，現行財務報告仍然在內容、披露方式和時效性等方面存在著局限。通過對財務報告未來發展趨勢和特點的總結，未來財務報告可能在以下幾個方面有所發展，而這些方

面也將成為未來會計學界研究的重點問題。

（一）財務報告的即時性

在傳統會計系統條件下，由於受制於成本效益原則，企業不可能每天進行一次企業財務信息的披露。目前多數國家的財務報告發布頻率限於季報、半年報和年報，並且一旦發現經審計之後的會計報告還存在錯誤，企業可能不能夠及時將該重要信息送給所有的報告使用人而導致無效決策。但採用計算機會計信息系統之後，由於服務器上已經存儲了企業本年以及以前甚至到企業開辦年度以來的所有經濟交易信息，會計人員可以在需要明細帳、總帳、會計報告的時候即時生成，在減輕會計人員工作量的同時又最大限度地提高了會計數據的準確性。報告使用者也可以在最短的時間裡擁有企業最新的財務會計報告。

IASB早在1999年11月就發布了「互聯網上企業報告」（Business Reporting on the Internet），也稱為電子企業報告（Electronic Business Reporting）。該報告的發布有三個方面的目的：一是在全球範圍內向會計政策制定者說明企業報告中發生變化的性質，並解釋這些變化正如何影響著會計信息和企業信息的傳播；二是辨別這些變化對未來會計準則制定有可能產生的影響；三是提出現在或將來會發生的電子企業報告中的問題，並推薦一套解決的辦法，以確保向企業內部和外部財務信息用戶傳播高質量的信息。2001年安然事件后，美國及歐洲各國又在大力推動電子聯機的即時財務報告系統。在這種系統下，企業在充分利用現代信息技術的基礎上，可以及時地通過計算機網路即時地將企業所發生的各種生產經營活動和事項反應在財務報告上，並將其存儲在可供使用者查閱的數據庫中，供使用者隨時查閱企業的經營成果、財務狀況以及其他重要事項，從而使財務報告在滿足使用者信息需要上真正得以實現其時效性。目前，商務報告語言擴展系統（Extensive Business Reporting Language, XBRL）等即時報告系統正在形成並被越來越多的用戶所採用。

（二）財務報告信息的多維性

未來財務報告在信息披露的內容上，可包括與企業有關的各種財務信息和非財務信息，並且非財務信息比重逐漸提升。未來財務報告的核心信息仍然是財務信息，但是為了使投資者更好地理解財務信息，企業需要通過一系列子系統將非財務信息融入財務報告中，並與財務信息一起對外提供。這些系統包括技術信息系統、管理信息系統、物流信息系統、人事信息系統等。此外，隨著政府和公眾對企業和社會的可持續發展問題的關注，未來企業財務報告還應包括社會責任報告，以披露企業在教育與醫療衛生、職工就業與培訓、環境保護、公益事業、城市改造等方面信息，反應企業在綠色環境與可持續發展以及其他社會責任方面所做的努力和取得的經濟、社會效益等。

財務報告中財務信息將偏重於企業的無形資產和人力資產。社會經濟環境決定了企業對不同經濟資源的偏好與依賴，企業財務信息也是如此。在工業經濟時代資本是實物性資產，因此以往的財務報告是圍繞企業有形資源進行確認、計量、記錄和報告。隨著技術經濟時代的到來，企業的核心競爭能力主要體現在對技術、品牌和人才的控制和開發利用上。在美國，20世紀末許多大型上市公司財務報告

中無形資產的比例已經接近50％，並且還有許多無形資產和人力資本並沒有反應在這些企業的報告中。目前一些發達國家的技術型企業已經不再持有大量的有形資產，而將生產線轉移給發展中國家的企業，這些大型企業主要通過品牌、專利和諮詢服務從這些生產性企業中獲取大量的利潤。可見如果未來財務報告中不能包含企業所持有的各種無形資產和人力資源，財務報告的有用性將大大降低。因此，對各類無形資產的確認、計量、記錄和報告也將成為未來會計研究的重點以及財務報告發展演變的重要方向。

未來財務報告在披露信息的價值基礎上，儘管歷史成本仍將使用，但公允價值將成為主導性的計價基礎。儘管目前對公允價值的使用仍存在著許多爭議，但隨著各類市場的發展成熟，公允價值的使用將更能體現出財務報告信息的價值。實際上公允價值的使用並不代表對財務報告的可靠性會有很大的影響，因為廣義的公允價值是可以用包括現行市價、重置成本或現值等計量屬性表現出來的，而財務報告可以從中選擇一種可靠的信息源。

未來財務報告的多維性還體現在我們在未來的財務報告中將不僅看到表格和文字，財務報告可以同時配以語音解釋和提示，或者再輔以圖片進行說明，有的甚至可以通過影音視頻進行詳細解說。使報告使用者不再感到文字的枯燥，而能更有效率地通過企業提供的財務會計報告瞭解到企業的詳細資料。

此外，財務報告在披露形式上，可包括全面系統的整體報告，地區、行業或產品類別的局部、分部報告；在報告的時間性上，可包括期末報告、中期報告和即時報告。

(三) 財務報告的靈活性

目前的財務報告是一種標準化的財務報告，將同樣的財務報告提供給不同的信息使用者。隨著企業利益相關者理論的興起，會計界已經意識到有各種不同類型的企業財務報告使用者。這些企業的利益相關者對企業財務信息的使用目標和偏好是不同的，因此人們開始對如何增強財務報告的靈活性進行了研究。

為了滿足不同利益相關者的需求，差別式的財務報告模型將可能在未來出現。這種差別式的財務報告可以從信息提供者的角度，根據不同的信息使用者提供在內容或時間上有差別的財務報告。企業可以有選擇、有重點地對外披露某些使用者特殊需要的信息，同時針對某些信息使用者提供的報告可以避免廣泛對外披露而對企業產生的不利影響。

此外、針對某些事項的事項會計報告或數據庫會計報告模式也將出現。現行財務報告的信息具有高度的綜合性，這種綜合性信息帶來了幾個方面的問題：一是妨礙了信息使用者按照自己的需求重新編製報告的可能；二是信息本身的綜合加工過程還會導致信息的丟失與扭曲；三是綜合信息忽略了使用者認知方式的差異，為管理層操縱會計數據進行盈餘管理提供了空間。這些問題都會導致信息不對稱。美國學者喬治‧H.索特（George H. Sorter）早在1969年就提出了「事項會計」的報告模式，這種模式使得企業在不完全瞭解信息使用者的需求與決策模型的情況下，應立足於提供與各種可能的決策模型相關的經濟事項的信息，由使用者從中選擇自己感興趣的信息，由投資者自己對這些信息進行加工，以生成其決

策模型所需的信息。從操作上來講，在事項會計報告模式下企業應該以經濟事項作為數據處理目標，經濟事項發生後，通過各業務處理子系統進入數據庫，根據各類事項的特徵及相互的邏輯關係進行即時自動處理，從而最終對外提供與企業有關的各類經濟事項。而信息使用者可以通過數據庫提取不同明細程度的數據自行進行加工處理。這種報告模式在過去受制於披露成本與使用者分析能力的約束，因此一直沒有被重視，但隨著網路技術和各類分析性軟件的成熟，採用事項會計報告模式的披露及分析成本均大大降低，越來越多的人開始關注到這種報告模式，這種模式在保護了企業商業機密的前提下將可能在未來的財務報告體系中出現。

（四）財務報告的可利用性——基於 XBRL 的網路財務報告

隨著上市公司數目的不斷增加，財務報告從最初的僅披露年報發展到了披露中報和季報，相關財務信息內容的不斷擴充，導致以財務報告為主的財務信息逐漸成了海量信息，閱讀者難以消化。海量的財務信息不僅會耗費閱讀者大量時間，增加閱讀成本，甚至會干擾或降低決策的精確度。由此，面對信息不斷膨脹的難題，一種新的財務報告模式逐漸呈現在人們面前，即基於 XBRL 的財務報告模式，其也可以稱為第二代網路財務報告模式。與第一代網路財務報告模式相比，新的網路財務報告模式的功能發生了根本性變化，既可以表現為網路常用的格式，滿足人們用眼睛閱讀的習慣，又可以表現為標記語言格式，人們不需要直接閱讀，而是利用開發的工具幫助人們閱讀。

XBRL 最初稱為 XFRL（XML Based Financial Report Mark-up Language），即基於 XML 的會計報表標記語言，主要是設想為投資人士、交易方提供財務信息的披露，但是後來發現，該語言更可以用於企業內部等更多情況，因此改稱為「商業報告語言」。XBRL 的作用很廣泛，企業的各種信息，特別是財務信息，都可以通過 XBRL 在計算機互聯網上進行有效的處理。信息發布者一旦輸入了信息，就無需再次輸入，通過 XBRL 就可以很方便地轉換成書面文字、PDF 文件、HTML 頁面，或者其他相應的文件格式。而且，通過 XBRL 獲取到的信息，無須打印或再次輸入，就可以方便快捷地運用於各種財務分析等領域。

XBRL 被稱為是一個「商務報告的革命」，它為網路財務報告的國際趨同奠定了技術基礎。XBRL 不強調制定新的會計準則，而是致力於增強按現有會計準則提供信息的有用性；XBRL 可使不同會計準則下的財務報告編製更加容易；XBRL 報告系統可將紙質報告轉換成通用的數字文件，使非財務信息具有與財務信息同樣重要的地位。有了 XBRL 後，企業採用 XBRL 可向全球投資者、債權人等各種利益相關者呈報更加豐富和個性化的信息，信息不對稱的情況將得到極大的緩解。目前，國際上許多證券交易所、會計師事務所和金融服務與信息供應商均已採用或準備採用該項標準和技術，世界各國或地區已有 250 多個機構參加了 XBRL 國際組織。目前，微軟、納斯達克（NASDAQ）和普華（PWC）正在共同開展要求企業利用 XBRL 提供財務報表的推廣工作。為提高金融監督的及時性和有效性，美國銀行業的監管者——聯邦儲備保險公司要求每家銀行報送的季度報告應使用 XBRL 標準。加拿大的多倫多股票交易所也已開始使用 XBRL 格式發布 2003 年度的上市公司財務報告。在歐洲，各國中央銀行和地區監管者也在積極推動各自的 XBRL 項

日。2001 年，路透社成為在歐洲上市公司中第一個採用 XBRL 提供財務報告的企業。在英國，金融服務監管局（FSA）已宣布正在採納 XBRL 標準。在亞洲，日本東京證券交易所目前受理的上市公司財務報告中部分已開始採用 XBRL 格式。韓國證券市場（KOSDAQ）也推出了「XBRL Pilot Service」項目，在網上披露部分上市公司的財務數據和 XBRL 實例文檔。

在中國，2002 年下半年，中國證監會在上海、深圳兩家證券交易所對 XBRL 標準進行了研究，並結合中國國情制定了《上市公司信息披露電子化規範》。2004 年 6 月，上海證券交易所的 XBRL 項目通過了 XBRL 國際組織的評估。通過將 XBRL 標準應用於中國證券業，將會推動上市公司信息披露的規範化和標準化，提高信息傳輸效率，方便信息仲介改善服務質量，進一步增強投資者信心，並促進中國的會計準則與國際接軌。根據滬、深兩地證券交易所的試點和實踐，可以預計，XBRL 標準在國內證券業，乃至中國所有營利組織和非營利組織的財務報告應用上具有廣闊的發展前景。

2009 年，財政部會計司司長劉玉廷就全面推進會計信息化指導意見答記者問時表示，計劃於在 2009 年年底或 2010 年年初推出基於中國企業會計準則的 XBRL 分類標準，先在上市公司試行，再逐步擴展到其他企業，同時積極探索推進非企業單位會計信息化工作。

進入 21 世紀以來，科技進步、金融創新、知識經濟的日新月異推動世界經濟的迅猛發展的同時，也給企業經營和信息披露帶來了新的挑戰，它們對傳統財務報告已帶來了巨大衝擊，並持續影響著財務報告的確認基礎、計量屬性、內容和方式。可以預見，企業財務報告在未來的一段時間內仍將處於一個持續改進和變化的階段。

思考及討論題：

1. 現有財務報告存在的問題有哪些？
2. 財務會計報告的目標是什麼？
3. 財務會計報表與會計報表附註的關係是怎樣的？

第七章　人力資源會計

在知識經濟時代，一個企業的人力資源成為創造企業價值的主要驅動因素，其貢獻率遠遠大於傳統的物質資本貢獻率。因此，人作為一種資源越來越受到重視，人力資源會計的實用性及重要性也日益凸顯。加強對人力資源會計的研究，建立和實施人力資源會計勢在必行。

第一節　人力資源會計的演進

經濟理論界對人力資本理論的不斷深入研究改變了以前忽視人力資本的狀況，建立了人力資本在所有生產要素中的首要地位。在人力資本理論研究深入發展的同時，也衍生出大量的分支學科，如教育經濟學、衛生經濟學、家庭經濟學。而在人力資源研究的方法性、工具性學科領域中，最引人注目的則是人力資源會計的興起和發展。

一、人力資源和人力資本

（一）人力資源

在《辭源》中，「人力」被定義為「人的能力」。也就是說，所謂「人力」，是指人類所擁有的腦力、體力的總和，其中腦力包括知識、智力、技能等在內。《辭海》（1989）將「資源」定義為「資財的來源」。韋伯・斯特《新世界辭典》（1974）將「資源」定義為「某種可備以利用、提供資助或滿足需要的東西」。因此，可以認為，人力資源就是以人力形式存在的一種經濟資源。人力資源投入到生產活動中並與物質資源相結合，就能為社會創造出新的物質財富。

有關人力資源的定義，可以分為兩大類：一類是從人力資源載體的角度出發，認為人力資源是一定時期、一定社會區域內在適齡勞動人口和超過勞動年齡的人口中具有勞動能力的人口的總和；另一類是從人力（包括體力、知識、智力和技能等）的角度出發，認為人力資源是指一定時期、一定社會區域內在適齡勞動人口和超過勞動年齡的人口中具有勞動能力的人口所擁有的創造社會財富的能力（包括已經投入和尚未投入社會財富創造活動的能力）的總和。

人力資源會計中所使用的人力資源的概念是后一種。在這個問題上，2000年中國會計學會首屆「人力資源會計理論與方法」專題研討會的與會代表們已經達成了共識。他們認為：「人力資源的本質是人的能力，與人本身是不同的兩個概念。人力資源是商品，不是指人是商品，而是說人的某種技能是商品。」這就確立了進行人力資源會計研究的科學的理論基礎。

在這裡還需注意的是，不應將人力資源與人口資源、勞動力資源這些概念相混淆。按照《辭海》(1989) 的解釋，人口資源是指「一個國家或地區範圍內作為一種資源看待的人口總體」。勞動力資源是指「現實勞動力人口與潛在勞動力人口的統一」，不但包括在一定時空範圍內在適齡勞動人口和超過勞動年齡的人口中具有勞動能力的人口，而且還包括未達到勞動年齡的從業人口。顯然，在一定時空範圍內，人力資源的外延小於勞動力資源的外延，而勞動力資源的外延則又小於人口資源的外延。同時，還值得注意的一點是，這三個概念雖然都涉及量和質兩個方面，但側重點有所不同。人口資源主要強調的是量的規定，而人力資源則主要強調的是質的規定，勞動力資源則介於兩者之間。

(二) 人力資本

人力資本理論的創始者西奧多·W. 舒爾茨將對人力資源進行投資所形成的凝固在人身上的價值稱為人力資本。人力資本體現為通過投資使人們所獲得的知識和技能，體現為勞動力素質的提高。在這裡，研究者著眼於人力資本的形成，即勞動者所擁有的知識和技能的累積。在人力資源和人力資源會計的研究中，中國許多學者在提到人力資本時，也是指人們由於投資而擁有的知識和技能。例如，周天勇認為，人力資本是普通教育、職業教育培訓、繼續教育等支出（直接成本）和受教育者放棄的工作收入（間接成本）等價值在勞動者身上的凝固；吳文武等認為，人力資本是人力資源通過后天努力而形成的複雜勞動能力，其大小取決於后天的主觀努力程度和對人力資本的投資狀況。

在中國，勞動者權益會計模式的提出者閻達五、徐國君對應人力資產的概念，也提出和使用了人力資本的概念。他們認為，人力資本是企業所擁有或控制的有望向企業流入未來經濟利益的人力資源本身，包括直接和間接增加企業的現金或其他經濟利益的潛力。因此，與之相對應，人力資本代表人力資源的使用權讓渡給企業后所形成的企業的一種「資金來源」，在性質上近似於實收資本。與原來意義上的法定企業所有者投入企業的是物質資本相對應，勞動者投入的是有技能的、有產出價值的「人力資本」。「人力資本」和物質資本一樣是一種能夠獲得價值增值的價值，是和物質資本相對應的一個概念。這裡的「人力資本」的內涵與人力資本理論中所使用的「人力資本」概念的差異主要表現在：第一，前者的內涵更為廣泛。因為它不僅包括對人力資源的教育投資使勞動者獲取知識和技能後所形成的具有更高質量的生產能力，也包括在衛生保健等方面的投資使勞動者體質增強而產生的促進生產率提高的能力，還包括純粹的自然人力和純粹的自然人力在掌握簡單的操作方法后與一定的物質資源相結合所形成的一定的生產能力。也就是說，前者在內涵上相當於人力資源會計中的「人力資源」的概念。第二，前者強調對剩余索取權的要求，后者沒有牽涉這個問題，只是從人力資本形成的角度來進行討論。但兩者都強調了人力資本在經濟發展中的重要作用。

在中國，對人力資源和人力資本的理解不盡相同。例如，經濟學家魏杰認為，人力資源是指企業中的所有人，而人力資本則主要指兩種人，一種人叫做技術創新者，另外一種人叫做職業經理人。因此，在進行人力資源會計的研究時，應該注意所使用的人力資源、人力資本等概念的具體內涵。

我們這裡所提到的人力資源和人力資本概念的內涵，採用人們通常所認可的提法，即人力資源是指人的能力，人力資本則是指人們通過投資所獲得的能力。

二、人力資源會計的產生和發展

隨著社會經濟的發展，人才競爭已比物質競爭更為激烈，掌握知識和技術，具有創新精神和創造能力的人才已成為經濟社會發展的主導。隨著人力資源管理理論和實踐的發展，也隨著人力資源成本和人力資源價值在社會經濟價值中所占比重的不斷提高，企業將人作為一種寶貴的資源加以使用和管理的要求越來越強烈，即探索盡可能準確地計算人力資源投入產出效益的理論框架和科學方法，從而確定人力資源活動的經濟價值。美國芝加哥大學教授西奧多·W.舒爾茨在1960年提出了人力資本學說，並形成了理論體系，為人力資源會計的產生建立了理論基礎。在理論的成熟和實踐需要的雙重作用下，人力資源會計獲得了空前的發展。

人力資源會計主要發源於美國密歇根大學企業管理研究所及其社會研究中心（郭章芳，1988）。1964年，該研究所的赫曼森教授發表《人力資產會計》一文，首次提出了「人力資源會計」的概念。在該篇文章中，他指出，如果企業的財務報表能加入人力資源數字的資料，則對管理人員及投資者來說，報表將趨於完整並更為有用。該文中，他提出了兩個評估人力資產的方法，即「未購商譽法」和「平均效率法」。他的創舉雖未獲得熱烈的回應，但已引起會計界的注意。從此，人力資源會計開始了它的發展歷程。美國著名會計學家弗蘭姆霍爾茨在其《人力資源會計》一書（1985）中將人力資源會計產生和發展的過程分為五個階段。

（一）基本概念的產生階段（1960—1966年）

舒爾茨在1960年提出的人力資本理論及其他相關理論激發了人們對人力資源會計的研究興趣，並在研究中促成了一系列人力資源會計的基本概念產生。自從赫曼森提出人力資源會計概念后，美國會計學會對人力資源會計理論進行了系統研究，認為需要對人力資源費用成本和人力資源效益進行衡量和評價，並將這一工作交給密歇根大學社會研究所進行試驗。

在這一階段的研究中，產生了人力資源會計、人力資產、人力資源成本、人力資源價值等概念和將人力資產視作企業商譽的一部分的概念。此階段的研究工作為人力資源會計的進一步發展奠定了基礎。

（二）人力資源成本和價值計量模型的學術研究階段（1966—1971年）

這一階段以開發計量人力資源成本模型（歷史成本和重置成本）和人力資源價值模型（貨幣和非貨幣）及評價其有效性為標誌，並且研究人力資源會計作為一種人力資源管理人員、部門經理、財務信息的外部使用者的工具，所具有的現時和潛在的用途。在此期間，大量的研究工作在美國密歇根大學進行，代表人物有里克特、布魯梅特、弗蘭姆霍爾茨和派爾等。

其研究成果主要有：1967年，赫基緬及瓊斯兩位教授在《哈佛商業評論》雜誌上發表重要文章，強調人力資源在規劃過程尤其是在資源分配決策方面的重要性。同年，著名的行為學家里克特教授應用行為科學技術來計量人力資源的價值。他出版了《人力組織：它的管理與價值》一書，其中有一章專門敘述人力資源會

計制度，他強調人力因素在組織中的重要性，並認為不將人力資源反應在資產負債表中，將導致公司帳面價值與真正市面價值發生很大差異；同時由於該項資料的缺乏，將導致管理人員的決策失誤。此后，又有一些學者先后投入這一課題研究，並發表了研究成果。例如，1968 年，布魯梅特、弗蘭姆霍爾茨和派爾等人在美國《會計評論》發表《人力資源的計量——對會計人員的挑戰》；1969 年，人的行為研究基金會出版了《人力資源會計在工業中的發展和實施》一書；1970 年，派爾發表《你的人事會計》一文；1971 年，米歇爾·亞歷山大發表《人力的投資》一文；同年，巴魯克克·列佛和阿巴·舒爾茨在美國《會計評論》又發表《人力資本經濟價值概念在財務報表中的應用》一文。

(三) 人力資源會計迅速發展階段 (1971—1976 年)

隨著新技術獲得突破性進展，學術界與實務工作者對人力資源會計的興趣越來越大，使人力資源會計得到迅速發展。這一時期發生了兩件在人力資源會計歷史上具有重要意義的事情。第一件是美國會計學會於 1971—1973 年間成立了人力資源會計委員會，組織和支持一些人力資源會計項目的開發。特別是 1973 年美國會計學會人力資源委員會發表報告，對人力資源會計做出肯定性評價，推動了人力資源會計的發展。第二件是 1974 年迪克遜出版公司出版了弗蘭姆霍爾茨的《人力資源會計》一書，成為當時該領域最具有代表性的著作。1976 年，杰奇和萊恩在美國《會計評論》第四期發表《關於人力資源的估價模式》一文。這一階段許多企業也紛紛嘗試進行人力資源會計的核算和報告。

(四) 理論界和實務界對人力資源會計興趣下降階段 (1976—1980 年)

進入 20 世紀 70 年代后期，人力資源會計的研究工作進入一個更加深入的階段，並結合企業的實際應用來解決人力資源會計進一步發展需要解決的問題，但因為研究成本高，效益難以測量，因此缺乏企業的配合，人力資源會計的研究工作進入了一個停滯不前的階段。

(五) 人力資源會計回覆活力的階段 (1980 年至今)

隨著第三產業的迅速崛起以及人們對人力資源管理的日益重視，進入 20 世紀 80 年代后，人力資源會計在學術研究和實踐工作中都進入了一個前所未有的發展階段。

弗蘭姆霍爾茨的《人力資源會計》一書於 1985 年修訂后再版，該書不但全面地介紹了人力資源會計這個領域的理論和方法，而且還增加了相當的篇幅來介紹所列舉的 30 個人力資源會計的應用案例，使該書成為人力資源會計學領域的一部權威性著作，弗蘭姆霍爾茨本人也成為人力資源會計研究領域的學術權威。美國在與日本的競爭中也逐漸認識到關心職工對於提高生產力的重要作用，開始注重人力資源管理，促進勞動生產率的提高。1988 年 9 月，弗蘭姆霍爾茨、索法斯、卡福發表《把人力資源會計發展成為人力資源決策支持系統》一文。同一一時期，許多企業都開始重視人力資源會計的應用，如美洲銀行、美國海軍研究署、美國航天公司、美國大型醫藥公司、美國電話和電報公司、加拿大航空工業公司以及四大國際會計師事務所等。

在 20 世紀末 21 世紀初，隨著知識經濟的初見端倪以及整個社會對知識經濟的

關注，人力資源和無形資產的會計問題成為知識經濟下企業會計問題的熱點，湧現出相當一部分富有創見性的研究成果。FASB 也於 2001 年發布了一份具有指導性意義的特殊報告——《企業和財務報告：來自於新經濟的挑戰》，其中詳細闡述了知識經濟下的人力資源和無形資產會計問題。

相比之下，中國人力資源會計的研究發展緩慢得多。1980 年，中國著名會計學家潘序倫在上海《文匯報》上發表文章，提出中國應重視開展人才會計的研究，既要計量人才成本也要注重效益。潘序倫的文章率先在國內提出了重視人力資源研究的問題。隨後一段時間內，會計學界陸續發表了多篇關於人力資源會計的文章，就人力資源會計的一些理論和方法問題進行了廣泛的研究。1986 年出版了陳仁棟翻譯的弗蘭姆霍爾茨的《人力資源會計》，從而在國內首次系統地介紹了人力資源會計的內容。其後報刊上發表了許多介紹人力資源會計的理論文章。張俊瑞的《關於人力資源會計的幾個問題》一文在《會計研究》1987 年第 2 期上發表後，人力資源會計的研究成為中國會計學會「七五科研規劃」和「會計研究」的主要課題之一。在會計辭典中也開始出現有關人力資源會計的詞條。進入 20 世紀 90 年代后，中國學者從以介紹人力資源會計為主轉為以研究為主。在這段時期內，先後出版了不少研究人力資源會計的專著。陳仁棟的《人力資源會計》（1991）一書率先問世；「人力資源會計準則」被列入了閻達五主編的《會計準則全書》（1993）之中；徐國君的《行為會計學》（1994）從行為科學的角度研究如何對人力資源進行價值核算和管理，其《勞動者權益會計》（1997）則進行了人力資源會計新模式的研究，提出了勞動者權益會計的理論與方法體系；劉仲文的《人力資源會計》（1997）介紹了人力資源會計的基本內容，闡明了在中國研究和實施人力資源會計的必要性和可能性，構建了人力資源成本會計和人力資源價值會計的基本理論框架和計量方法，還對人力資源供給與需求預測、人力資源投資與收益分析等方面的問題進行了討論；張文賢的《人力資源會計制度設計》（1999）對人力資源會計的基本理論和行業會計制度的設計進行了研究，在人力資源會計的實施方面提出了新的思路；王志忠的《人力資源會計》（1999）也展示了不少新的研究成果。這個時期，在學術刊物上也發表了許多有關人力資源會計的研究論文。經檢索，僅在 1999 年，在《會計研究》《上海會計》等 20 余種國內刊物上發表的有關人力資源會計的論文就有 60 余篇，內容涉及人力資源會計的理論體系、會計假設、會計模式、核算方法、信息披露、應用發展、制度設計、理論創新及問題探討等許多方面。但從總體上看，人力資源會計與其他會計分支相比較，發展得仍然比較緩慢。

第二節　人力資源會計的體系

一、人力資源會計的定義

美國會計學家弗蘭姆霍爾茨認為，人力資源會計是「把人的成本和價值作為組織的資源而進行計量和報告的活動」。戴維森和威爾（Davison & Weil）將人力

資源會計定義為度量和報告企業中人的能力的過程，是用一定的方法對企業中隨時改變的人力資源狀況的估計。伍德魯夫（Woodruff）認為，人力資源會計是驗證和報告企業對人力資源投資的一種嘗試。

中國會計界對人力資源會計也有不少定義。閻達五等認為，人力資源會計是對人力資源進行價值核算和管理的一種活動，包括人力資源財務會計和人力資源管理會計兩部分。王文彬等認為，人力資源會計是以貨幣形式反應並控制經濟組織中的成本和價值的管理活動。還有學者認為，人力資源會計是測定和報告企業人力資源的變動和現狀，幫助決策者決定行動方案的一門新興會計。

對於人力資源會計的定義，目前較權威的是美國會計學會人力資源會計委員會作出的，即人力資源會計是鑑別和計量人力資源數據的一種會計程序和方法，其目標是將企業人力資源變化的信息，提供給企業和外界有關人士使用。

人力資源會計是研究一定社會組織範圍內人力資源成本和價值的確認、計量、記錄、報告和管理問題的會計，主要是向企業管理階層提供關於人力資源取得和開發成本、人力資源的配置與評價等貨幣性信息，並積極參與企業人才的管理工作，從經濟角度管理人，調動人的積極性，使企業人力資源的管理趨於規範、科學、高效。

人力資源會計可分為人力資源成本會計、人力資源價值會計和人力資源權益會計三部分內容。

二、人力資源成本會計

人力資源成本會計提出較早，各國研究者對其也進行了許多改進工作，因此人們認為人力資源成本會計是比較成熟的一種人力資源會計模式。

（一）人力資源成本的構成

按照弗蘭姆霍爾茨的定義，人力資源成本會計是從企業對人力資源投入的角度出發，對企業人力資源的取得、開發和替代成本進行核算，是按歷史成本進行的事后核算。以后的研究者們突破了弗蘭姆霍爾茨建立的人力資源成本結構的框架，將人力資源的工資部分作為使用成本也納入了人力資源成本的核算範圍。人力資源成本開支可具體劃分為以下幾個項目：

1. 人力資源取得成本

人力資源取得成本反應企業在某項人力資源取得過程中所發生的各項物力資產的實際支出，包括招募支出、選拔支出、錄用支出、安置支出。這些內容的支出要在企業取得的人力資源的合同有效期內隨著該項人力資源的實際使用而予以攤銷，並計入各生產對象的生產成本或各使用期的期間費用。

2. 人力資源開發成本

人力資源開發成本反應企業在某項人力資源開發過程中所發生的各項物力資產的實際支出，包括崗前培訓支出、在崗培訓支出、脫崗培訓支出。這些內容的支出要在企業追加的人力資源的有效使用期限內隨著該項人力資源的實際使用而予以攤銷，並計入各生產對象的生產成本或各使用期的期間費用。

3. 人力資源使用成本

人力資源使用成本反應企業在某項人力資源使用期間為補償或恢復人力資源載體，在從事勞動的過程中體力、腦力的消耗，直接或間接地向勞動者支付而形成的各項物力資產的實際支出。人力資源使用成本包括維持支出、激勵支出、調劑支出。這些內容的支出應全額計入企業該項人力資源使用期的各生產對象的生產成本或各使用期的期間費用。

4. 人力資源替代成本

人力資源替代成本反應企業在人力資源替代過程中為替代某項人力資源所發生的實際支出與招致的機會損失。人力資源替代成本包括：

（1）為取得人力資源替代者而發生的實際支出，其已並入企業的人力資源取得成本或人力資源開發成本中。

（2）為替代被替代者所招致的遣散前業績差別損失和遣散後空職損失。由於這兩項都不是企業所實際發生的支出，因此不能列入進入損益表的人力資源成本，而只能作為企業人力資源決策的機會成本計算。

（3）在企業辭退員工條件下支付給被替代者的補償性支出，扣除員工辭別企業條件下收取被替代者的賠償性收入後的差額。

（4）未攤銷的被替代者的取得成本或開發成本。因為被替代者脫離企業致使會計核算失去成本承擔對象，所以直接作為當期人力資源替代損益處理。

值得注意的是，在人力資源的取得成本和開發成本快速增長的今天，將人力資源的取得成本和開發成本進行資產化處理顯得很有必要。因為如果將人力資源的取得成本和開發成本全部計入當期費用，會造成會計信息失真，而且可能使企業當年產生巨額虧損，使企業前後各期的盈利情況發生巨大的波動。對人力資源成本中屬於資本性支出部分進行資產化處理並分期攤銷，能夠避免這些情況的出現，也更符合會計核算的權責發生制原則和配比原則。具體來講，屬於資本性支出的人力資源取得成本和開發成本予以資產化處理並在受益期內分攤轉化為費用，屬於收益性支出的人力資源取得成本和開發成本也在受益期內分期攤銷，人力資源的使用成本（與企業招聘、培訓員工有關的應計入相應的人力資源取得成本和開發成本進行核算）直接計入當期費用。

（二）人力資源成本會計核算

人力資源成本的會計核算方法主要有歷史成本法、重置成本法和機會成本法。

1. 歷史成本法

歷史成本法又稱原始成本法。作為實際成本法，歷史成本法是以企業在人力資源取得、開發、使用全部過程中發生的實際支出為依據來計量人力資源的成本的一種核算方法。運用這種方法可使提供的會計信息具有客觀性並易於驗證，被人們廣泛接受和理解。

2. 重置成本法

重置成本法又稱現時成本法。作為實際成本法，重置成本法是在現實的物價水平條件下以重置現有人力資源所需發生的全部支出來計量人力資源的成本的一種核算方法。重置成本法有助於企業人力資源的管理決策，反應了人力資源實際

成本的現時價值，有利於人力資源成本的保全。其缺陷具體表現在估算時很難參考到與某項人力資源具體對應的現時物價水平參數，即使勉強找到了參考標準也很難準確估算，從而使重置成本失去客觀性；核算時既要按重置成本法調整原歷史成本法下的人力資源成本帳面的歷史成本作為重置成本又要攤銷重置成本與歷史成本的差額，計入當期企業人力資源損益，並於期末結轉當期企業利潤。

3. 機會成本法

機會成本法運用於人力資源替代過程中，是按人力資源暫時或永久脫離企業組織而給企業可能造成的經濟損失來計量人力資源的成本的一種核算方法。機會成本法計算的是機會成本，包括遣散前業績差別損失和遣散后空職損失。由於機會成本法不是企業的實際支出，不能計入當期損益表，而只能作為企業人力資源管理者做出人力資源替代決策的參考。

上述三種成本法具體運用時，要把企業在人力資源取得、開發、使用、替代全部過程中所發生的各項支出按性質及用途進行劃分，以此來進行會計確認與會計計量。第一，把為取得或開發某項人力資源所發生的各項支出確認為企業當期增加的該項人力資源取得成本或開發成本。第二，把為某項人力資源使用所發生的全部支出確認為企業當期人力資源使用成本。第三，把人力資源替代以後發生的遣散成本中的企業辭退員工之實際支出和員工辭別企業之實際收入確認為企業遣散當期的人力資源損益。第四，把人力資源在替代以後所招致的遣散成本中屬於遣散損失的遣散前業績差別損失和遣散后空職損失確認為非實際支出性的人力資源替代決策的機會損失，作為企業遣散當期的該項人力資源的機會成本。

由於當前對於人力資源成本會計的帳戶設置及帳務處理仍存在很大爭議，故本書對此部分內容不做探討。

三、人力資源價值會計

人力資源成本會計是從投入角度分析的，而人力資源價值會計則是從產出角度來分析。

(一) 人力資源價值

人力資源價值是作為人力資源載體的人所具有的潛在的創造性的勞動能力的外在表現。人所具有的這種內在的能力是無法進行準確計量的，只能進行推測與判斷。但是，人的這種潛在的創造能力能夠創造出可以計量的外在的價值。因此，可以通過對這種已經實現的或可能實現的外在價值的計量來表示其內在的價值。

按人力資源價值的外在表現，可以將人力資源價值分為補償價值（或交換價值）和剩餘價值兩部分。補償價值體現為支付給人力資源的所有者，即勞動者的工資報酬（包括工資、獎金、福利費等），補償價值是對勞動者參與組織活動過程中所消耗的腦力和體力的補償。如馬克思所說，這部分價值是由生產、發展、維持和延續勞動力所必需的生活資料的價值來決定的。補償價值是人力資源的必要勞動的價值，也即人力資源的交換價值。補償價值包括三個部分：維持勞動力自身生存所必要的生活資料的價值；養活勞動力家屬和子女所必需的生活資料的價值；一定的教育或培訓費用。剩餘價值是勞動者的剩餘勞動所創造的那部分價值。

人力資源的補償價值和新創造的價值共同構成了人力資源的使用價值。

人力資源價值會計應當反應人力資源的完全價值，即要反應包括補償價值和新創造的價值在內的整個人力資源價值。如果只反應補償價值或只反應新創造價值，就會造成人力資源價值的低估，也使人力資源價值計量的真實性和客觀性受到影響，還會影響人力資源價值信息使用者決策活動的有效進行。人力資源價值還可分為基本價值部分和變動價值部分。任何能從事簡單勞動的勞動者，即自然人力都具有基本價值，純粹的自然人力創造新價值的能力是很低下的，對經濟增長的貢獻也是很小的。因此，在勞動力素質很低的國家，經濟的增長主要依賴於資本投入的增長。通過貨幣的和非貨幣的投入，勞動者的知識和技能能夠得到增長，從而勞動者的價值也得到增值，這個增值部分就構成人力資源的變動價值。變動價值的大小與投資的數量多少有關。實質上，這裡所說的人力資源的變動價值部分就是人力資本。

人力資源價值會計應當反應人力資源的整體價值，即包括基本價值部分和變動價值部分，對人力資源價值的確認和計量是對人力資源價值的評價。應該認識到，是人力資源價值的客觀存在決定了對人力資源價值的評價，而不是對人力資源價值的評價決定人力資源的價值。既然任何能從事簡單勞動的勞動者都具有其基本價值，那麼作為提供組織人力資源價值信息的人力資源價值會計就應該如實地給予評價和反應，而不能忽視這部分人所具有的基本價值。經過培訓的勞動者從事的是複雜勞動，複雜勞動是加倍的簡單勞動。馬克思關於簡單勞動和複雜勞動的理論是人力資源定價的基礎。

人力資源價值還可分為個體價值和群體價值。人力資源個體價值的體現會受到許多因素的影響，如組織的管理水平、環境、自身的主動性、積極性、創造性等。要提高人力資源的個體價值，必須注重對其進行投資，並創造能使個體價值得到充分體現的環境。要提高群體價值，不但需要提高每一個體的價值，還要注意人力資源群體價值的整體優化，注意發揮組織整體的協同效應，因為人力資源群體價值不是其中每個個體價值的簡單相加，而是所有個體價值間的相互聯繫、相互影響、相互作用的結果。

人力資源價值信息的使用者需要的是完整而客觀的信息，人力資源的價值和對價值的評價之間的相互關係也說明應該全面反應組織的人力資源價值信息。人力資源價值的計量工作必須滿足這樣的要求。

（二）人力資源價值的計量方法

由於影響人力資源價值的因素，有些是可以用貨幣計量的，有些只能用非貨幣計量，但要全面反應人力資源價值，兩者都不可偏廢，因此產生了兩種價值計量方法：一種是貨幣性計量方法，另一種是非貨幣性計量方法。

1. 貨幣性計量方法

（1）個人貨幣性價值計量方法包括隨機報酬計價模式、現值調整法、未來收益貼現法、競標法和人力資源加工成本法。

①隨機報酬計價模式（SRVM）。隨機報酬計價模式亦稱隨機法，有三個概念：一是個人崗位價值，即以現值表現的個人在目前崗位上給企業帶來的盈利增長額；

二是個人預期條件價值，即以現值表現的個人在自己希望服務的崗位上為企業預期實現的盈利增長額；三是個人預期可實現價值，即在個人預期條件價值基礎上按個人離職可能性做了調整后的價值。隨機法可用數學公式表示如下：

$$E(RV) = E(CV) \times P(R)$$

$$P(R) = 1 - P(T)$$

$$OCT = E(CV) - E(RV)$$

其中：$E(RV)$ 表示個人預期可實現價值；$E(CV)$ 表示個人預期條件價值；$P(R)$ 表示個人繼續留職的可能性；$P(T)$ 表示個人離職的可能性；OCT 表示由於離職造成的機會成本。

在這組公式中，關鍵是要解決如何計算 $E(RV)$ 和 $E(CV)$。埃里克·G. 弗拉姆豪茨（Eric G. Flamholtz）為此提出一種計算方法，即隨機報酬計價模式（SRVM）。個人在組織內部不同崗位上的流動帶有一定的隨機性，而且利用這種計價方法還需要設定一些約束條件：一是確定一個人在組織內可能佔有的一系列排他性崗位（即每次只能佔有一個崗位）；二是設定每一個崗位對組織可能提供的價值；三是預計個人對組織的可能服務年限；四是確定個人在既定的未來期間佔有每一種崗位的可能性（隨機概率）；五是選擇預期未來服務的貼現率。

以上公式表示，假設組織內的崗位數為 I，$I = 1, 2, 3, \cdots, m$（m 為離職）；R 表示在 I 崗位上的可能服務價值，即 $R_1 + R_2 + R_3 + \cdots + R_m$ 等於該組織內可以從全部崗位獲得的一個人的全部人力資源價值。這裡 R_m 為零，因為一個人離職時，他所能提供的價值等於零。T 表示一個人的預期服務年限，由於一個人在既定的未來期間占據每一個崗位的可能性，也就是組織可以從這些崗位獲得的個人未來服務。因此，用 $P(R_1)$ 表示一個人未來期間在 I 崗位對組織可提供的人力資源價值，其全部價值為 $P(R_1) + P(R_2) + P(R_3) + \cdots + P(R_m)$。$R$ 表示適當的市場利率。這樣，根據以下兩個公式可以得到 $E(CV)$ 和 $E(RV)$：

$$E(CV) = \sum_{t=1}^{n} \left[\frac{\sum_{i=1}^{m-1} R_i \cdot P(R_i)}{(1 + r)^t} \right]$$

$$E(RV) = \sum_{t=1}^{n} \left[\frac{\sum_{i=1}^{m-1} R_i \cdot P(R_i)}{(1 + r)^t} \right]$$

上述第一個公式說明的是一個人對組織的預期條件價值，而第二個公式說明的是一個人的預期可實現價值。

SRVM 模型是到目前為止比較成熟的一種計價模型，具有廣泛的用途，然而在學術界也有學者對這個模型提出了質疑，認為使該模型成立的五個條件很難得到滿足。克里斯·道森（Chris Dawson，1996）認為 SRVM 模型存在不足之處，由於在該模型中需要的條件——設定每一個崗位對組織可能提供的價值，在現實中很難實現，因此必須對 SRVM 模型進行改進。他提出用一個模擬模型來代替 SRVM 模型。這個模擬模型需要內部管理人員指明職員離職方式、獲得知識的過程、工人的工資以及與此相應採取的對策。這個模型還可以給管理人員做特定決策時提

供幫助，當然道森同時也指出了這個模型存在的不足之處。

②現值調整法（工資報酬折現法）。羅格·H.哈默森教授還提出另一種計量人力資源價值的方法，即現值調整法。現值調整法先把一個組織在未來期間的工薪支付額貼現，然后用現值調整法「效率比率」加以調整，以此確定組織的人力資源價值。其計算步驟如下：第一步，估計一個組織在未來5年內的各年工薪支付總額；第二步，用整個工業的正常收益率來貼現未來工薪支付總額；第三步，根據該組織前5年經營情況確定其「平均效率比率」，即把各年的實際收益率分別除以整個工業正常收益率，再求出加權平均效率比率；第四步，把未來工薪支付額現值乘以平均效率比率，即為該組織人力資源的估計現值。

在這一計量方法中，一個組織的平均效率比率通常應大於1，如果平均效率比率小於1，則該組織的人力資源價值將低於未來工薪支付額。在這種情況下，該組織在未來期間可能面臨人力資源的淨損失。

③未來收益貼現法。這一方法就是直接根據經濟學價值概念來計量人力資源價值。美國的會計學教授巴魯卡·萊弗和阿貝·斯克瓦茨建議直接採用類似於未來現金流動值的屬性來計量人力資源價值，即把人力資源價值視為帶來一系列未來現金流動的現值。

④競標法。這一方法是在一個部門內對某一員工的服務能力進行投標，這個投標價值被認為是該員工服務能力得到最佳使用的價值。但這種投標價值往往容易受個人偏好影響，因而也是不夠科學的。

⑤人力資源加工成本法。這種方法是將人力資源形成的過程稱為「加工」過程，認為人力資源價值應等於一個人形成創造價值的能力的過程中耗費資源的價值，包括出生前後的照顧成本和成長過程中的衣食住行等成本。安吉爾認為應從人出生開始到27歲能夠賺取收入時才算完成加工過程，而且每年耗費的「資源」並不相等並且呈遞增趨勢。

上述幾種計量人力資源價值的計量方法，都帶有一定的片面性，其計算結果都不能涵蓋人力資源價值的全部。

（2）群體貨幣性價值計量方法包括非購買商譽法、商譽法和經濟價值法。

①非購買商譽法。非購買商譽法最早是由美國芝加哥州立大學的羅格·H.哈默森教授所提出的。他認為，人力資本的價值可表現為一個組織的當期收益水平超過同行業或整個工業正常收益水平部分的資本化價值。

這一計量方法說明，如果一個組織的實際收益率與整個工業正常收益率出現正偏差（或負偏差），那麼就說明該組織擁有高於（或低於）平均水平的人力資源，其價值應按正常水平予以資本化並加以記錄。在每年年末都應重新計算一次人力資源的資本化價值，其與年初數額的差額反應了當年人力資本價值的增減情況。

非購買商譽法的主要優點是其計算基於每年的實際收益，而且不要求對外來收益進行估計，因此不僅具有更大的客觀性，也與現行會計慣例較為接近。但是，這一方法的缺陷是並未考慮組織的全部人力資源價值，而只是考慮超過整個工業正常收益水平的人力資源的價值。

②商譽法。商譽法是用組織超過本行業正常盈利的資本化盈利率來表示組織的人力資源價值。其具體做法是把組織過去若干年的超額利潤列為「商譽」，而後把「商譽」按人力資源投資占總資源的比重的攤配額，記為人力資源價值。這種方式以歷史成本作為基礎，具有客觀性，但是沒有考慮貨幣的時間價值因素，這顯然是不合理的。

③經濟價值法。這種方法認為，人力資源的經濟價值的計量應包含在未來的預測中，群體的價值可以用其未來服務的現值加以衡量。經濟價值法的基本步驟如下：第一步，預測組織未來各期的盈利；第二步，將預測的各期盈利折成現值，並加總求和；第三步，依照人力資源的貢獻比例（即人力資源對組織盈利的貢獻的比重）分攤一部分作為人力資源價值。人力資源的貢獻比例可根據人力資源投資（如原始成本、重置成本等）占總資源的百分比來計算。

經濟價值法區分了人力資源投資和非人力資源投資，有助於管理者注意兩者的投資比重，而且這種方法以盈利作為計量全體價值的基礎，合理性較強。但經濟價值法將人同機器設備同等看待，忽視了人的主觀能動性。另外，組織中對人力資源的投資小於對其他資產的投資，而經濟價值法却根據這個投資比重來確定群體價值，其結果是人力資源價值總是小於非人力資源價值，這實在有悖於實際情況。

2. 非貨幣性計量方法

非貨幣計量是根據人力資源的文化知識水平、工作態度、工作能力及其發展潛力、工作業績、性格等非貨幣性計量方面的特徵來推測與判斷其未來服務價值的大小。非貨幣性計量模式也分個人價值計量模式和群體價值計量模式。

（1）個人價值計量模式。該模式認為，人力資源價值由個人的特徵決定，以組織的行為作為條件，而個人成為組織成員的概率，又是確定個人對組織價值的前提。目前，在理論和實務中較普遍接受的個人非貨幣性價值的計量方法主要有以下幾種：

①技能詳細記載法。技能詳細記載法是指在確定人力資源價值過程中，可以通過對每個人的一些素質構成和能力特徵進行分等衡量，如確定其受教育程度、學習培訓次數、知識結構範圍、工作經歷等方面的一些數據，間接地衡量每個人的條件價值。

②績效評估法。績效評估法是指應用一定的比率、評分或測試卡等方法，對人力資源價值進行衡量、比較，以提供與人力資源管理決策相關的信息。

比率法：用組織內部職員的出（缺）勤率（出勤時數與滿勤時數之比或是缺勤時數與滿勤時數之比）、工作差錯率（如打字員印文件差錯率）、完成定額百分比（如銷售人員完成銷售定額百分比）等比率來衡量、評估職員的工作績效。

評分法：由評估者確定從某些方面對職員進行評分、分檔（如優、良、一般、差），或者予以數量化為一定的百分數來表示，以便做出有效的考核與評價。

測試卡法：設計一定的測試問題表，對職員的工作態度、表現情況、待人處事方法和服務潛力等進行分項考評，以便對其價值進行全面的測量。

（2）群體計量模式。群體的非貨幣性價值的計量可採用行為變數模式。這個

模式是把影響群體價值的原因按主次分為三類變數：第一類是原因變數，如管理行為、管理技術以及組織結構等，這些變數對群體價值的影響很大；第二類是仲介變數，包括組織氣候、群體作用、同儕領導方式以及下屬的滿足感等，這些變數體現了管理者的管理水平和效率，反應了組織的內部狀態和績效潛能；第三類是結果變數，即最終的總生產效率，是原因變數和仲介變數綜合作用的結果。對以上變數進行變異分析，可估計組織未來的經濟效益，因而可折現為現有的人力資源。

行為變數模式能定期考核影響人力資源價值的因素，動態地反應群體價值。但是，行為變數模式沒能確定人力資源的現有價值，亦將人力資源的個人潛能和智力排除於變數之外，這不能不說是它的重大缺陷。

四、人力資源權益會計

人力資源權益會計是將人力資源作為企業的經濟資源，對與其相關的信息的增減變動進行計量與確認，並以此為依據分享企業剩餘。人力資源權益會計是經濟學、管理學與會計學相互滲透形成的新型會計學科。

（一）人力資源權益

人力資源權益是勞動者作為人力資源的所有者而享有參與企業收益分配的相應權益，是以生產要素分配原則為基礎，基於人力資源的稀缺性和人力資源在價值創造中的作用而確立的。在此，企業和人力資源產權主體進行產權交易形成企業人力資源的過程，不能看做企業進行人力資源投資的過程，而應看做人力資源產權主體對企業進行投資的過程。在市場經濟的條件下，人力資源產權主體和企業進行產權交易的過程就是人力資源產權分解和讓渡的過程。人力資源所有者與企業進行交易的結果，形成了企業的一項特殊資產，即人力資產，而與人力資產相對應，產生了人力資源的權益。

鑒於人力資本的所有者不能和自己投資於企業的智力資源相分離，並且人力資本流動性相對較強，故人力資源權益既不同於債權人的權益，也不同於物質資本所有者所享有的權利。我們可以將人力資源權益劃分為兩個部分來理解，一方面，因為人力資本的所有者與其提供的智力資源不能分離，為持續提供這種能力，企業應定期補償勞動者自身在勞動中損耗的價值，使其恢復原有的勞動能力，即企業應按期支付的固定工資報酬，這種權益可理解為一種屬於負債性質的固定補償權；另一方面，人力資源是作為勞動力主體的人以自己的勞動對企業所進行的投資，應和其他所有者一樣參加全部稅后淨利的分配，但因其流動性相對較強，不能並入所有者權益，這種權益可理解為一種屬於人力資源所有者的剩餘索取權。我們可以引入「人力資本權益」來代表這部分剩餘索取權。這時會計恒等式可以擴展為：

非人力資產＋人力資產＝負債＋物質資本所有者權益＋人力資本權益

（二）人力資源權益會計帳戶設置

依據上述對人力資源權益重新劃分和界定，在人力資源權益會計中，應該增設「人力資產」帳戶和「人力資本」帳戶。「人力資產」帳戶用來核算企業通過

和人力資源產權主體的交易而控制的、能以貨幣計量的、能為企業帶來未來經濟利益的人力資源所形成的資產的增加、減少及其餘額。「人力資本」帳戶用來核算人力資源所有者在向企業讓渡人力資源使用權后因繼續擁有人力資源所有權而產生的與物質資本所有者分享剩餘索取權權益的增加、減少及其餘額。

（三）人力資源權益會計的計量

1. 人力資產的計量

人力資源權益的確立，使得勞動者能夠依靠投入企業的人力資源所形成的人力資本參與收益的分配。參與收益分配的人力資本的數額決定於投入企業的人力資產的數量。因此，在人力資源權益確立后，對人力資本的計量在本質上來說就是對企業所擁有的人力資產的計量，這是人力資源權益會計中的一個關鍵問題。

人力資產是指組織所擁有或控制的、能以貨幣計量的、能為組織帶來未來經濟利益的人力資源，是人力資源資產化的結果，可以將其視為組織的一種特別的資產。人力資產的形成以作為人力資源載體的勞動者加入企業為標誌。

對人力資產的計量沒有現成的模式可供使用，對它的研究還處於不成熟階段。如何找到一種比較合理的、能夠為有關各方所接受的計量方法，是研究者們面臨的一個有待解決的難題。有的學者建議採用人力資源價值會計所運用的方法，也有的學者建議由權威的人力資源評估機構，通過對每個人的職能測試以及其在組織中的作用採用科學的方法統一評估，再通過勞動市場得出其公允價值。

中國學者張文賢教授認為，採取能力和績效相結合的評價方法，可能是一種簡便的、可操作性較強而且也能夠為人們所接受的人力資產價值的計量方法。他建議，作為人力資源權益分配依據的人力資產的計量，應從以下三個方面進行考慮：

第一個方面是表現價值（或稱流動價值），它與勞動者在企業中的職位有關。勞動者在企業中作為某一層次的管理人員或作為某一部門的工作人員或作為普通的生產者，都要承擔一定的職責，完成一定的任務。他們所承擔的職責、需要完成的任務是不相同的，這與他們在企業中所處的職位有關，這種職位給了他們發揮自身的潛能，使自身價值得到體現的機會。表現價值可以用非貨幣性的計量方法，根據各個職位的工作內容、職責、與企業內其他各個部門和職位的相互關係，制定嚴密的考核標準對勞動者在該職位上的表現進行量化考核。根據考核結果所得的分值按照確定的折算標準折合為貨幣單位，計入該勞動者的人力資產價值的總值之中。

第二個方面是凝固價值，它體現在勞動者所創造的勞動成果上。凝固價值可通過對最終勞動成果的計量來確定勞動者完成任務、做出貢獻的情況。這可以根據既定計劃和實際計劃的完成情況來加以確定。

第三個方面是潛在價值，即勞動者潛在的創造新的價值的能力。這種能力是以前各方對勞動者進行投資所形成的，凝固在勞動者身上，成為整個社會的資本的一部分，要在勞動者以後的生產活動過程中得到回報，這種能力將在未來的價值創造過程中得到體現。但是，這種能力的發揮受到許多方面的影響，如企業管理水平、技術條件、自我努力程度等，其中有些是屬於企業方面的原因導致其能

力沒有得到充分發揮，影響了其創造新的社會財富活動的績效。考慮潛在價值是對勞動者潛在能力的肯定和對因企業的原因而對表現價值、凝固價值，即人力資產內在價值的外在體現產生的影響進行修正。潛在價值應以勞動者所掌握的知識和技能並結合勞動者在以前創造價值的過程中的表現為依據，而不是完全以未實現的價值、未做出的貢獻作為評價的依據。

2. 人力資本權益的計量

勞動者將其擁有的人力資源使用權讓渡給企業后，除了獲得屬於負債性質固定補償權的工資報酬之外，還以其對人力資源的所有權得以和物質資本所有者一起分享企業的剩余索取權。

企業收益在人力資本所有者和物質資本所有者之間進行分配時，其分配比例的最終確定實質上應是一個受到各種關係作用的均衡過程，是一個「雙贏」的過程。而人力資本的計量必然牽涉收益分配比例的確定。因此，在進行人力資本計量時，要進行綜合考慮，選擇比較適合企業具體情況的計量模式，使得計量結果對收益分配的影響作用能夠有利於「雙贏」機制的建立。

筆者認為，收益分配比例的確定，應在確立人力資源權益時由人力資源所有者和物質資本所有者雙方通過協商共同確定。不同行業的企業、同一行業的不同企業在制定分配比例時，都應結合企業的具體情況來加以考慮，而不應盲目搬用其他行業或其他企業的方式。當然對人力資本權益計量的研究仍然相當薄弱，還沒有一套理論能夠獲得相關方的廣泛認可，已有的研究分歧較大。因此，在確立人力資本投入的計量理論方面還需要做進一步的研究。

五、人力資源會計報告

人力資源會計報告所要解決的問題是企業如何把有關人力資源的信息傳遞給信息使用者。傳統財務報告既不能反應人力資產的價值，也不能反應人力資本，從而低估了企業資產總額，忽視了勞動者對企業的經濟貢獻，把為取得、開發人力資源而發生的費用全部計入當期損益，極大地背離了收入與費用配比的會計原則，嚴重歪曲了企業的財務狀況和經營成果，因此有必要對傳統的財務報告進行適當的調整，把人力資源這項企業十分重要的資產及其有關的權益和費用，在財務報告中予以充分揭示和披露。

在資產負債表上，人力資產是由對人力資源投資而形成的，並且持續期限往往大於一年，是企業的一項長期資產。因此，有關人力資產的數據，有的學者建議可作為一個單獨的項目列示於長期投資和固定資產之間，也有的學者認為人力資產應列示於無形資產之下。相應地，在負債與所有者權益之間，可以增設「人力資本」項目，用以反應企業的人力資本及其勞動者權益分成。此時，會計平衡公式就由原來的「資產 = 負債 + 所有者權益」變為「物力資產 + 人力資產 = 負債 + 人力資本 + 物質資本所有者權益」。

在利潤表上，可增設「人力資源成本費用」項目，用以反應企業為使用人力資源而發生的不應資本化的費用和人力資產的攤銷，同時對原「管理費用」帳戶反應的內容做必要的調整。

在現金流量表上，對為取得、開發、培訓人力資源而發生的現金流出和企業人力資源帶來的現金流入，在投資活動產生的現金流量（包括現金流出和流入）下單獨列項反應。

在附註中，應該對財務報表中的數據做出解釋。會計報表附註可以包括以下信息：人力資源概況和能力、人力資源財務信息的補充說明、人力資源會計政策的提示說明、人力資源重要事項的揭示說明、人力資源財務信息的分析說明等。

目前，人力資源會計還沒有形成完整的理論體系，理論研究工作正處於進一步深入開展階段。人力資源會計信息能夠在財務報表中進行確認，那固然最好，但是人力資源貨幣性計量過程中存在的估計、判斷及主觀因素，使人力資源要系統和完善的在財務報告中進行確認，仍存在著不少困難，因此最多只能將與人力資源相關的、可驗證的項目進行確認，並進行單獨標註。而且人力資源在表外披露並非不具有決策有用性，管理當局完全可以將那些認為對外界的利益相關者有用的信息，通過財務報告以外的途徑對外公布。

總之，人力資源會計是人力資本理論在會計領域的深入和發展。當前，隨著科學技術的進步、知識經濟的興起，科學地報告企業的人力資源，確立勞動者在企業中的地位，從而促使各部門有效地利用人力資源，合理開發人力資源，以適應知識經濟發展的需要，具有十分重要的意義。當然，考慮到人力資源會計尚未形成一套完善的理論體系和嚴密而科學的處理方法，計量過於複雜等因素，中國現階段只能鼓勵企業將人力資源會計信息先在內部報告中揭示，待條件成熟後，再為外部信息使用者提供更相關的信息，以逐步完善中國人力資源會計信息的披露機制。

思考及討論題：

1. 人力資源會計的產生背景及現實意義是什麼？
2. 人力資源會計的難點是計量問題，你認為應該採用何種計量方法？
3. 如何將人力資源在財務報告中加入列示或披露？

第八章　通貨膨脹會計

　　貨幣計量是會計基本假設之一，傳統的歷史成本會計均是以幣值穩定為前提的。在物價穩定或物價有漲有跌但漲跌的幅度很小幾乎可以忽略不計時，歷史成本會計可以客觀地反應企業的財務狀況、現金流量和經營成果。但是在發生通貨膨脹時，貨幣的價值尺度在一定會計期間發生了變化，幣值穩定的前提被打破，歷史成本會計模式相對於其他會計模式所具有的優越性就不復存在了，當通貨膨脹嚴重到一定程度時甚至會誤導財務報告的使用者。

　　因此，在通貨膨脹條件下，如何消除通貨膨脹對傳統會計模式的影響，成為會計理論界與實務界迫切需要解決的問題。

第一節　通貨膨脹會計的演進

一、通貨膨脹會計產生的背景

　　通貨膨脹會計又稱物價變動會計，是現代財務會計學中一個新的分支，是在社會出現持續通貨膨脹的經濟環境下產生與發展起來的。在20世紀70年代世界經濟進入停滯和衰退期，20世紀80年代發展中國家又陷入債務危機，世界性的通貨膨脹出現急遽上升的態勢，嚴重制約和影響了經濟和社會的正常發展，使得企業中基於歷史成本原則編製的財務報表的真實性與可靠性大大降低。物價的明顯變動，導致現行的財務報表難以如實反應企業的財務狀況、經營成果和現金流量，對會計信息的決策有用性造成了很大的衝擊。這一切都迫使會計理論界與實務界致力於通貨膨脹對傳統會計模式影響的研究。於是逐漸形成了通貨膨脹會計這一新的分支，以便消除或降低通貨膨脹對財務會計報告的不良影響，避免誤導財務報告的使用者對財務信息的理解與使用，從而提高會計信息的決策有用性。

　　其實通貨膨脹並不是現代社會所特有的經濟現象，世界上有歷史記載的第一次通貨膨脹是古羅馬鑄幣摻假引起的物價上漲。從公元2世紀中葉最早記載的物價上漲開始，通貨膨脹已有1,850多年的歷史。

　　通貨膨脹通常具有以下幾個特點：

　　第一，通貨膨脹與國家的經濟體制無關。實踐證明，無論國家的政治和經濟體制如何不同，通貨膨脹在包括發達國家、發展中國家和正在進行體制轉軌的國家都曾經發生過。因此，通貨膨脹與意識形態和社會制度沒有關係，但與這些國家政府實行的政策有關。

　　第二，通貨膨脹是政府的一種政策選擇所致。政府出於某種原因為重新分配資源和財富的目的而向社會公眾徵收的「鑄幣稅」，通過貨幣的過量和超量發行，

流通中貨幣的實際價值發生貶值，使得「太多的貨幣追逐太少的商品」，而貨幣的實際購買力下降，使得各國政府輕而易舉地徵收到了「通貨膨脹稅」。尤其在戰爭年代，國家為戰時軍事開支籌資而採取的最方便的手段就是印發貨幣。歷史詳盡記載的惡性通貨膨脹大都發生在戰爭時期。例如，美國南北戰爭時期的北方，林肯政府的財政開支，包括戰爭軍費，主要靠印發紙幣與募集公債維持，北方美元法幣大量發行使得 1861—1864 年物價水平上升了 104%，年通貨膨脹率達 28%；德國在第一次世界大戰的軍費開支加之戰敗的大量戰爭賠款，使德國在 1918 年不得不靠通貨膨脹來維持統治，1910—1923 年，德國的年通貨膨脹率高達 1,174%。

第三，通貨膨脹具有誘惑力。從宏觀層面看，通貨膨脹初期會造成一種假象，貨幣的增長對商品生產產生一種刺激作用，能維持經濟與就業的增長。世界銀行通過對 127 個國家的資料研究顯示，1960—1972 年間當通脹率低於 20% 時，即溫和的通貨膨脹時，通貨膨脹與經濟增長呈正相關關係，因此對溫和的通貨膨脹心存好感的政府決策者，也傾向於實施寬鬆的財政政策和貨幣政策，以滿足需求。從微觀層面看，通貨膨脹的共同特徵是「太多的貨幣追逐太少的商品」。通貨膨脹曾被喻為「既是世界上的頭號竊賊，也是頭號施惠者」，它的威力體現在財富的再分配上。投機家、借款人、囤積商不勞而獲，製造商和農民也從中受益，不動產和其他物質財產的所有者可以免受通貨膨脹之害，而儲蓄者、政府官員、固定面值證券持有人、債權人則成了犧牲者（A. N. Young, 1965）。

第四，通貨膨脹具有反覆性和擴散性。通貨膨脹好像一種頑症與傳染病，會頻繁出現在世界各國，隨著經濟全球化的發展，國際貿易商品與勞務開放程度的擴大，國際資本加快流動，一國的通貨膨脹可能會隨著資本的輸出，引起另一國的通貨膨脹，甚至引起連鎖反應。

通貨膨脹通常表現在一般物價水平或平均物價持續性的上升，貨幣的購買力持續性的下降。經濟學家們通常將年均 3%~5% 的通貨膨脹率稱為低通貨膨脹率，其對經濟增長與物價上漲影響力較小；將年均 15%~20% 以下兩位數的通貨膨脹率稱為溫和的通貨膨脹率，其對經濟和物價上漲的影響還不至於使宏觀經濟嚴重失控，可控制在經濟增長可承受範圍之內；將通脹率在 20%~40% 稱為中度通貨膨脹率；將通貨膨脹率超過 40% 或 50% 作為高通貨膨脹率的界限，亦稱極度通貨膨脹率。持續的高通貨膨脹若得不到及時控制，便會引發惡性通貨膨脹。惡性的通貨膨脹會引起政府宏觀調控失控，造成人們的恐慌心理，往往會對經濟和社會生活造成極大的破壞，甚至引起政局的混亂與社會的動盪不安。將通貨膨脹的嚴重程度劃分為不同的等級將有助我們在編製財務報表時選用適當的會計方法。

二、通貨膨脹對會計的影響

通貨膨脹的外在表現為物價的持續上漲，貨幣的購買力下降，貨幣所代表的價值隨著物價的變動而不斷變動。企業在財務會計確認、計量與報告時，是以貨幣計量來反應其生產經營活動的，貨幣計量的原則假定了不存在發生通貨膨脹或通貨緊縮的情況，或者通貨膨脹或通貨縮緊即使發生，其變動幅度應很小，可以忽略不計。通貨膨脹破壞了企業編製會計報表「幣值穩定」的會計假設，會計假

設是會計核算的前提,而通貨膨脹破壞了這個「游戲規則」,也就動搖了會計計量的基礎。正如美國著名通貨膨脹會計學家 H. W. 斯威尼曾經說過的:「會計的真實性在很大程度上依賴於貨幣的真實性,但貨幣是一個說謊者,它所說的和實際含義是不相同的。」因此,在錯誤的前提下得出的會計信息的真實性必然大打折扣,難以準確地反應企業的真實財務狀況、現金流量和經營成果。

在通貨膨脹條件下,導致財務會計信息失真的另一個重要原因是採用歷史成本計量。歷史成本又稱實際成本,即取得或製造某項財產物資時所實際支付的現金或者現金等價物。歷史成本原則也是以幣值穩定的會計假設為前提的。其實,即使不在通貨膨脹時期,關於傳統的歷史成本模式的使用,也一直是各國會計學家爭論的熱點,甚至有些激進的學派贊同完全放棄採用歷史成本會計。然而傳統的歷史成本會計經歷了如此漫長的歷史時期,直至如今,仍然受到許多會計學界人士包括來自企業和政府機構的支持、推崇與使用,是因為歷史成本會計具有其他會計模式無法比擬的優越性。

但是,隨著社會經濟的不斷發展,尤其是第二次世界大戰后世界各國的通貨膨脹此起彼伏,特別是在通貨膨脹嚴重的地區,在較短的時期內,貨幣的購買力發生了驚人的變化,這都對歷史成本會計提出了挑戰,歷史成本會計受到越來越多的質疑甚至譴責,很多學者都認為歷史成本會計已經不能滿足現代會計目標的要求。

我們知道傳統的會計模式認為會計是一個歷史成本分配的過程,早期的會計學家提出了成本歸屬觀念。他們認為,任何原材料或機器設備在生產過程中耗用之后,它們的歷史成本就隨之轉移到產品中去,成本歸屬觀念所強調的是歷史成本的轉移,並不關心已耗用資產的現時成本。因此,歷史成本會計支持兩個資本維護概念中的貨幣資本維護,僅將側重點放在名義貨幣或固定購買力上。會計數據圍繞帳面的資產流入與流出,並得出資本是否增值的結果,會計人員僅負責報告企業的財務成果,而忽略了企業實物資本的維護,而實物資本的維護又是保證企業維持現有生產規模以至擴大再生產的前提條件。在實物資本維護概念下,企業生產經營的過程中所發生的費用,是以重置成本而不是以歷史成本來計量,在企業消耗的實物資產未得到重置前不確認獲得的經濟收益,因此在物價普遍上漲時,名義貨幣的價值尺度已經悄然發生改變,歷史成本計量會使得企業實物資本得不到維護,導致企業生產經營的規模萎縮。

通貨膨脹對財務報表信息的影響總體可包含以下兩點:

第一,資產負債表中所列示的資產與負債金額不真實。根據歷史成本原則,企業固定資產均是按照購置時所實際支付的價款以及費用確認帳面價值的,未經允許或不存在特殊情況下,不得隨意調整其帳面價值,資產負債表中所列示的資產金額是按照歷史成本入帳的原值與已經攤銷價值和已計提的資產減值損失之和的差額。因此,在通貨膨脹條件下,企業的帳面上所反應的資產價值都是尚未攤銷的原始成本,並非是物價上漲后資產在市場上的真實價值。因此,資產負債表中所列示的資產總額並不能反應企業的實際生產規模與真實的經營能力。另外,採用歷史成本原則時,資產負債表所列示的資產是不同時期的歷史成本,在通貨

膨脹條件下，不具有相同購買力的貨幣單位計量的資產價值不具有可比性，簡單地相加缺乏經濟意義。因此，按照資產總額減去負債總額的所有者權益亦不能如實反應股東產權資本的真實變化情況。

第二，導致企業利潤表上的利潤虛增。利潤表所反應的是企業的經營成果，應該是企業在一個會計年度的全部收入與費用以及收支抵消后的盈虧情況。在歷史成本會計下，所取得的收益是按照現時價格計量所獲得的收入與按照歷史成本計量所耗用的資產相匹配得出的結果。在通貨膨脹條件下，這種較高的收入與較低的費用必然會產生較高的利潤，而其中的一部分利潤是由於物價持續上漲所導致的虛增利潤，並非企業真實的經營業績，這種情況造成的后果是非常嚴重的。

根據有關統計，美國非金融企業在 1980 年的損益表上利潤總額達到 1,120 億美元，但在這一年內，因固定的資產原價大大低於重置價格而少計提折舊約 410 億美元，加上因計入銷售成本的存貨帳面價格低於實際市價的影響共產生 430 億元的虛增利潤，這樣算得 1980 年的實際利潤數字為 650 億美元。若再考慮到 1980 年美元的購買力比 1975 年減少 1/3 以上，則按照 1975 年美元實際購買力計算的 1980 年的利潤只有 423 億美元，僅有原報表利潤的 1/3。更甚之，還有一些企業出現名盈實虧的現象。總而言之，在通貨膨脹條件下，利潤的虛增給企業帶來的危害是不可估量的。首先，利潤表上的盈利的徒有虛名，會使企業無力獲得存貨與更新改造固定資產，經營業績得不到真實反應，會導致企業管理當局、債權人和投資者等財務報告使用者做出錯誤的決策，同時也損害了企業實現股東利益最大化的目標。其次，利潤的虛增也會使得企業多繳納一部分所得稅，使企業承擔了本不應當承擔的納稅義務。此外，若職工根據利潤的上升要求工資和福利待遇的提升，無異於也會對企業管理當局造成潛在的威脅。最后，企業還會按照財務報告虛增的利潤而向投資者分配股利，相當於將股本的一部分作為股利返還給投資者，如此下去，企業會不自覺地陷入危險的「自我清算」之中。

三、通貨膨脹會計的發展進程

由於通貨膨脹的存在與持續發生，破壞了傳統歷史成本會計幣值穩定的假設，而影響到傳統財務報告的真實性和有用性，世界很多國家特別是西方經濟發達國家長期以來，一直非常重視通貨膨脹會計的研究與實踐。

最早在美國 1897—1917 年間，由於美元幣值極其不穩定，1918 年 2 月 L. 米德勒迪奇在《會計雜誌》（*The Journal of Accountancy*）發表了《在帳上應否反應美元價值的變動》一文，他建議對年末所有的帳目余額進行調整，以反應一個穩定的幣值基礎使帳目反應幣值的變化，但這種倡議並未被當時的美國會計學專家所接受。

德國在第一次世界大戰戰敗后，國內物價飛漲，馬克貶值速度駭人聽聞，重置成本廣泛應用於德國企業的日常經營決策中，年度財務報表的編製常採用的是「金馬克穩定幣值的資產負債表」，類似於價格總水平指數調整的方法反應一般購買力變化，以作為對歷史成本財務報表的補充。

20 世紀二三十年代，美國爆發了一場嚴重的經濟危機。1936 年，美國會計學

家亨利·斯威尼出版了《穩定幣值會計》一書，建議採用報告期末的貨幣購買力作為穩定幣值的基礎。1940年，佩頓與利特爾頓在《公司會計準則緒論》中，也提出把入帳的歷史記錄成本按照貨幣購買力換算為「等值美元」，作為財務報表的補充資料的建議，但仍未引起會計界足夠的重視。

第二次世界大戰以後，資本主義國家通貨膨脹持續發生，到20世紀70年代，整個資本主義社會已處於了一種「滯脹」階段，很多國家與地區的通貨膨脹率都達到甚至超過兩位數，嚴重影響到財務報表和財務信息的有用性，這都促使會計界對通貨膨脹進行了更加深入的研究。

美國是較早研究通貨膨脹會計的國家，由於20世紀70年代美國經濟處於穩定繁榮狀態，通貨膨脹率均保持在3%左右，因此通貨膨脹對物價變動的影響不大。實務界較多採用較穩健的做法，在選擇了不改變傳統的歷史成本會計模式下，僅採用一些資產計量方法適當提高當期的成本和費用，加快資本回收補償的過程，如對存貨流動採用後進先出法或對固定資產折舊採用加速折舊方法等。

20世紀70年代后，美國開始持續發生通貨膨脹，1974年的通貨膨脹率高達11%。在這種經濟背景下，美國證券交易委員會（SEC）於1976年發布了第190號會計公告，要求規模較大的註冊公司在遞交的年度報告中，應按照規定的格式揭示重置成本的資料，其中規定的重置成本資料主要如下：

第一，存貨的現行重置成本；

第二，按商品或勞務重置成本計算的銷貨成本；

第三，反應企業生產能力的各項資產（如廠房、設備等）的重置成本以及據此計算的折舊、折耗和攤銷的數據；

第四，其他有關特定事項的信息資料。

上述信息將作為企業傳統會計報表之外的補充信息。此后，美國財務會計準則委員會（FASB）於1979年9月發布了第33號財務會計準則公告《財務報告與物價變動》。第33號財務會計準則公告要求具有一定規模的公開發行證券的上市公司必須同時提供按一般購買力重新換算的等值美元的按重置成本計量的補充資料，其中應包括5年的匯總資料，匯總當年即可按當前會計年度的城市消費物價指數計量的年均等值美元或年末等值美元表述，也可按基年的具有相同購買力的美元表述。由於美國經濟於20世紀80年代出現持續增長，通貨膨脹率明顯被削弱，因此FASB又在1986年12月發布了第89號財務會計準則公告取代了第33號財務會計準則公告，將強制披露物價變動影響調整為自願披露。

在英國，通貨膨脹會計推行的是現行成本模式。1975年，由英國政府成立的通貨膨脹會計委員會發布的《桑迪蘭茲報告》（因桑迪蘭茲為通貨膨脹會計委員會的會長而得名）曾經對世界各國與地區的通貨膨脹會計實務產生過重要影響。該報告建議所有企業均採用現行成本會計，而不是採用一般物價指數調整的歷史成本會計，其中主要意見體現如下：

第一，仍以貨幣作為會計的計量單位；

第二，資產負債表中的資產和負債項目應以現行價格表示；

第三，計算營業利潤時，應將會計期間所耗用資產價值作為費用減掉，企業

資產的持有損益應單獨列示不計入營業利潤之中。

但是《桑迪蘭茲報告》存在一個明顯的不足之處：它並未按規定將一般貨物購買力變動調整貨幣性項目的損益，因此引起了很多的異議。針對貨幣性項目的損益調整方法的修改，1980年3月英國會計準則委員會（ASC）發布了第16號標準會計慣例公告《現行成本會計》。符合規定條件的大公司，即在證券交易所公開發行債券或股票的公司符合以下三項標準任何兩項者應披露現行成本信息：

第一，年度銷售額超過500萬英鎊以上；

第二，資產總額超過250萬英鎊；

第三，正式職工人數超過250人。

編製現行成本會計報告時，必須按照下列三種形式之一進行披露：

第一，以歷史成本報表為基本會計報表，以現行成本報表作為補充資料；

第二，以現行成本報表為基本會計報表，以歷史成本報表作為補充資料；

第三，以現行成本報表為基本會計報表，以充分的歷史成本信息作為補充資料。

第16號標準會計慣例公告的基本要求主要體現在以下兩方面：

一方面，對損益表的編製要求。要求企業編製兩步式的現行成本會計損益表，其中未支付利息與稅前企業收益是按照歷史成本會計基準列示，在其下面列示三個現行成本的調整項目：

第一，銷貨成本調整額（Cost of Sales Adjustment）。按照企業商品存貨銷售時的價格減去商品購入時期的價格列示，目的是扣除存貨升值的因素，可採用年初、年末存貨上漲指數平均計算，物價上漲時，此項調整額為借項，是利潤的抵減額，反之亦然。

第二，貨幣性流動資金調整額（Monetary Working Capital Adjustment）。由於貨幣購買力的降低而需要相應地增加的貨幣性流動資金，包括現金和應收帳款的增加額以應付企業在持續通貨膨脹條件下貨幣性流動資金週轉的需要。需指出的是，貨幣性流動資金是按照現行成本或個別物價指數計算得出的。

第三，折舊費用調整額（Depreciation Adjustment）。固定資產按照現行成本計算出的折舊費與按照原始成本計算出的折舊費之間的差額，第16號標準會計慣例公告傾向於以固定資產的年末現行重置成本為基礎計算，在物價上漲時，調整額為借項，作為利潤的抵減額，反之亦然。

此外，按照上述調整出的現行成本收益還需要減去利息費用再加上財務槓桿作用調整額，即企業在股東產權基礎上，借入外部資本所獲得的額外收益。第16號標準會計慣例公告的目的是維護企業的產權資本而非企業的全部實物資本，即不包括借入資本，而是其產權資本的淨營業能力，這是屬於前面三項調整扣減項目的一個抵減項。財務槓桿作用調整額計算如下：

$$財務槓桿作用調整額 = \frac{借入資金}{按現行成本計算的資產淨額} \times 現行成本調整額$$

現行成本會計淨收益＝企業現行成本收益－利息費用及稅金－財務槓桿作用調整額

另一方面，對資產負債表的編製要求。第 16 號標準會計慣例公告要求企業編製現行成本會計資產負債表時，其資產按照現行重置成本與變現淨值相比較，取其低者作為計價的基準。

英國通貨膨脹會計制度存在的不足之處是未規定以不變幣值單位比較不同時期資產負債表與損益表的項目。1981 年，英國頒布的公司法也肯定了第 16 號標準會計慣例公告的現行成本制度，明確規定它可以作為企業正規的會計制度，但企業採用的會計制度必須連續使用，不可隨意更改以保持其穩定性。英國物價在 20 世紀 80 年代后開始趨於緩和，1985 年 6 月 16 號標準會計慣例公告被終止使用。

國際會計準則委員會關於通貨膨脹對會計影響的處理，發布了 3 份國際會計準則，用以協調各國的通貨膨脹會計的影響。1977 年的第 6 號國際會計準則《會計對物價變動的反應》指出企業應該在它的財務報表中說明所採用的特定物價變動、一般物價水平變動或兩者對財務報表影響的程序。1981 年的第 15 號國際會計準則《反應物價變動影響的會計信息》替代了前述的第 6 號國際會計準則，其主要內容為關於物價變動的會計處理可採用的調整方法。其內容如下：

第一，按一般物價指數調整的方法需說明採用的物價指數種類。

第二，採用現行成本方法，企業財務報表需要提供的信息有廠房設備等固定資產折舊費的調整金額或調整后的金額、銷貨成本調整額或調整后的金額、企業調整后的收益額。

1989 年 7 月發布的第 29 號國際會計準則《惡性通貨膨脹經濟中的財務報告》開始對 1990 年 1 月 1 日及以后開始的會計期間的財務報表生效，根據規定，用惡性通貨膨脹經濟中的貨幣編報的企業財務會計報表均應按照資產負債表當天的計量單位表述，此外還需要披露的主要內容有：

第一，財務報表及以前各期對應的金額均按報表貨幣一般購買力變化做了重新表述。

第二，財務報表採用的是歷史成本法還是現行成本法的編製。

第三，資產負債表物價指數特徵與水平在本期與前期物價指數的變化情況。

自 20 世紀 90 年代以來，世界整體進入和平時期，各國的通貨膨脹逐漸緩和，因此對通貨膨脹會計的研究逐漸被淡化。

第二節　通貨膨脹會計的幾種基本模式

通貨膨脹會計是為了反應與消除通貨膨脹帶來的物價變動對會計報表信息的影響而對現行的會計報表進行的一種調整與修正，通貨膨脹會計通常包括一般物價水平會計、現行成本會計、現行成本/不變幣值會計三種基本會計模式。

一、一般物價水平會計

（一）一般物價水平會計的概念

一般物價水平會計（General Price Level Accounting）又稱一般購買力會計

(General Purchasing Power Accounting)。由於在通貨膨脹條件下，物價普遍上漲而貨幣的購買力不斷下降，導致不同時期的名義貨幣所代表的購買力不同，而一般物價水平就是在傳統的會計模式上，利用幣值穩定、購買力相等的貨幣單位對會計報表的數據進行重新換算與表達，使不同時期的財務報告信息具有可比性，以消除物價變動對會計信息的影響，從而為報告使用者提供更為真實可靠的會計信息。

一般物價水平會計是在歷史成本會計模式的基礎上編製的，並未脫離歷史成本會計。因此，在日常會計核算中，既不需要進行特有的或單獨的會計帳務的處理，也無需設置特別帳戶，而僅僅在資產負債表日，根據一般物價指數的變化對會計數據進行換算調整，以編製出以穩定幣值計量的會計報表。只按照一般物價水平調整會計報表中的數值，而並不考慮企業各類資產價值的實際變化，是一般物價水平會計的一個重要特點。一般物價水平會計的計量單位是不變幣值貨幣單位，即購買力相同的貨幣單位，在通貨膨脹環境中，不變幣值貨幣並不存在，只是人們為了消除通貨膨脹對幣值變動的影響按照一定的物價指數折算成幣值相等的貨幣。一般物價水平會計就是選擇了這種通過折算後的不變幣值貨幣作為計量單位的。

(二) 一般物價水平會計的程序與方法

1. 劃分貨幣性項目和非貨幣性項目

將企業資產負債表的各項資產與負債劃分貨幣性項目和非貨幣性項目是由於貨幣性項目與非貨幣性項目在通貨膨脹時期的帳面金額因貨幣購買力變化情況不同而不同，需要分別處理。

貨幣性項目是指項目的金額以貨幣直接反應或者依據合同而固定，不因通貨膨脹的影響而發生變動的資產或負債項目，但是由於通貨膨脹會帶來物價的上漲，貨幣性項目金額的固定，必然會導致其實際購買力下降，並且下降的程度取決於通貨膨脹的嚴重程度。例如，企業在會計期初持有存款 100 萬元，若一年的物價上漲 200%，到會計期末雖然存款 100 萬元金額沒有發生變化，但實際購買力僅為 25 萬元，相當於期初的 1/4。在通貨膨脹條件下，持有貨幣性資產會使企業蒙受實際購買力損失，而持有貨幣性負債會使企業蒙受的損失下降，兩者正好相反。貨幣性項目的金額固定，在一般物價水平會計中不需要按照物價指數調整其金額，但需要計算兩者的購買力損益。

非貨幣性項目是指項目的名義貨幣金額並非固定不變，而是隨著一般物價水平的上漲而不斷提高的資產與負債項目。金額是否需要調整與購買力損益是否計算是貨幣性項目與非貨幣性項目進行會計處理的主要區別。對資產負債表項目進行正確的劃分，有時也會因為企業的性質與經營規模甚至交易事項的不同而不同。FASB 在 SFAS 33 中提出了一個指導性分類表如表 8-1 所示。

表 8-1　　　　　　　　貨幣性項目與非貨幣性項目劃分表

貨幣性項目	非貨幣性項目
資產	資產
庫存現金及銀行即期存款	存貨（不包括已定合同使用部分）
定期存款	普通股上的投資
投資（優先股和債券）	財產、廠房及設備
應收帳款及應收票據	累計折舊
備抵壞帳損失	購貨約定（按固定價格合同支付部分）
職工貸款	專利權
應收長期帳款	商品
可用發行債券代替的保證金	特許權與配方權
非合併結算的子公司預支款	商譽
人壽保險退保金額	遞延資產取得成本
供貨商的預支款（非固定價格合同）	其他無形資產及遞延借項
遞延所得稅借項	
負債	負債
應付帳款及應付票據	銷貨契約（按固定價格合同收取部分）
應計費用	保單義務
應付現金股利	遞延投資貸項
顧客預付款（非固定價格合同部分）	
購買契約上的應計損失	
可用發行債券代替的保證金	
應付債券及應付長期債務	
債券或應付票據的未攤銷溢價或折價	
可轉應付債券	
遞延所得稅貸項	

2. 把名義貨幣單位表示的會計報表項目金額轉換為不變幣值貨幣單位表示的金額

在轉換前，我們必須瞭解物價指數的概念。物價指數是指某時期商品或勞務的價格與基期的商品或勞務價格的比率。一般物價指數通常反應廣泛範圍內的商品價格總體變動情況，用來衡量通貨膨脹的嚴重程度。在美國經常選用的四類物價指數有：消費品價格指數（CPI）、批發價格指數、建築成本綜合指數和國民生產總值內含價格折舊率（IPI）。企業在進行會計數據換算時，應該選擇相同類型的物價指數。在一個會計年度內，物價在不斷的變動，因此物價指數又被區分為期初物價指數、期末物價指數與平均物價指數三種不同時期的物價指數。

（1）對資產負債表項目的調整。由於資產負債表反應的是企業期末時點的財務狀況，因此通常應當選擇期末時點的貨幣購買力單位作為不變幣值貨幣單位來進行會計計量。對於貨幣性項目的調整，期末的貨幣性項目金額已經是年末購買力貨幣單位的金額，也就無需進行調整，但是期初的貨幣性金額需要進行重新表達，即：

$$\frac{期初貨幣性項目調整后金額}{} = \frac{期初貨幣性項目名義貨幣金額}{} \times \frac{期末一般物價指數}{期初一般物價指數}$$

其中：公式后面的乘數項為換算系數。

對於非貨幣性項目的調整，在通貨膨脹條件下，非貨幣性項目的市場價格在隨著物價水平的上漲而不斷地上漲。在會計報表中，非貨幣性項目的帳面價值僅表示該項目購買時付出的價款與費用的金額減去折舊或攤銷后的淨額。換句話說，非貨幣性項目金額僅代表的是此項目形成或取得時的購買力貨幣單位，因此無論是期末還是期初的金額都必須進行重新換算與表達：

$$\frac{非貨幣性項目調整后金額}{} = \frac{名義貨幣代表會計報表金額}{} \times \frac{期末一般物價指數}{該項目形成時一般物價指數}$$

其中：公式后面的乘數項為換算系數。

關於留存收益項目採用「余額法」進行倒算得出：

留存收益 = 調整后資產合計數 − 調整后負債合計數 − 調整后投入資本數

需要指出的是，對於存貨項目，由於平時保留了進貨記錄，因此年末存貨取得時間以及取得時的一般物價指數容易獲得，但是存貨的發出時間以及成本很難辨認。需要採用存貨流轉假設，就是換算系數中分母所選用的物價指數應當與存貨流轉方式的假設保持一致。若企業的存貨計價採用的是先進先出法就應當假設年末存貨的取得日是進貨的最早時點。

（2）損益表的各項目的調整。損益表是反應企業會計期間內的經營成果，大多數的收入與費用是假定在會計期間內平均發生，在計算換算系數的時候，分子都應該選擇期末的一般物價指數，分母應當視具體情況而定。例如，銷貨收入一般假定在整個會計年度均勻發生，換算系數的分母應當採用期間平均一般物價指數。

關於營業性項目中的銷售費用、管理費用與財務費用（除折舊費用外）等亦假定在期間內均衡發生，換算系數的分母採用期間的平均一般物價指數，但由於折舊費用是與固定資產原值掛勾，因此換算系數的分母應當與資產負債表中相應的固定資產項目調整中選擇的物價指數保持一致。

銷貨成本按照下列公式計算：

銷貨成本 = 調整后年初存貨 + 調整后本年購貨 − 調整后年末存貨

所得稅費用是基於收入與費用在報告期內均衡發生而形成的費用。因此，換算系數分母應與銷貨收入和發生的費用保持一致性。

關於股利的調整應當根據宣告日來決定換算系數的分母，通常選用期末的物價指數。

3. 計算貨幣性項目淨額發生的購買力損益

（1）將期初的貨幣性項目淨額用期末購買力單位貨幣進行重新換算：

$$\frac{期初貨幣性項目調整后淨額}{} = \left(\frac{期初貨幣性資產總額}{} - \frac{期初貨幣性負債總額}{}\right) \times \frac{期末一般物價指數}{期初一般物價指數}$$

其中：公式后面的乘數項為換算系數。

（2）將會計年度內發生的貨幣性項目增加額與減少額用期末貨幣購買力單位重新表達：

$$\frac{期間貨幣性項目增加額調整后金額}{} = \frac{期間貨幣性項目增加額}{} \times \frac{期末一般物價指數}{期間平均物價指數}$$

其中：公式后面的乘數項為換算系數。

期間貨幣性項目減少額的調整后金額的計算過程同上。

期末應持有的貨幣性項目淨額 = 期初貨幣性項目調整后淨額 + 期間貨幣性項目增加額調整后金額 - 期間貨幣性項目減少額的調整額

（3）貨幣性項目淨額發生的購買力損益 = 期末實際持有的貨幣性項目淨額 - 期末應持有的貨幣性項目淨額

4. 按照不變幣值貨幣單位重編會計報表

將傳統的歷史會計模式按照上述的調整后的項目金額重編會計報表。

（三）對一般物價水平會計的評價

1. 一般物價水平會計的主要優點

（1）方法簡便，易於操作。一般物價水平會計僅是在傳統的歷史成本會計模式上，將相關的會計數據通過一般物價指數換算系數進行調整，簡便易行，利於報告使用者的理解與會計人員的實際操作。

（2）增加了會計信息的可比性。一般物價水平會計對於各個企業各個時點的會計數據的名義貨幣單位統一轉換為期末相同不變幣值貨幣單位，從而消除了通貨膨脹帶來的物價上漲對會計數據的影響，由於採用的一般物價指數相同，維護了企業之間會計信息的可比性。

（3）提供的會計信息利於加強企業管理。通用的一般物價指數對會計報表進行調整以及對企業購買力損益的計算，使企業管理層更好地瞭解與評價在通貨膨脹條件下企業的財務狀況與經營成果，從而更好地採用相應的措施加強管理。

2. 一般物價水平會計的主要缺點

（1）不能很好地反應個別物價變動的影響。一般物價水平會計假設了物價的變動對所有企業及其所有各類資產、負債和費用具有相同的影響，但實際情況並非如此。

（2）不便於管理層在期間內任何時點瞭解企業的真實的財務狀況。由於一般物價水平會計僅是在期末將名義貨幣單位表示的會計報表各項目金額轉換為不變幣值單位項目金額，不能滿足會計期間管理層對財務狀況瞭解的需要。

二、現行成本會計

（一）現行成本會計的概念

一般物價水平會計的主要缺點是其在會計期末對歷史成本會計模式下的會計數據選用相同的物價指數進行調整，忽略了個別物價變動的影響，現行成本會計就是針對了企業所持有的個別資產項目的價格變動影響。與傳統的歷史成本會計和一般物價水平會計相比，現行成本會計模式是以資產的現行成本或現時重置成本作為計價基礎，反應與消除個別物價變動對企業的財務狀況和經營成果的影響的一種會計程序與方法。

現行成本會計要求財務會計記錄與會計報表均以現行成本為計量基礎，對於

現行成本含義的理解有重置成本、重置生產成本、現行價值等，較為普遍接受的是現行的重置成本，即在當前市場條件下，按現行價格購置與現有資產相同或相似資產所需要支付的現金或現金等價物等，現行成本能夠客觀地反應資產在某特定時期的真實價值。

（二）現行成本會計模式的基本程序與方法

1. 確定會計報表中所列示的各項目現行成本

（1）現行市場的公允價格。可根據購買物品與服務發票價格、供應商價目表獲得。

（2）當前標準製造成本。可按照標準製造成本加一定比例利潤提成獲得。

（3）評估重置法。通過專門的資產評估機構來對廠房生產設備等資產進行評估獲得，此價值的獲取方法成本較高。

（4）利用個別資產的現時物價指數換算求得。

對於各項目金額也應該劃分貨幣性項目和非貨幣性項目，劃分方法同一般物價水平會計，不再重述。貨幣性項目金額固定，不受物價上漲的影響，因此貨幣性項目金額無需進行任何調整，只要按照帳面價值進行表述。而非貨幣性項目現行成本會隨著物價上漲而不斷上升，每到期末都應當根據各項資產的現行成本對歷史數據進行重新調整，調整為現行成本。

對於收益表上的銷售收入、營業性費用（折舊費用除外）、所得稅、現金股利等均按照發生日的現行成本確認，歷史成本即發生時的現行成本。但對於折舊費用來說，其與固定資產價格變動相關聯，一般採用現行成本的平均余額計算求得。

2. 確定企業持有資產的損益

在通貨膨脹條件下，物價在不斷地上漲，企業持有的資產的現行成本必然與歷史成本產生差異，這就造成了企業資產的持有利得或持有損失。一般情況下，企業持有的貨幣性項目由於其金額固定不會產生持有損益，主要是存貨、廠房設備、土地等非貨幣性資產的持有損益。

資產的持有損益又可分為已實現的資產持有損益和未實現資產持有損益兩種。

已實現的資產持有損益是資產已經實現銷售或消耗時的現行成本與其歷史成本之間的差額，主要包括已實現銷售的存貨與計提折舊或攤銷的資產。需計提折舊或攤銷的資產已實現資產持有損益等於現行成本的折舊費用與歷史成本的折舊費用的差額。其計算公式如下：

存貨已實現的資產持有收益＝現行成本銷售成本－歷史成本銷售成本

需計提折舊或攤銷的資產已實現資產持有損益＝現行成本的折舊或攤銷費用－歷史成本的折舊或攤銷費用

未實現的持有損益即期末尚未銷售或處置而繼續擁有的非貨幣性資產現行成本與其歷史成本之間的差額，主要產生於期末存貨、土地、廠房設備等實物類資產中。其計算公式如下：

存貨的未實現資產持有損益＝期末存貨現行成本－期末存貨歷史成本

固定資產未實現資產持有損益＝固定資產現行成本－固定資產歷史成本－儲備折舊

其中的儲備折舊是用來調節未實現損益的,是為了保證期末現行成本資產負債表中的累計折舊與廠房設備的期末現行成本相符合。其計算公式如下:

儲備折舊＝按現行成本計算的折舊額－按期初期末現行成本加權平均計算的折舊額

3. 重編以現行成本為基礎的會計報表

會計報表以現行成本為基礎重編。

(三) 對現行成本會計的評價

1. 現行成本會計的主要優點

(1) 有利於會計信息的決策有用性目標的實現。在現行成本會計中,資產是以現行成本計價,能夠反應企業資產現時的真實價值,而企業的收入按照收入的現行價格計入,費用也是以本期實際支出與現行成本為基礎重新計算得出的,將收入費用均按相同時期配比,增強了企業經營成果的真實性。

(2) 能夠更好地評價管理層的經營業績。現行成本會計能較好地反應企業內部各部門的經營效率,利於建立責任會計,區分了企業經營收益與持有資產損益,可以更好地考察管理層的工作業績。

(3) 利於維護企業產權資本和實際生產經營能力。現行成本會計以現行重置成本彌補了生產經營中耗用的材料物資和固定資產,保障了已耗資本的回收,維護了企業的生產經營能力,利於企業的長期可持續發展。

2. 現行成本會計的主要缺點

(1) 資產採用現行成本計價主觀性太強,現行成本的獲取渠道很多,需要會計人員主觀判斷的因素很強,難免會導致資產的金額不盡相同,甚至可能會成為管理層進行利潤操縱的手段而影響會計信息的可靠性。

(2) 未列示一般物價水平變動對會計報表的影響。現行成本會計中,關於貨幣性項目的購買力損益並未按一般物價水平進行調整,使得通貨膨脹對這部分的影響並未得到反應。

(3) 耗費會計人員的工作量過大。由於需要設置歷史成本會計與現行成本會計兩套帳簿,加大了企業核算的時間與費用,有悖於成本效益原則。

三、現行成本/不變幣值會計

(一) 現行成本/不變幣值會計的概念

現行成本/不變幣值會計實際上並不是一種新的會計模式,而是一般物價水平會計與現行成本會計取長補短相互結合的一種會計模式。一般物價水平會計雖然可以消除一般物價變動對會計數據的影響,卻忽略了個別物價變動對會計信息的影響;現行成本會計雖然可以消除個別物價變動對會計數據的影響,卻沒有考慮一般物價變動的影響,現行成本/不變幣值會計結合了兩者而能夠全面反應或消除物價變動對歷史成本會計的影響。

現行成本/不變幣值會計的主要特點是以現行成本為計價基準,以不變幣值為計量單位,既反應企業各項資產的現行成本和非貨幣性項目的持有損益,同時還在現行成本會計報表基礎上,按照一般物價指數進行調整,並計算在貨幣性項目

淨額的購買力損益。確認與調整方式參照前兩種會計模式。

(二) 現行成本/不變幣值會計的基本會計程序

現行成本/不變幣值會計的會計程序大體上是現行成本會計與一般物價水平會計的有機結合。

(1) 以現行成本對企業各項資產進行列示，列示方法與現行成本會計相同。

(2) 計算企業持有非貨幣性項目損益。在確認期末現行成本上直接進行計算，與現行成本會計相同。

(3) 重新編製現行成本會計報表。

(4) 按不變幣值貨幣計量單位對現行成本會計報表進行調整。

① 資產負債表的調整。以歷史成本為基礎的財務會計報表按照現行成本會計模式調整后，按年末名義貨幣表示的金額不必調整；對於其他未按照年末名義貨幣單位計量的，需要按照一般物價指數的調整方法進行重新調整。

② 收益表的調整。由於收益與留存收益的各個項目在期間內均勻發生，需按照一般物價水平換算成年末名義貨幣單位表示，即乘以換算系數「期末一般物價指數/平均一般物價指數」。現金股利在年末發放，無需調整。

(5) 計算貨幣性項目淨額的購買力損益。現行成本/不變幣值會計模式下，貨幣性項目淨額的購買力損益與一般物價水平會計下的計算方式完全一致，不再重述。

(6) 扣除一般物價變動的資產持有損益，現行成本/不變幣值會計模式下的資產持有損益仍舊是歷史成本與年末現行成本的差額，存在的區別是，所涉及的現行成本與歷史成本均按照一般物價指數調整過。

(7) 重新編製現行成本/不變幣值會計報表。

(三) 對現行成本/不變幣值會計的評價

1. 現行成本/不變幣值會計的主要優點

(1) 可以全面反應和消除一般物價變動與個別物價變動對會計的影響。現行成本/不變幣值會計正是結合了一般物價水平會計與現行成本會計的這兩個優點，既包含按一般物價水平變動調整的持有資產損益，又包含了淨貨幣性項目的購買力損益。

(2) 豐富了通貨膨脹條件下所包含的會計信息，提供了較為全面的會計資料，使得財務報告使用者對會計信息有了充分選擇的餘地。

(3) 便於財務報告使用者對會計信息的比較與理解。此模式採用了統一的計量單位，增強了會計數據的可比性。

2. 現行成本/不變幣值會計的主要缺點

(1) 需要花費相當多的時間與費用進行會計處理與數據之間的換算，還不一定可以獲得相當理想的效益，不符合成本效益原則。

(2) 核算過程很繁瑣複雜，不利於會計人員廣泛的接受與掌握。

思考及討論題：

1. 為什麼要研究通貨膨脹會計？其意義何在？
2. 通貨膨脹會計的模式有哪些？各有何優缺點及不足？
3. 在會計實務中，應如何運用通貨膨脹會計？

第九章　社會責任會計

20世紀70年代后，社會責任會計在西方發達國家得到了迅速發展和實踐，客觀上緩和了這些國家的社會矛盾，並促進了其國民經濟的可持續發展。隨著中國經濟發展水平的不斷提高，企業行為引起的外部性問題日益突出，但目前中國現有會計不能反應企業行為引起的社會問題。從這個角度講，現有會計已不適應經濟發展。社會責任會計是反應企業外部性問題的重要工具，因此對社會責任會計的研究也越發重要。

第一節　社會責任會計的演進

一、企業社會責任的產生背景

企業社會責任（Corporate Social Responsibility，CSR）是指一個企業超出法律和經濟要求，追求對社會有利的長期目標的義務。企業社會責任並非是新概念，這一概念是在20世紀20年代，隨著資本的不斷擴張而引起一系列社會矛盾，如環境惡化、貧富分化、社會貧困，特別是勞工問題和勞資衝突等而提出來的。

企業社會責任隨著經濟全球化和市場經濟體制的逐步完善越來越受到關注，企業社會責任的提出是社會文明的一大進步，標誌著人類由單純關注經濟發展到更關注社會和人的可持續發展，意味著社會對企業的評判標準已由單純的關注企業的經濟效益到更關注企業的社會效益。企業社會責任要求企業不僅是一個經濟組織，而且還應該是一個對自然、人類、社會、經濟協調發展負有責任、有企業道德的社會組織。自20世紀60年代以來，美國、日本等許多發達國家的企業都把自身的社會責任放在與技術創新同等甚至更為重要的位置上。而在經濟全球化快速發展的前景下，競爭優勢的資源正在不斷地發生著變化，企業生產經營中的費用、質量、供貨期等要求已經成為企業生產經營中最基本和最平常的標準，而企業要在競爭中獲得優勢，必須在諸如速度、一致性、可靠性、敏捷性、創造性、多樣性、安全性和商業道德等方面挖掘自己的優勢。像歐美發達國家提出的「企業社會責任」的問題，已開始從個別企業的標準轉變為大部分企業進入某些市場的基本要求。從這個意義上來看，社會責任也從企業對社會的承諾轉化為一種競爭優勢，甚至是發達國家設置的新貿易壁壘。這一變化趨勢對中國企業走向世界進行國際化經營將產生一定的影響，在此背景下，企業必須適應和遵循國際競爭規則；否則，就難以生存和發展。

在歷史上，美國是企業社會責任理論的發源地。可以說，支持、抑制和反對企業社會責任的觀點，都可以在美國找到極其豐富的理論資源。美國關於企業社

會責任之爭論，基本上可以反應出各國理論界對企業社會責任問題的不同態度。以下依據不同歷史時期以來對企業社會責任的思想淵源進行的大致勾勒，也將主要以美國學術界的情況為聚焦點。

在自由市場經濟時代，企業作為經濟實體，唯一的責任就是追求自身經濟利益（利潤）的最大化。古典經濟學認為，在市場機制的作用下，企業利益與社會利益能自動地協調。正如亞當·斯密在《國富論》中指出的那樣，每當個人在追求各自經濟利益時，「他受一只看不見的手指導，去盡力達到一個並非他本意想要達到的目的⋯⋯他追求自己的利益，往往使他能比在真正出於本意的情況下更有效地促進社會利益」。但是，現實的情形與古典經濟學所描述的理想狀態有較大的差距。福利經濟學的創始人庇古提出了市場外部性理論，即企業在追求自身利益最大化的過程中，會對外部世界產生影響，造成私人費用與社會費用、私人收益與社會收益的不一致。在這種情況下，企業利益與社會利益就不會自動協調。

20世紀初，美國公司由於股權分散，出現了公司所有權與控制權分離，企業管理者掌握了公司控制權。由於信息不對稱，企業管理者能利用公司控制權去追求股東利益之外的目標。企業管理者行使公司控制權的責任問題引起了美國理論界的廣泛重視。哥倫比亞大學法學院教授貝利認為：「企業管理者掌握公司控制權，只能以股東的利益作為唯一目標，企業管理者是企業股東的受託人，其掌握的公司控制權是原本屬於股東擁有的，股東的利益優於企業其他利益關係者的利益。」然而哈佛大學法學院教授多德則認為：「企業財產的運用是深受公共利益影響的，除股東利益外，企業受到外部的壓力，同時承受其他利益相關者的利益，企業管理者應建立對雇員、消費者和廣大公民的社會責任觀，即公司控制權要以實現股東利益和社會利益為目標。」貝利與多德關於公司控制權責任爭論的焦點在於公司控制權是否以實現股東利益為唯一目的，除股東利益之外，是否還應考慮社會利益。

貝利與多德關於公司控制權責任的論爭，最后以貝利的認輸而結束，但關於企業社會責任的爭論則從未停息，企業社會責任的論爭進入到經濟責任觀和社會責任觀的論爭階段。

哈佛大學萊維特教授認為：「企業履行社會責任是一個危險的行為。」社會問題讓企業來解決，就必須賦予企業更大的權力，企業將逐漸演變為具有支配地位的經濟、政治和社會權力中心，這是十分危險的。追求利潤是企業的責任，解決社會問題是政府的責任。萊維特進一步指出，企業履行社會責任是企業參與政治的一種體現。企業參與政治會影響企業的成長性，企業注重了政治，就會輕視了企業產品的品質，就會影響企業的名譽及其在市場上的競爭，使企業陷入嚴重的困境。米爾頓·弗里德曼認為，股東是企業的所有者，對企業的利潤享有所有權；企業管理者是股東的代理人，對股東負有直接責任。企業管理者的主要任務就是按照股東利益來行使公司控制權。企業參與社會責任的活動，是企業追求利潤最大化的過程，其目的不僅在於公共利益，而且更重要的在於企業的自身利益。

隨著市場經濟的發展和企業力量的壯大，人們逐漸認識到企業在追求自身經濟利益最大化的同時，還要履行其他帶有一定公共性的社會責任。社會責任觀認

為，時代已經變了，公司的社會預期也在變化，因此公司不再是只對股東負責的獨立實體，還要對建立、維持它們的更大的社會負責。在社會責任觀的支持者看來，古典經濟學派觀點的主要缺陷在於他們的時間框架，只看到企業短期的眼前利益，沒有認識到管理者應該關心長期資本收益率的最大化。為了實現這一點，他們必須履行社會義務以及由此產生的費用。著名的管理學家斯蒂芬·P.羅賓斯認為：「企業社會責任是企業追求有利於社會的長遠目標的義務，而不是法律和經濟所要求的義務。」企業社會責任與社會義務及社會回應相關聯。社會義務是指企業行為符合其經濟和法律的責任，企業履行的社會義務就達到了法律的最低要求。企業追求社會目標僅限於它們有利於該企業實現其經濟目標的程度。社會義務是企業參與社會的基礎。社會回應是指一個企業適應變化的社會狀況的能力。社會責任要求企業決定什麼是對的、什麼是錯的，從而找出基本的道德規範。社會回應是由社會準則引導的價值，它為企業管理者的決策提供了一個更有意義的指南。社會回應是比社會責任更明確、更可實現的目標，一個對社會敏感的企業管理者，不是評價從長期來看什麼對社會有益，而是更願意認識到流行的社會準則，然後改變其參與社會的方式，從而對變化的社會狀況做出積極反應。羅賓斯通過考察了一組社會意識共同證券基金的收益率與平均水平比較及其他方面的比較，得出結論：「沒有足夠的證據表明，一個公司的社會責任行為明顯降低了其長期經濟績效。」卡羅爾認為，一個真正對社會負責任的企業要追求利潤、遵守法律、重視倫理、廣施慈善。美國普金斯研究所高級研究員布萊爾認為企業管理者的任務在於使企業創造最大化的社會總價值，而不僅是最大化的股東投資回報，他們必須全面考慮企業的決策和行為對企業所有利益相關者的影響。「管理學之父」彼得·F.德魯克更加明確提出企業首要的社會責任是經濟責任，但利潤不是企業的目的，而只是一個限制因素，滿足社會需要才是企業的永恆的目的。利潤無非是企業實現社會責任的回報。可盈利性對應於企業的收益，而公眾責任心對應於社會責任，德魯克在這裡把兩者看成不可分割的統一體。推而論之，即企業的社會責任與競爭優勢並不是負相關的關係。

中國幾十年的計劃經濟體制實踐，由於否定了社會主義社會存在著商品、商品生產和價值規律的作用，因而在理論上不可能確立企業作為一個獨立的商品生產經營者的地位。它所導致的一個直接結果，是將企業作為一種包羅萬象、扮演著多重角色的組織，一種對社會承擔著廣泛甚或無限責任的機構，最終是使企業背上了沉重的包袱，陷入嚴重的「企業辦社會」的艱難境地。改革開放以後，隨著中國經濟體制改革的不斷深入，企業作為一個獨立的市場主體的地位逐步得以確立，但這種「企業辦社會」的現象在較長的一個時期內並未得到根本性的好轉；相反，處於新舊體制交織演繹過程中的企業，各種利益主體的矛盾變化表現出更為嚴重的複雜性和多樣性，從而引發了一系列的倫理問題。此後，隨著中國社會主義市場經濟體制的確立、建立和不斷完善，中國企業的倫理問題更是日益突出，關於企業責任問題的研究也日益得到人們的重視。

國內外學者界定企業社會責任的方法與標準多是從經濟學、社會學、倫理學、法學，甚至哲學的角度，主要有以下幾種典型的說法：

第一，彼得·F. 德魯克認為社會機構（包括企業）對企業所要承擔的責任可能在兩個領域中產生：一個領域是機構社會的影響，另一個領域是社會本身的問題。這兩個領域中所產生的問題都同管理有關，但這兩個領域的問題是不同的。第一個領域所討論的是一個機構能夠「對」社會做些什麼事，第二個領域所討論的是一個機構能夠「為」社會做些什麼事。「無論是有意造成的還是無意造成的」，企業必須對它「所造成的影響負責」。對於社會問題，企業的職責在於將它「轉化為企業的一項機會來滿足一項社會需要」。

第二，哈羅德·孔茨認為企業的社會責任既是指「認真地考慮公司的一舉一動對社會的影響」，又是指「一家公司以對公司與社會彼此有利的方式，把公司經營活動及政策方針同社會環境聯繫起來的能力」。

第三，K. P. 安德魯斯的觀點是社會責任部分地意味著自願約束自己不去謀求最高利潤，更為積極的意義是社會責任意味著對社會為經濟活動所付出的代價以及把公司的力量集中在某些目標的機會的敏感性。這些目標是可能達到的，但有時從經濟上看不出那麼吸引人，卻合乎社會的需要。

第四，世界銀行把企業社會責任（CSR）定義為企業與關鍵利益相關者的關係、價值觀、遵紀守法以及尊重人、社區和環境有關的政策和實踐的集合。企業社會責任是企業為改善利益相關者的生活質量而貢獻於可持續發展的一種承諾。

第五，歐盟則把社會責任定義為公司在資源的基礎上把社會和環境關切整合到它們的經營運作以及它們與其利益相關者的互動中。

第六，國內學者曹世功認為，企業社會責任是指企業為了所處社會的福利而必須關心的道義上的責任。

二、社會責任會計的產生

（一）國外社會責任會計的產生

1968 年，美國會計學家戴維·F. 林諾維斯（David F. Linowes）發表題為《社會經濟會計》(*Social Economic Accounting*) 一文，首次提出了「社會責任會計」一詞，闡述了社會責任會計的基本內涵，揭開了社會責任會計研究的序幕。隨著現代社會問題日益突出，20 世紀 90 年代以后，社會責任會計受到理論界、會計職業團體和政府的高度重視。許多發達國家，如美、英、法、德、日等，建立了社會責任會計，並做了大量的嘗試和研究。社會責任會計僅有 30 多年歷史，但國外研究仍取得了豐碩成果。

1. 社會責任會計的內容

20 世紀 70 年代后期，國外會計組織機構和個人對社會責任會計的內容及範圍進行了廣泛的研究。早在 1975 年，法國政府在《關於公司法改革的報告》中就建議各家公司每年公布「社會資產負債表」，即「社會報告」，並提出了社會責任的具體內容。1977 年，法國政府正式頒布法律，要求雇員超過 750 人的組織（1982 年擴大到 300 人）必須編報年度社會資產負債表（Social Balance Sheet），用貨幣金額揭示企業履行社會責任的情況。揭示的信息主要包括雇員人數、工資、健康和安全保護、其他工作條件、職員培訓、行業關係、雇員及其家庭的生活條件等內

容。美國會計人員協會成立了企業社會績效委員會，於1974年2月在《管理會計》雜誌上發表一篇專題研究報告，將社會績效分為四個主要範圍，即社會關係、人力資源、自然資源、環境貢獻。國外許多企業也參與社會責任會計研究，並取得了一定的研究成果。例如，艾布特公司發表了一個連續的社會會計成本—效益報告。該報告認為社會責任會計包括五個方面的內容，即社會服務的認定、社會績效評估、社會責任審計、經常性營業的社會評價、社會政策對服務績效衝突的分析。然而，對於企業社會責任會計的內容，目前國際上還沒有形成統一的認識，各國在具體實施時差異較大。

2. 社會責任會計的計量

1972年，戴利教授在其所寫的學位論文中，較早提出了社會責任會計，並對社會責任會計的目標及計量等進行了系統的描述。1981年，杰佛里·S. 阿潘和李·H. 瑞德堡兩位教授在他們合著的《國際會計與跨國公司》一書中，對社會責任會計計量問題進行了詳細闡述。20世紀80年代末，喬治·斯坦納教授進行了一個關於計量企業社會績效的廣泛調查，提供了企業社會責任審計情況的最佳標準，同時指出在企業社會責任會計中，需要適當的計量技術的發展及應用（李皎予、宋獻中，1989）。美國註冊會計師協會（AICPA）成立了社會計量委員會機構，專門從事調查社會責任會計的情況和有關問題，出版了許多相關的研究論文。1974年4月，AICPA在美國查理斯敦舉行了社會計量會議，推動了社會責任會計計量的深入研究。隨後，美國註冊會計師協會（AICPA）發表了《企業社會業績》研究報告，建立了一個初步的計量系統。此外，美國會計學會先後成立了各種研究社會責任會計的委員會，推動了社會責任會計理論的發展。例如，美國會計師協會專門成立了「企業社會行動會計委員會」，提出了社會責任會計的範圍、目的、程序和溝通方式。英國的特雷佛·干布林著的《社會會計學》一書，對未來社會責任會計方向進行了預測。阿倫·肯尼迪著的《社會責任計量》對社會責任會計計量進行了系統闡述。

3. 社會責任會計的信息披露

1980年，英國會計準則委員會（ASSC）出版了《公司報告》一書，鼓勵企業編製社會責任報告，在傳統的財務報表之外，還需增編增值報告、就業報告、公司前景表、公司目標表等一系列社會報告，以滿足股東以外的關心企業的社會各界的信息需要。1982年，國際會計與報告準則專家小組（GEISA）提出了《聯合國跨國公司行為準則草案》，就有關企業社會責任問題披露提出了較廣泛的建議，在建議中要求跨國公司提供財務和非財務方面的諸多信息。1987年，歐洲財經會計聯合會發表的研究報告就建議企業應披露企業的社會責任信息。1997年，西蒙等人編著的《構建公司受託責任》一書，以企業實施社會報告程序的案例形式全面介紹了社會和道德會計、審計與報告（Social and Ethical Accounting, Auditing and Reporting, EAAR）的理論與實務，初步建立了一個社會和道德報告的五步驟模型。2001年12月12日，經濟優先權委員會（Council on Economic Priorities, CEP）作為一家長期研究社會責任及環境保護的非政府組織，發表了關於社會責任信息披露準則，這是全球第一個可用於第三方認證的通用社會責任國際標準。該

標準主要內容包括：禁止使用童工、強迫勞工和安全衛生、結社自由以及集體談判權、歧視、懲罰性措施、工作時間、工資報酬、管理體系九個要素。當然，關於社會責任會計信息披露的國外文獻還很多，如20世紀80年代初期，美國托尼·蒂克所著的《企業社會會計》一書，對企業社會責任信息披露模式進行了系統論述。

（二）中國社會責任會計的產生

中國社會責任會計研究起步較晚，僅有十余年的歷史。目前，中國社會責任會計仍處於理論研究狀態，並且這種研究也主要是以概念性的探討、重要性的分析、對國外研究成果進行介紹為主，在確認、計量、記錄、披露等方面尚沒有取得重大突破。儘管如此，中國學術界對社會責任會計研究做了有益嘗試。

1. 社會責任會計的內容

關於社會責任會計核算內容，中國學者大多以借鑒發達國家社會責任會計核算內容為主，進行比較與選擇研究，但就有些社會責任內容是否應當核算還存在爭議。代表性觀點有：第一，劉秀琴在2003年第5期《上海會計》上發表《構建中國社會責任會計的設想》一文認為，中國社會責任會計的內容應包括人力資源方面的貢獻、職工福利情況、對所在地區的貢獻、改善自然環境的貢獻、企業收益方面的貢獻、產品質量和售後服務情況、對政府履行的義務等。第二，文碩在《企業社會責任會計》一書中指出，社會責任會計核算的內容包括七個方面，即社會效益與社會成本、環境效益與自然資源成本及環境污染成本、人力資源效益與成本、參與社會活動效益與成本、社會保障與教育效益與成本、產品質量效益與費用、其他社會效益與成本。第三，張亞梅在2001年第6期《經濟問題探索》上發表《論社會責任會計》一文認為，企業有必要定期向社會公開在收益、人力資源、所在地區、改善生態環境、反應提供產品和維修服務五個方面為社會做出的貢獻，以利於人們瞭解其在經營活動期間對全社會履行上述職責的情況等。第四，蔡昌在1998年第10期《四川會計》上發表《論社會責任會計》一文認為，社會責任會計應該具體反應和揭示企業在處理與社會的相互關係時所應承擔的義務及其履行情況。

2. 社會責任會計的計量

目前，中國對社會責任會計計量方法沒有取得實質性進展，大多只是對人力資源會計、資源會計等學科的計量方法進行介紹，缺乏必要的比較與選擇，沒有規範相關社會責任會計核算內容的計量方法。另外，在社會責任會計的重要性、會計目標和理論結構等方面，有的學者做了有益研究，取得了一些成果。代表性研究有：

第一，1997年，宋獻中在《財會通訊》上發表了《論社會責任會計目標》一文，對社會責任會計目標的歷史演變進行了闡述，並構建了新的社會責任會計目標。第二，2003年1月，陽秋林在《企業經濟》上發表了《當論社會責任會計的計量方法》一文，對國外相關的會計計量方法進行了介紹。第三，2002年3月，鞏海霞與尹同舟合作，在《河北財會》上發表了《社會責任會計亟待實施》一文，對中國實施社會責任會計的重要性做了較全面的論述，他們認為，實施社會責任

會計，有利於實現中國經濟的可持續發展。第四，陽秋林與曾嬌益在《廣西會計》上發表了《從企業新概念談建立社會責任會計的必然性》一文，認為從企業新概念角度出發，企業社會責任目標與企業基本目標是一致的。

3. 社會責任會計的信息披露

近年來，中國學者對社會責任會計信息披露模式選擇進行了較深入研究，但認識尚不統一，有的學者認為中國應採用文字敘述模式，有的學者主張採用獨立報告模式。代表性觀點有：第一，1996 年，劉明輝主編的《走向二十一世紀的現代會計》一書，從會計的國際接軌以及企業的需求角度，對有關企業社會責任會計信息披露進行了較深入的探討。第二，2004 年 7 月，黎精明在《對外經貿財會》上發表了《關於中國企業社會責任會計信息披露的研究》一文，對企業社會責任會計信息披露現狀、披露形式、披露工具等做了較系統的闡述，並提出了中國實行業社會責任會計的具體對策建議。

在借鑑西方社會責任會計理論成果和實踐經驗的基礎上，中國學者對社會責任會計進行了較廣泛的有益探索，並取得了一定的成果。但是，從總體上看，目前中國社會責任會計理論研究還處於起步階段，許多理論問題沒有取得重大研究進展，還存在著研究不系統、研究不深入、研究成果應用性差等問題。

第二節　社會責任會計的理論框架

社會責任會計是會計學科的一個組成部分，社會責任會計的某些理論基本上等同於傳統會計的理論，但社會責任會計又具有自身的某些特徵，存在著自身獨立的理論基礎和方法基礎。本節就社會責任會計的理論框架進行系統的介紹。

一、社會責任會計的目標

美國會計目標的研究始於 20 世紀 60 年代，明確地聯繫經濟決策提出會計目標可以追溯到美國會計學會 1966 年發表的《基本會計理論說明書》（ASOBAT）。這份說明共提出了四個目標：

第一，作出關於有限利用的決策，包括確定重要的決策領域，並確定目的與目標。

第二，有效的管理和控制一個組織內的人力與物力資源。

第三，保護資源，並報告其管理情況。

第四，有利於履行社會職能和社會控制。

上述四個目標中的第四個目標明確指出會計要促進會計主體的社會職能，這是社會責任會計的目標體現。雖然西方國家重視社會責任會計，在研究會計目標的時候，也考慮了社會責任會計的基本內容，但把它作為一個獨立的分支來說明社會責任會計的目標者還不多。

社會責任會計的目標可分為基本目標和具體目標。基本目標是提高社會效益，具體目標是提供社會責任信息。綜合概括為：

第一、確認和計量會計主體在一定時間內的社會淨貢獻。

第二、幫助決定企業的經濟運行是否直接影響相關的資源，是否與共同的社會準則全面一致。

第三、以適當的方法，盡可能多地為社會各部門提供有關企業的目標、政策和計劃以及對社會的義務和貢獻等方面的信息。

二、社會責任會計的假設

(一) 會計主體假設

如前所述，假定社會責任會計的主體是企業，一般是指相對獨立的盈利企業，社會責任會計記錄和報告的是該主體對其他社會各分子所產生的影響。社會責任會計與傳統意義上的會計相比主要有以下兩大不同點：

第一、傳統意義上的會計主體是其本身，它只核算本會計主體空間範圍內的經濟業務，也只對本會計主體所擁有或能夠控制的經濟資源進行計量和報告。比如說一個車間只核算本車間的業務，一個企業也只核算本企業的業務。這種微觀的會計核算系統的弊端是不考慮不同會計主體之間的社會公平問題。事實上，單個主體經營成果的體現總是要通過與外部的交換才能實現，在交換過程中又不可避免地要對外部產生影響，當這些影響危及其他主體的正常經營，或其他社會個體的生存與發展時，只核算會計內部擁有或能控制的經濟資源便暴露出了其局限性。而社會責任會計則要求將遊離於傳統會計核算範圍外的不經濟性納入會計核算體系，以制約或評價那些經濟效益大於其社會資產淨額的企業，重整或取締那些經濟效益小於其社會資產淨額的企業。這是一種宏觀兼微觀的核算系統，不僅考慮了不同會計主體在同一時間不同空間的公平問題，還考慮了同一會計主體在同一空間不同時間的公平問題。

第二、傳統意義上的會計主體既可以是企業，也可以是政府部門或事業單位；社會責任會計主體應該說只能是一個相對獨立的企業。因為只有企業才能用其經營所得對其所做的行為向社會負責。而政府職能部門及事業單位往往是為滿足公共需要而設置的，自然不能只根據其提供或披露的社會責任報告就做出重整或取締它的決定。因此，讓政府及事業單位提供社會責任報告也就失去了實際意義。

(二) 持續經營假設

傳統的持續經營要求企業的資產按既定的目的在正常的經營活動中被耗用，並如約償付其債務，只有這樣才不至於破產或被清算，而這與社會責任會計存在著較大的差距，因為社會責任會計核算系統裡還包括了現行會計核算系統中所沒有的社會資產與社會負債。按社會責任會計持續經營的假設，如果社會資產與社會負債的負差額超過了其他資產與負債的正差額的話，那麼企業可以說已經到了破產的地步。但按現行法律規定，企業是不會被宣告破產或被清算的，因為現行法律沒有考慮企業的社會資產與社會負債。因此，按社會責任會計持續經營的假設，當企業的社會負債低於其社會資產淨額時，即便其達到按法律規定應予宣告破產或清算的地步，也不宣告其破產或清算。當企業的社會負債高於其社會資產淨額時即便其未達到法律規定的應予宣告破產或清算的條件，也要宣告其破產或

對其清算。

(三) 會計分期假設

會計分期假設是指假設可以將企業連續不斷的經營活動分割為若干較短的時期，據以結算帳目和編製報表，從而及時地提供有關財務狀況、經營成果的信息。社會責任會計也需要分期，但實際上，大量的社會責任支出是很難正確分攤到其各個受益期的。因為傳統上是將支出的受益期作為分攤的標準。但社會責任支出中對人力資源方面的貢獻、對所在社區的貢獻及對改善生態環境所做出的貢獻等，受益的時間與程度都是極不確定的，有時一筆微小的支出也可造福人類數十年，如植樹造林；而一個耗資較大的項目也可能沒有任何社會效益。社會責任會計較之傳統的會計更難正確使用會計分期，因此這也對社會責任會計的進一步發展和完善提出了一個重要的研究方向，即支出受益期的確認與計量。

但是，會計反應不能等到企業經營活動終止時才一次計算盈虧。社會責任會計工作的目的就是及時反應企業履行社會責任的情況，對企業日常發生的活動所引起的社會效益和社會成本進行定期的計算、分類、匯總，以滿足決策者的需要。因此，現階段分期提供的社會責任會計報告，我們對其期間的劃分較傳統會計而言是大概和籠統的。

(四) 多種計量單位並用的假設

社會責任會計不能單純利用貨幣計量單位進行計價，必須廣泛使用勞動量、實物量和其他計量形式，對企業的社會效益和社會成本進行全面的記錄、計算。目前存在的一些社會責任會計的貨幣計量方法，如調查分析法、替代品評價法、影子價格法等，其實已跳出了原來的五種會計貨幣計量模式範圍。多重計量假設應該說在某些方面比貨幣計量更能傳遞正確、可靠的信息。其一，實物量計量排除了價格變化給我們帶來的影響；其二，勞動量、實物量對許多社會責任會計要素項目來說是實實在在可確定的，而貨幣價值計量却是虛幻的。例如，企業車間噪音需要從其現有的 140 分貝降為 100 分貝，那麼可以在企業的資產負債表上列作社會負債——應降低噪音 40 分貝。由於為降低這 40 分貝的噪音，將來應開支多少，是得不到精確估計的，而這筆負債又必須及時反應出來，因此在這裡，分貝就充當了良好的計量尺度。但是非貨幣計量也有一定的缺陷，如企業的業務很難用同一非貨幣單位來統一計量，因此必須在傳統的會計報表之外單獨提供社會責任會計報表，以保證能用貨幣計量的會計要素之間保持其可比性。又如，採用非貨幣性計量假設也會引起與企業聯繫比較密切的稅務系統及財政系統稅費徵收依據的變化。因此，多重計量模式應該是社會責任會計從初級階段向成熟階段發展的一個過渡計量模式，其存在是必須的，將來也不可避免會被貨幣假設所取代。

三、社會責任會計的計量

(一) 傳統會計計量模式對社會責任會計的非適應性

會計的反應離不開計量，計量工作貫穿於會計核算系統從數據輸入到信息輸出的全過程。傳統會計計量模式包括會計計量屬性和會計計量單位，目前會計計量屬性有五種，即歷史成本、現行成本、現行市價、可實現淨值和未來現金流量

現值。會計計量單位，即會計計量尺度，是指衡量經濟業務所影響的會計要素的數量方面所用的標準。人們認為在商品經濟條件下，會計是以貨幣計價為基礎的，因此會計計量的統一尺度是貨幣。

根據以上對計量模式的分析，可以得知傳統會計計量是以交易價格為前提的。所謂交易價格，是指由於商品交易而在市場上形成的一種價格，即為取得某項資源而付出的經濟代價。然而雖然交易價格在各國普遍採用，但並不是衡量價值的最好辦法。產品的市場價格通常反應該產品對邊際顧客的價格，即價格提高一個單位時，不再增加購買者的價格。但是當需求曲線的斜率為負時，還有其他顧客願意以更高的價格去購買該產品，他們所支付的價格較他們對該產品的期望值低，此種利益一般稱為「消費者剩余」，並不反應市場價格或交易價格。在衡量產品和服務購買者的全部價值時，除了購買者的價格外還要加上所估計消費者剩余，同時社會責任又往往沒有在市場中發生。因此，社會責任會計採用交易價格並不適宜。

此外，這種唯一的貨幣度量使得傳統會計反應遲鈍、單調、片面，難以適應社會經濟環境的變幻莫測。因此，在確定社會責任會計的計量單位時，一定要摒棄以貨幣為唯一的計量單位的做法，採取各種形式對社會責任進行計量。

(二) 社會責任會計的幾種計量方法

傳統會計計量方法的非適應性決定著社會責任會計必須要有自己獨特的計量方法。目前對社會責任會計的計量方法主要有以下幾種：

1. 調查分析法

調查分析法是指通過對那些享受了企業效益或者承擔了社會成本的個人或組織進行調查、搜集有關信息，通過對信息的分析來確定社會效益和社會成本數量的方法。調查分析法是一種粗略和不精確的方法。採用調查分析法，關鍵在於擬定提出的問題，對於社會效益一般採用問「你願意花多少錢以換取此一正在被評價的事物」「你要得到多少錢才願意停止接受此一事物」。對於社會成本，我們可以問「你願意花多少錢以避免此項損害」「你要得到多少錢才願意承擔此項損失」。調查分析法根據調查的方法不同可以分為以下幾種：

(1) 投標博弈法。投標博弈法是基於商品或勞務的價格隨供應的平衡數量或質量的變化而變化的假設發展起來的。投標博弈法所涉及的往往是純公共商品，如城市裡清淨空氣或山區的毫無遮擋的景色。這個方法要求人們對假想的不同數量或不同質量水平的各組商品做出估價。估價是根據對一組更好的商品的支付願望（賠償變差）或者對一組次貨接受賠償的願望（等值變差）來進行的。

估價個人願意支付的最大貨幣數量或同意接受的最小賠償數方法是通過在個人訪問中反覆應用投標過程來進行的。首先，訪問者要仔細地敘述商品的數量、質量、時間和占用場地尺寸，同時要講清楚在某一時間期限使用該商品的權限。其次，提出一個起點投標，詢問被訪問者對該商品是否願意支付那麼多錢。如果回答是肯定的，就記下這種情況，再提高投標，一直提高到回答否定時為止。最後，訪問者再逐漸降低標的，以找出願意支付的數額。

(2) 比較博弈法。比較博弈法是指通過一組事物進行對比以確定被評估事物

的價值的一種方法。最簡單的情況是每種支出包括兩個部分，即一定數量的貨幣和一定數量的環境商品，如表9-1所示。

表9-1　　　　　　　　　　　　博弈支出表

項目	支出	
	I	II
捐贈的錢額	0	10
環境商品數量	2	3

表9-1中，支出I是由一定數量的環境商品組成，沒有貨幣支出，即當貨幣支出為0時可以提供2個單位的環境商品。支出II是指支付一定數額的貨幣可以得到的環境商品數量。如表中捐贈10個單位的貨幣時，可得到3個單位的環境商品。通過詢問每個人，看他願意選擇哪種支出，並有計劃地改變II中捐錢的數額，直到對這兩種支出選擇哪一種都一樣為止。這個數值是為了增加環境商品的數量，個人在支出I和支出II之間所做的貨幣權衡，可以解釋為對這種增加的支付願望。通過訪問足夠多的、有代表性的人群和統計顯著性試驗，就可以結算出對環境商品增加量的總支付願望。

(3) 無費用選擇法。該方法用直接詢問來確定個人在各種不同數量商品之間的選擇。無費用選擇法提供定量數據，用這個數據可以推斷出被訪問者的支付願望。選擇是在兩個或更多方案中進行的，每個方案都是合意的，而且全部方案都不用花錢，因此，從這個意義講，選擇是無費用的。其中，一個方案是無價格的商品，其他方案可以是一筆貨幣數額或者是一些有能力購買的具體商品。

在含有兩個方案的模式中，選擇可以在一筆錢和環境商品之間進行。如果某個人選擇了環境商品，那麼該商品至少定價為被放棄的那筆錢，把這個價值作為商品的最低估價。如果改變上述的錢數而環境商品數量不變，這個方法就變成了投標博弈法了。但兩者的主要差別在於無費用選擇法不必支付任何東西而取得貨物。例如，某企業排放的污水對附近河流造成了污染，該企業在調查該損失的價值時，可以用無費用選擇法。有兩個方案：其一是給附近受害居民賠款10萬元；其二是採取必要的措施使損失減少90%。如果受害者不接受10萬元的賠款而要求企業採取措施使損失減少90%，則意味著造成的損失超過了10萬元。

(4) 優先性評價法。優先性評價法力圖模擬完全競爭市場的機制，然後找到無價格商品支付願望的價值或表現形式。這種方法與無費用選擇法相似，即讓被詢問者在各種不同的商品間進行選擇。其特徵是對一組商品指定初始零售價，然後調整這些價值，使它們收斂到一組平衡的價值。

這個方法最早是由霍茵維爾和伯肖德提出來的，以個人效用在預算約束下最大化原理為基礎。如果一個人能夠以下面的方式安排他的總預算，即在任何商品上支付每1元的邊際效用等於在任何其他商品上支付每1元的邊際效用時，他的效用最大。

如果預算分配沒有滿足上述條件，就可以改變商品的消費，從而使總效用增

加。為了使消費者在給定的預算中效用最大，對消費者有兩個要求：第一，預算都要全部用盡或予以分配完畢；第二，滿足邊際效用相等的條件。

例如，我們為了評估車間噪音所造成的損失，可以列出若干選擇的項目，分別給予一個初始價值，要被測者進行評價，並定出它們的次序，如表9-2所示。

表9-2

項目	初始價值（元）	評估次序
一件新衣服	150	4
每月在餐館吃一頓	100	5
消除噪音	90	1
訂閱一年的報紙	50	2
訂閱一份專業雜誌	30	3

表9-2中，被測試者把消除車間噪音排在第1位，即他願意出90元來消除噪音，而把其他支出放在其後，這也意味著消除噪音所給定的初始價格偏低，我們可以逐步提高該價格，直到被測者認為選擇其他商品為第1次序時為止。假定調整后，消除車間的噪音在100元時仍被選為第1位，但提高到110元則被列入第2位則消除車間噪音的費用為100~110元。當然，這只是一個人的數值，最后對被調查的人進行加總計算，就可以確定該車間的噪音對當地居民所造成的社會損失為多少了。

這種方法也可以先給被測者一個預算數，如1,000元，要求其在上述5個項目中進行分配，當然必須滿足全部分配完畢和邊際效用相等的條件。

2. 替代評價法

當某項社會成本或社會效益無法直接決定時，可以通過估計替代品——某些與要估計的項目大致具有相等效用或犧牲的項目的價值來確定。

例如，某租賃公司借給某公司的建築設備的價值，可以通過估價該公司租用具有同等效能的建築設備的租金來估算該租賃公司由於出借建築設備的效益。

又如，水污染對人類所造成的損失，可以通過所在地區的居民的得病率或死亡率而進行計算。因生病引起了勞動生產率的下降，繼而引起產品數量的減少，因人員提前死亡，造成的損失也可以通過折算來估價。

採用該方法時，我們一定要注意正確的選擇替代品，即該替代品必須與被評估事項有一定的相關性。同時，在估價該替代品的價值時，不能單純以市場價格來估價，還必須考慮其消費者剩餘。

3. 生態環境計量法

生態環境的計量以勞動價值理論和邊際效用理論相結合的理論為基礎，配合有關數學思維模式進行。可採用以下兩類方法：

（1）直接市場法。直接市場法就是直接運用貨幣價格對企業生產經營過程所引起的，並可以觀察和量度的環境質量變化進行測算的一類方法。直接市場法可以採用以下幾種具體方法：

①市場價值法。企業給周圍地區的環境造成污染，相應對商品產出水平有影響，因而可以用其導致的商品銷售額的變動來衡量。例如，將減少的農作物的產量乘以價格即為企業的社會成本。

②人力資本法（收入損失法）。環境惡化對人類健康的影響表現為勞動者發病與死亡率增加、醫療費開支的增加以及人過早生病或死亡而造成的收入下降等。人力資本法就是用環境污染對人體健康和勞動能力的損害來估計環境污染造成的經濟損失。

③防護費用法，即採取預防、治理等控制污染措施所耗費的資金來衡量企業社會成本。

④恢復費用法（重置成本法）。該方法是假如導致的環境污染無法得到有效的治理而只有用其他方式來恢復時，以恢復或更新被破壞的資源所需要的費用作為污染企業的社會成本的方法。

（2）替代性市場法。現實中一些商品和勞務的價格只是部分的、間接地反應了人們對環境變化的評價，用這類商品和服務的價格來衡量環境變化的方法稱為替代性市場法或間接市場法。其包括以下兩種具體方法：

①后果阻止法。在環境惡化程度較深且已經無法逆轉時，可通過增加其他的投入或支出額來減輕或抵消因環境惡化而導致的后果。例如，用增加化肥和投入良種來抵消環境污染造成的單產的下降。用這種投入或支出的金額來衡量企業因環境污染的社會成本的方法就是后果阻止法。

②資產價值法。把環境質量看做影響資產價值的一個因素，當影響資產價值的其他因素不變時，以環境質量惡化引起資產價值的變化額來估計環境污染所再成的經濟損失的一種方法稱為資產價值法。

4. 其他核算方法

（1）歷史成本法。歷史成本法是財務會計計量的主要方法。它是按取得某項資產時實際支付的現金數額或其等值來計算該資產的價值，並以此來計量資產的價值轉移。利用歷史成本法對某些社會效益和社會成本進行計量是可行的。如企業為解決環境污染而購買的環境處理設備可按歷史成本計價，企業對社會的貨幣性資產的捐贈也可以用歷史成本計價。

（2）復原或避免成本法。某些社會成本可以根據恢復原狀或預防損害所需的成本來估計。例如，由於採礦而使土地受到損害，可假定恢復原狀需要多少支出來估算。又如，由於某廠的廢水造成對附近河流的污染，其社會成本可以通過估算恢復污染之前的狀況至少需要多少治理費用來確定，也可以假定避免此種損失需要多少錢來決定。這種方法在實際工作中廣泛應用。當然，這種方法在確定復原或避免成本時要進行系統的分析，準確估計其成本。

（3）法院裁決法。企業生產對社會的損害，有時是通過法院裁決的。這種判決一定程度上反應了人們遭受損害的總量估計。企業賠償數可以作為社會成本的量度，並且這部分社會成本已經內化。但採用該法時，在確定賠償數額時往往因事而異，這是根據多方面原因綜合考慮確定的。

以上方法是社會責任會計的基本計量方法，企業具體核算時可以根據以上的

方法進行合理選擇。

四、社會責任會計報告模式

企業在選擇社會責任會計報告模式時,應結合企業自身的特點進行披露,一般可以採用以下不同的社會責任會計報告模式:第一,對於中小企業可以採用簡單的形式披露;第二,對有條件的大型企業可以編製獨立的社會責任會計報告進行披露。

(一)中小企業採用簡易方法披露

如上所述,由於對社會責任信息的披露成本過高,在中小企業運用獨立的會計報告模式進行披露在現階段是不可能的。因此,對中小型企業社會責任信息的披露應運用一些簡易的方法,如通過敘述、圖形、表格、在現有報表中增添項目等方式披露企業所履行的社會責任情況。對有條件的中小企業,可以採用在現有報表中添加項目的方法來披露社會責任會計信息。

可以在資產負債表和損益表增設專門的項目,以反應全部或部分的社會責任資產、負債,揭示履行社會責任的收益、成本。為了說明這個問題,以損益表為例,假定有一個公司在按照目前的會計準則處理的損益表如表9-3所示。

表9-3　　　　　　××公司損益表(項目調整前)
編製單位:××公司　　　　××年度　　　　　　單位:元

一、營業收入	200,000
減:營業成本	100,000
銷售費用	4,000
管理費用	17,000
財務費用	4,000
營業稅金及附加	5,000
二、營業利潤	70,000
加:投資收益	3,000
營業外收入	7,000
減:營業外支出	3,600
三、利潤總額	76,400
減:所得稅費用	16,910
四、利潤淨額	59,490

假定該公司與履行社會責任有關的支出和收益主要有:

(1)按國家有關規定,該公司應向有關社會保障部門支付社會統籌保障金1,000元,已計入管理費用。

(2)該公司繳納排污費3,000元,已計入管理費用。

(3)該公司為購置治理污染設備從環保局取得利息為1%的低息貸款10,000元,目前銀行同期貸款利息為10%,利息已計入財務費用,此項貸款節約利息900元。

（4）該公司因某些污水排污超標被罰款4,000元，已經列入營業外支出。

（5）該公司因某些污染治理接受政府補助2,000元，已經列入營業外收入。

（6）該公司按期計提和實際發生產品售后服務費1,000元，已經列入銷售費用。

該公司調整后的損益表如表9-4所示。

表9-4　　　　　　　××公司損益表（項目調整后）

編製單位：××公司　　　　××年度　　　　　　　　　　　單位：元

一、營業收入	200,000
減：營業成本	100,000
銷售費用	4,000
其中：產品售后服務費	1,000
管理費用	17,000
其中：社會統籌保障金	1,000
排污費	3,000
財務費用	4,000
其中：購置環保設備少付利息	900
營業稅金及附加	5,000
二、營業利潤	70,000
加：投資收益	3,000
營業外收入	7,000
其中：控制污染治理收到政府補助	2,000
減：營業外支出	3,600
其中：排污超標罰款	4,000
三、利潤總額	76,400
減：所得稅費用	16,910
四、利潤淨額	59,490

（二）大型企業分行業編製獨立的社會責任會計報告模式

1. 編製企業獨立的社會責任會計報告模式原因

傳統會計報表中的項目是用貨幣計量的，而社會責任會計報表有的用貨幣計量，有的用非貨幣計量，從而在社會責任會計資產負債表中，資產減負債不一定等於所有者權益。如果將社會責任信息並入傳統會計報表，會影響傳統會計中會計恒等式的平衡關係，而獨立的社會責任會計報告可以不拘泥於某種形式，既包括財務信息，又包括非財務信息，可以採取多種表述形式，如文字、敘述、表格、圖形等。報告可以分為財務信息和非財務信息兩大部分。因此，為了全面反應企業履行社會責任情況，在大型企業條件成熟的情況下，應編製獨立的社會責任會計報告。

大型企業編製的獨立社會責任會計報告模式應以傳統的兩大會計報表為核心，即社會資產負債表、社會利潤表。在具體操作過程中，必須強調以下幾點：

（1）在平時編製會計憑證時，把與社會責任會計有關的科目寫上明細科目，並專門登記有關帳戶的社會責任明細帳，這樣編製獨立的社會責任會計報告就容易一些。

（2）社會責任會計科目盡可能單列，但科目的設置要盡量與傳統會計科目相對應。這樣有利於會計人員的實務操作，如傳統會計科目中有「固定資產」「環境資產」「人力資產」「消費者責任固定資產」等科目，從而在做會計憑證、記帳、編製報表等一系列會計工作中可以參照現行的操作方法。

（3）會計基礎型和非會計基礎型並舉對於企業承擔的社會責任，如果可以確認和進行數據計量，則應優先採用定量指標進行反應，對於確實無法進行定量反應的，也可以用文字表述的方法進行披露。

2. 構架大中型企業獨立的社會責任會計報表

目前，國內學者（如陽秋林，2005；黎精明，2003），也提出了一些社會責任會計報表模式的建議。筆者認為以下社會責任資產負債表（如表9-5所示）和社會責任利潤表（如表9-6所示），有其一定的可行性。

表9-5　　　　　　　　　　社會責任資產負債表

編製單位：××公司　　　　　　××年度　　　　　　　　單位：元

社會責任資產	金額	社會責任負債及所有者權益	金額
環境資產 　減：環境資產累計折耗 　　　環境資產淨值 　　　培育資產 　　　人力資產 　減：人力資源成本攤銷 　　　人力資源資產淨值 　　　社會責任固定資產 　　　其中： 　　　　　環境固定資產 　　　　　職工責任固定資產 　　　　　消費者責任固定資產 　　　　　其他類型社會責任固定資產 　　　　　在建社會責任工程 　　　　　社會責任無形資產		社會責任負債項目 應交各種稅金及附加費 應付工資及福利費 應付職工社會統籌保障金 應交礦產資源補償費 應付消費者退貨款和賠償金 應付售后服務費 應付環境治污費 應交環境綠化保護費 應交社區服務費 應交公益福利捐贈款 應付其他各種社會責任負債 社會責任負債合計 社會責任權益項目 環境資本 人力資本 人力資源資本公積 社會責任資本盈餘 其他各種社會責任資本 社會責任資本合計	
社會責任資產總計		社會責任負債及所有者權益總計	

需要注意的是，由於上述社會責任資產負債表中的項目既可以採用貨幣計量，又可以採用非貨幣計量。這樣，社會責任資產負債表中的社會責任資產總計並不一定等於社會責任負債及權益總計，這是與傳統會計的資產負債表中的資產總計一定等於負債及所有者權益總計是有一定區別的。

表 9-6　　　　　　　　　　　社會責任利潤表

編製單位：××公司　　　　　　××年度　　　　　　　　單位：元

項　目	金　額
一、社會責任收益 　　1. 社會責任獎 　　　　其中：環保福利事業貢獻獎 　　2. 社會讓利 　　　　其中：利用「三廢」生產產品的收益 　　　　　　　利息節約 　　3. 機會收益 　　　　其中：環境治理機會收益 　　　　　　　廣告費用節約的機會收益 　　4. 潛能收益 　　　　其中：降低原材料、半成品和成品消耗量 　　　　　　　節約工業、運輸設備修理費 　　　　　　　防止農、畜產品的產量下降 　　　　　　　降低居民發病率 　　　　　　　提高林業生產率 　　　　　　　節約住房、公用事業和居民的費用成 　　5. 其他社會責任收益 社會責任收益合計	
二、社會責任成本費用 　　1. 職工福利改進增支額 　　　　其中：職工福利改善支出 　　　　　　　社會統籌保障金 　　2. 環境補償、賠款或罰款 　　　　其中：各種稅金及附加費 　　　　　　　礦產資源補償金 　　　　　　　環境治污費 　　3. 資源保護性利用費 　　　　其中：環境綠化保護費 　　4. 對社會事業的捐贈和贊助 　　　　其中：社區服務費費費 　　　　　　　公益福利及公益捐贈支出 　　5. 退貨或返修費用 　　6. 產品售後服務費 　　7. 其他社會責任成本費用 　　　　其中：各種社會責任資產投資的每期攤銷費 社會責任成本費用合計	
三、社會責任利潤（上述兩者之差）	

3. 社會責任會計報表附註中披露內容

　　為滿足社會責任會計信息質量要求，企業必須在社會責任會計報表附註中披露下列信息：

　　（1）企業的社會責任會計政策及目標。

　　（2）企業的資源環境管理系統、主要的污染物及其處理措施、採用的環境標

準及其變化對數據的影響、環境會計價值採用的方法及其變化帶來的影響以及重大環境事故的說明。

（3）人力資源管理系統、職工培訓計劃、職工效益獎懲措施。

（4）對產品售后服務的重大策略。

（5）對國家的重大貢獻（與歷史比較上交的稅金特別多）、對社區的重大貢獻、對慈善機構的重大捐贈。

（6）企業實施社會責任會計審計的情況。

（7）其他需要說明的情況。

五、中國實施社會責任會計的影響因素分析

（一）中國實施社會責任會計的有利因素分析

1. 政府重視企業社會責任，關注社會的可持續發展

中國是社會主義國家，企業履行其相應的社會責任與社會主義基本目標一致。由於企業的社會責任關係到中國經濟的可持續發展，關係到資源的合理利用和環境保護與改善，關係到和諧社會的形成，因此國家非常重視企業社會責任。這具體體現在：一是有關企業社會責任的立法工作得到加強。中國早在20世紀80年代至90年代先后頒布了《中華人民共和國環境保護法》《中華人民共和國森林法》等多項環境保護的法律法規，對企業應承擔的社會義務做了一定的規定，這為建立社會責任會計提供了必要的制度環境和法律環境。二是中國將可持續發展作為一項基本的長期戰略國策。三是市場經濟體制的建立和發展，為建立社會責任會計提供了堅實基礎。作為市場主體的企業應該既講經濟效益，又講社會效益。講求社會效益，必須依賴建立社會責任會計以反應企業的社會效益和社會成本，以彌補傳統會計的不足。

2. 社會公眾消費意識轉變，為實施社會責任會計創造了良好的市場環境

隨著中國經濟的發展、人民生活水平的提高，社會公眾對生活質量的期望值發生了重大變化，人民期望環境能得到保護、期望自己享受到作為人和勞動者的某些權利，人們的消費觀念也向環境保護的方向轉變，綠色消費觀念已初步形成，並產生了一個巨大的需求市場。企業要占領這個市場，就必須建立相應的社會責任會計，核算其生產綠色產品中減少污染和履行社會責任等方面的收益與成本，為社會公眾深入瞭解企業提供必要信息，以便其做出正確的消費選擇。中國的企業應及時抓住這一綠色消費需求及其產生的巨大市場機遇，將注意力從單純追求利潤，轉變到追求經濟與生態的協調發展的軌道上來，實現企業與社會的雙贏。

3. 企業經營管理理念轉變為建立社會責任會計提供了內在動力

企業經營管理新理念的一個重要思想是企業已不再被看做只是為擁有者創造利潤和財富的工具，企業還必須對整個社會的政治經濟發展負責。企業經營管理新理念要求企業從片面追求經濟效益最大化轉移到開始重視社會效益上來。現代的大多數企業家認識到一個安全和繁榮的社會有利於企業的發展和獲利，重視企業社會責任是企業生存和發展的前提。因此，企業的目標應該有利於社會，而不是「損害社會」。企業家利用社會責任會計來檢查企業業績，評估企業社會工作的

成果，找出企業應做的社會工作，教育企業中的管理人員，使其能從社會角度來思考問題。這樣做的目的是為了建立企業的信譽，得到社會的認可。企業經營管理新理念的提出，要求企業不僅要對所有者和債權人提供會計信息，而且還應對員工、政府、社會團體等提供其履行社會責任的會計信息。

4. WTO下中國會計國際化有利於建立社會責任會計

雖然各國的政治體制、經濟體制、法律環境、文化環境等有所不同，會計原則和方法的適用性也有所不同，但隨著全球經濟一體化進程的加快，作為「國際商業語言」的會計必將走向世界，會計國際化的趨勢也越來越明顯。在會計國際化中，社會責任會計是其重要內容，西方許多發達國家實施了社會責任會計，不少的國際大公司都非常注重履行自己的社會責任。在多家跨國大公司倡導下，由利昂‧H. 沙利文起草了一套旨在促進全球經濟發展的新原則，這個原則被稱為「沙利文原則」。該原則要求：對社會負責的公司，無論大小，都可以作為目標來調整內部政策和條例以符合參照標準。同樣，聯合國倡導公司與聯合國之間簽署「全球協定」，其內容包括人權行為、勞動條件和環境保護等。另外，經濟合作與發展組織也制定了關於企業履行社會責任的建議，其內容包括職業標準、行業關係、環境、競爭等。上述事實表明，國際社會非常關注社會責任會計，要求企業履行其社會責任，並且就其實施情況發表年度報告。中國成為世貿組織成員后，中國會計制度也需要與國際慣例盡快接軌，應該建立自己的社會責任會計，以較系統地反應企業的社會責任狀況，讓中國企業走向世界，讓世界瞭解中國企業。

(二) 中國實施社會責任會計的不利因素分析

1. 相關社會責任會計法規制度不健全

從客觀上講，有許多企業不願意履行它的社會責任，因此為了保證使企業承擔其相應的社會責任，提高整個社會的福利，需要完善的法律法規制度作為保障。從這一角度上講，無論是在社會責任意識強、社會道德風尚水平高的國家和地區，還是在社會責任意識弱、社會道德風尚水平低的國家和地區，通過法律手段規範和保障公民與組織履行其應有的義務都是必要的。在中國企業社會責任意識淡薄的階段，加強法律制度建設就顯得尤為重要。與國外發達國家相比，中國在社會責任會計的法律法規制度建設方面還相當滯後。由於中國相關法規沒有全面規定企業必須履行社會責任的內容，對企業社會責任的信息披露形式也不明確，在實踐中造成了很多問題。其具體表現在：一是許多企業不披露或少披露其社會責任信息；二是披露信息時主觀隨意性大；三是企業間的社會責任信息不具有可比性。

2. 中國社會責任會計理論體系尚未形成

從總體上看，中國目前對社會責任會計的研究尚處於起步階段，許多研究僅僅是借鑒國外已有成果，沒有取得有特色的研究成果，對社會責任會計的研究在許多領域還是空白，社會責任會計理論體系尚待完善。這是因為：一是中國會計學界受傳統會計影響，很少將會計學與社會學、經濟學、計量學、生態學等學科的發展結合起來，對社會責任會計認識和重視不夠，從而使得對社會責任會計理論研究起步較晚，取得的研究成果也較少；二是少部分學者對中國實施社會責任會計還持相反觀點，他們認為中國缺乏社會責任會計實施的條件，社會責任會計

還是一門不成熟的會計，這也在一定程度上阻礙了中國社會責任會計理論的發展；三是中國沒有成立專門的研究機構來研究社會責任會計問題；四是中國會計界研究往往避重就輕，存在著對前沿性、重大性會計問題研究不夠的弊端。社會責任會計內容非常廣泛，計量複雜，涉及許多學科，研究難度大，導致許多學者不願意研究此類問題。另外，與一些傳統會計相比，社會責任會計還存在一些尚未突破的理論難題，如計量問題，這在一定程度上阻礙了社會責任會計的應用。

3. 企業社會責任意識普遍淡薄

受傳統思想和觀念的影響，中國許多企業經營者把企業看成一個純粹的經濟個體，「追求利潤最大化」「追求股東財富最大化」「追求企業價值最大化」，片面地追求企業經營的內部效益及經濟價值而忽視其外部效益及社會價值，沒有將其作為社會的重要組成部分自覺履行社會責任，維護整個社會利益。導致這種狀況的重要原因是中國政府和企業往往忽視了企業行為所產生的外部性問題。在會計實踐中，企業反應社會責任情況時，只反應社會貢獻，而不願揭示或不完全揭示其對社會造成的損失，而且對企業經營者的業績考評以經濟指標為主，很少考慮企業的社會責任指標，從而導致企業經營者的社會責任意識淡薄。

4. 部分企業披露社會責任會計信息的成本較高

與傳統會計相比，企業提供的社會責任會計信息成本相對較高。這主要是因為社會責任會計核算內容範圍廣、核算方法複雜。一般而言，企業的社會責任事項不會以交易形式發生，要對這些事項的社會成本和效益予以確認和計量較為困難，並且有的計量方法較為複雜，需要的數據多，這就需要企業去做大量的數據調查與核實工作，繼而企業要為此付出大量的人才、財力、物力，導致企業提供社會責任會計信息的成本偏高。例如，社會責任會計核算內容包括企業對自然環境造成的影響這一內容，要對其進行計量和評價，主要包括兩個階段。第一階段是收集數據。這需要企業進行數據監測和預測，需要收集一定時期企業有關污染物的排放數量和濃度、本地區人口健康變化等數據，建立比較科學的評價標準，有的還需要做相關實驗。第二階段是數據處理和方法選擇。具體方法包括生產率變動分析法、人力資本法、機會成本法、資產價值等，這些方法需要應用計量經濟學、生態經濟學等學科的知識，對評價人員素質要求較高。從這個評價流程可以看出，要較準確地評價企業對自然環境的影響，企業需要建立相應機構和配備相關人員，從而導致其支付成本較大。

六、中國實施社會責任會計的政策建議

(一) 借鑑西方社會責任會計經驗

雖然社會責任會計在理論還存在著許多不足之處，但西方發達國家已將社會責任會計變為現實，並在一定程度上緩和了社會矛盾，促進了社會生產力的發展。從總體上看，在不同國家之間，社會責任會計披露的內容和格式存在很大差異。從社會責任信息披露的內容來看，有的國家主要是圍繞社會責任問題導致的財務影響進行披露，有的國家則主要是針對社會責任績效進行披露，有的國家是將貨幣與非貨幣信息結合起來進行披露。從社會責任信息披露的形式上看，有的企業

是在現有的年報或其他報告中增加內容或篇幅披露的，而有的企業則被要求採用單獨報告的形式。另外，目前各個國家的社會責任會計信息披露主要是依靠企業的主動性和自願性。然而，從長遠角度出發，為了規範社會責任信息，制定相關的社會責任會計強制性法律法規，使每個大公司強制性地披露是必然趨勢。從西方國家社會責任會計理論與具體實務來看，以下幾個方面值得中國借鑑：

1. 政府在社會責任會計的實施中起著非常重要的作用

從法律上看，企業的社會責任屬於義務範疇。因此，通過法律手段來規範企業社會責任，強制其履行應有義務是非常必要的，這也是各國政府義不容辭的責任。從西方國家社會責任會計發展歷程和實施經驗來看，政府通過制定法規和準則等方式規範社會責任會計，明確規定企業應承擔的責任和應盡的義務，對社會責任會計的實施起著舉足輕重的作用。例如，英國通過制定《工作和健康安全法》《就業保護法》《就業法》《水資源安全及質量法》《空氣污染檢查法》等一系列法律，分別規定了企業的社會責任，極大地促進了企業社會責任意識的提高，推動了英國社會進步。中國雖然也頒布了一些關於企業的社會責任方面的法規，但主要側重於環境管理，對企業社會責任規定缺乏系統性和可操作性，使得企業的社會責任信息披露往往只注重形式，而缺乏實質性內容。

2. 社會公眾關注企業社會責任是建立社會責任會計的重要條件

社會公眾與企業社會責任密切相關，因為社會公眾包括企業投資者、債權人、經營者、員工、政府、客戶和本地居民等，企業履行其相應的社會責任，有利於社會公眾整體利益，促進社會文明。隨著經濟的發展，社會公眾將越來越關注企業的社會責任。社會公眾是企業生存和發展的基礎，社會公眾對企業社會責任的重視，會推動社會責任會計得以產生並迅速發展。有社會責任感的社會公眾，可能是企業的投資者、債權人、客戶和銀行等，他們往往會抵制不履行或少履行社會責任的企業，迫使企業不得不認真履行其社會責任，從而促進社會責任會計的實施。例如，在20世紀60年代，美國經濟的發展處於傳統的經濟增長階段，忽視社會目標，使得生態環境污染、消費者利益損害和雇員安全及健康受到侵害等問題日益突出。20世紀60年代末期，美國社會公眾覺醒，對於企業的社會責任逐漸關心，強烈譴責工商業部門各種置社會公共福利於不顧的掠奪式經營行為，要求其注重社會責任，承擔必要的社會義務，協調經濟目標與社會目標的統一，從而推動了美國社會責任會計的產生。

3. 企業社會責任意識的提高是社會責任會計有效實施的重要基礎

由於社會責任會計至今仍存在較多的理論難題，國家法規或會計準則、制度也就不可能全面規定應履行企業的社會責任，加之對企業的社會責任難以監督和審計，因此許多國家的部分社會責任信息披露帶有自願性的特點，從這一層意義上講，企業社會責任意識對社會責任會計的有效實施至關重要。例如，在美國，美國企業在公布企業的社會責任信息方面，沒有統一強制性規定，企業自主性大，企業就履行的社會責任信息披露採取自願方式。據對《財富》雜誌中排名前500名的大公司進行研究，結果表明大公司的整體社會責任意識逐漸提高，在年度報表中包含有關社會衡量資料的企業逐年增加，至1996年已達到96%。相反，如果

企業社會責任意識較低，就會抵制社會責任會計的實施，即使國家採取強制措施效果也不一定十分理想。因此，在發達國家，社會各界特別是政府、會計理論界和社會公眾非常關注企業內部管理當局的社會責任意義，創造條件培養企業自願披露意識，使社會責任會計在本國得以很好地實施。

(二) 建立中國社會責任會計的政策建議

1. 加強宣傳，提高整個社會的社會責任意識

在建立社會責任會計的過程中，要克服傳統觀念的束縛，大力宣傳社會責任會計在中國經濟建設中的必要性，明確其對會計的發展、企業行為的調整、社會進步，乃至建立和諧社會都有非常積極的意義。首先，應在企業界廣泛開展社會責任的討論和教育，通過社會責任的宣傳活動，使企業經營管理者意識到企業不僅是一個自主經營、自負盈虧的經濟實體，也是社會不可分割的一部分，企業的社會行為會對整個社會產生影響，企業履行社會責任，並恰當地披露社會責任信息是企業應盡的義務。其次，加強對企業相關利益人的宣傳。企業相關利益人包括債權人、投資商、銀行、稅務機關等，企業是否承擔和履行社會責任對他們有著直接或間接的影響。提高這些相關利益人的社會責任意識，就會形成一個促進社會進步的良好企業外部環境。最後，加強對社會公眾的宣傳，使社會各界意識到社會責任的重要性。社會公眾，大部分是廣大消費者，他們的社會責任意識的提高，有利於形成一個良好的消費市場，讓「只願向社會索取，而不願向社會回報」的企業難以發展，讓其產品在市場上缺乏競爭力。加強社會責任會計宣傳，提高推個社會的社會責任意識，對建立中國社會責任會計具有重要意義。

2. 加強社會責任會計立法，建立社會責任會計準則和制度

社會責任的履行屬於企業履行社會義務，由於企業有其追求自身經濟利益的一面，當社會責任的履行與其經濟利益相衝突時，企業可能拒絕履行和不完全履行社會責任，出於自身利益的考慮，企業可能不願分析和披露其行為對社會公眾的影響。社會責任會計的付諸實踐，很大程度上依賴於外部強制力量，即國家和政府的行為。為了體現公平原則，國家必須對企業承擔社會責任的具體內容用法律規定使之法律化，並對企業給社會造成的「外部經濟」進行獎勵以鼓勵其發展，對企業給社會造成的「外部不經濟」進行懲罰。因此，同一般性會計工作一樣，社會責任會計也必須建立一定的準則和制度，以保障社會責任會計的有效實施和管理。

思考及討論題：

1. 社會責任會計研究的意義是什麼？
2. 社會責任會計研究的難點是什麼？
3. 社會責任會計的報告模式有哪些？

第十章　環境會計

著名會計史學家邁克爾·查特菲爾德曾經說過:「會計的發展是反應性的,也就是說,會計主要是應一定時期的商業需要而發展的,並與經濟的發展密切相關。」會計必將隨著經濟環境的發展變化而變化。目前,由於會計所賴以生存和發展的、由社會經濟結構和科技文化水平所組成的會計環境發生了深刻的變化,傳統會計正與其他學科融合在一起產生新的學科,環境會計就是其中的一個重要部分。

第一節　環境會計的演進

一、環境會計的產生背景

環境是一種公共物品,使用者眾多,具有非排他性的特點,即很難排除其他使用者,或排除其他使用者的成本極高。但同時環境資源又是稀缺的,其中許多環境資源屬於不可再生資源。隨著人類社會對環境資源的無節制的開發和利用,這種稀缺性已經日益凸顯出來,從而導致了一系列環境問題的出現。

人類活動所引起的環境問題主要表現在兩個方面:一是生態系統遭到破壞,自然資源被耗竭;二是環境資源受到污染。生態系統遭到破壞問題主要產生於人類對自然資源不合理的開發和利用,而環境污染問題主要產生於工業發展和城市化過程。產業革命後,隨著科學技術和生產力的迅速發展,人類開發利用自然資源的能力迅速擴大,從自然界獲取的資源越來越多,以至於超過了資源的再生能力,造成生態資源的銳減和枯竭;同時,由於排放的廢棄物迅速增加,超過了環境的自然淨化能力,破壞了自然界的正常循環,造成生態環境的嚴重惡化。上述問題互相影響,對人類生存和發展的環境造成了威脅,並逐步演變為全球性的環境危機。20世紀以後,人類把徵服自然的能力發揮得淋灕盡致,各國不惜一切代價追求經濟增長,走著先污染後治理的道路,環境問題日趨嚴重,環境公害事件頻頻發生。伴隨著全球經濟的發展,資源耗竭和環境污染已由局部問題發展成全球問題,先後發生的震驚世界的「馬斯河谷烟霧事件」等十大環境公害事件,直接威脅著人類的生存和發展,嚴峻的現實迫使人類不得不開始關注自身的生存環境。20世紀60年代以後,經濟發達的西方國家逐步認識到環境問題的嚴重性,並採取了一系列措施治理環境污染,使局部環境問題有所改善。但從整個世界來看,環境污染和生態破壞的趨勢仍在不斷加劇。如果從20世紀60年代算起,人類對環境問題的認識過程可以歸納為以下三個階段:

第一階段,20世紀60年代,儘管當時西方許多人陶醉在高增長、高消費的

「黃金時代」，但已經有許多有識之士和非政府組織對不顧環境后果的經濟增長進行了反思。1962 年，美國生物學家雷切爾·卡森（Rachel Carson）出版了《寂靜的春天》一書，向世人敲響了環境警鐘。1968 年，以人口、資源、環境為主要研究內容的「羅馬俱樂部」成立。1972 年，聯合國在瑞典斯德哥爾摩召開人類環境會議，通過了《環境宣言》，提出「人類只有一個地球」的口號，呼籲各國重視和改善人類賴以生存的環境。同年，羅馬俱樂部發表著名的《增長的極限》報告，該報告被稱為 20 世紀 70 年代爆炸性的報告。該報告指出：「由於地球能源、資源和容積有限，如用倍增的速度發展經濟，注定會給人類帶來毀滅，人類要獲得經濟和社會持續的發展，必須停止對資源的嚴重浪費和掠奪性開發。」

第二階段，1987 年聯合國環境與發展委員會發表了著名的長篇報告《我們共同的未來》，首次提出了「可持續發展」概念，提出人類應該走一條可持續發展的道路，並對可持續發展規定了明確的定義，即可持續發展是「既滿足當代人的需求又不危及后代人滿足其需求的發展」。可持續發展的觀點很快得到世界越來越多國家的推崇和採納。與此同時，聯合國國際會計和報告標準政府間專家工作組（International Working Group of Experts International Standards of Accounting and Reporting, ISAR）開始對跨國公司的環境報告進行考察，並從 1990 年起將環境問題列為 ISAR 每屆會議的主要議題之一。

第三階段，1992 年，聯合國在巴西召開世界環境與發展大會，各國首腦共同簽署了《地球憲章》和一系列公約，形成了一個規範世界各國和全人類的環境行為準則。1993 年 3 月，歐共體國家環境部長會議通過並頒布了有關環境管理和環境審計制度的國際標準文件「環境管理與審計計劃（EMAS）」，並於當年 7 月生效。該文件鼓勵歐共體成員國企業設立環境管理目標，由外部獨立審計師驗證其執行結果后，為合格企業頒發綠色證書。EMAS 被認為是世界上第一部有關環境管理的國際標準。同年 5 月，國際標準組織（ISO）環境技術管理委員會，開始起草全球性環境管理和環境審計的標準文件 ISO 14000 系列。該系列包括環境管理制度、環境審計、環境標誌、環境業績評價、生命週期分析、產品的環境標準六個方面的內容。

人類在對環境問題進行反思時認識到，環境問題產生的根源在於環境的本質和經濟的外部性。從本質上看，環境是一種公共物品，具有非排他性，任何人都可以免費使用，免費獲取資源所帶來的經濟效益。當每個人都以追求自身利益最大化為目標時，結果必然是導致資源的過度開發和利用。

經濟外部性是指如果一個經濟主體的行為對另外一個經濟主體的福利產生影響，而且這種影響不能從市場交易中反應出來，就會出現外部性。外部性是在市場作用之外產生的，並不影響企業自身的成本和效益。外部性可以是有利的，即經濟性；也可以是不利的，即不經濟性。例如，企業在廠區外圍植樹，美化了周邊環境，是外部經濟性；企業隨意排放污水，影響了周邊環境，則是外部不經濟性。當存在外部經濟性時，個體的活動帶來了外部效益，但這種效益並不反應在該個體效益中；當存在外部不經濟時，個體的活動產生了外部成本，但這種成本也不反應在該個體的成本中。作為一種公共物品，環境問題主要表現為外部的不

經濟性。如果社會允許每一個經濟主體都可以從資源的開發和使用中獲得經濟利益，而由此產生的不利影響則由其他主體或后代人承擔，那麼在追逐最大利潤動機的驅使下，每個經濟主體在決定其生產經營活動時，必然只從自身角度考慮各種方案的成本和效益，而不考慮由此產生的社會后果。因此，資源被耗竭與環境被破壞就是不可避免的了。

環境問題既是人類片面的、不合理的開發和利用自然環境造成的后果；同時又反過來制約了經濟的發展，使人類社會遭受到巨大損失。人類社會要實現可持續發展，必須解決環境問題。

正視環境問題，應當從兩個方面著手：一是珍惜自然資源，對有限的資源要合理使用，節約使用不可再生資源，盡可能回覆和增加可再生資源；二是保護環境，盡量減少或避免生產和生活中的廢棄物對環境的影響，建立人與自然和諧相處的生態環境。因此，企業在其正常的生產經營活動之外又產生了環境活動。

環境活動是指企業發生的與環境有關的所有活動。按照環境活動與財務的關係，可以分為兩類：一類是不涉及財務收支的環境活動，如企業的環境政策、對員工的環境教育、對外部環境運動的參與等；另一類是直接與財務收支有關的環境活動，包括環境投資支出、環境治理支出、環境污染罰款或賠付、排污費的繳納等。

既然環境活動是客觀存在的，就需要對其進行科學的管理。與企業的其他管理活動相同，環境管理也需要以會計信息為基礎，而這種對信息的需求則導致了環境會計的產生。

社會發展到今天，人類已經認識到企業的生產經營活動是破壞環境的罪魁禍首，企業應當對環境保護承擔不可推卸的責任。由於人類發展與環境資源缺乏的矛盾動搖了各國的經濟發展基礎，從20世紀70年代起，許多國家的政府紛紛利用法律手段和經濟手段對企業破壞資源的行為進行干預，相繼採取了一系列環境保護措施，制定了一系列環境管理制度，這是人類歷史上第一次環保革命。這些措施和管理制度均要求企業必須參與環境的治理與保護，企業必須要面對和解決其生產經營活動中存在的大量環境問題，進行環境管理。同時，企業對股東、債權人、員工、政府以及所在社區的眾多利益關係人的社會責任受到重視，一些企業開始有意識地在會計報告中披露其社會責任履行情況的信息，由此引起一些學者對社會責任會計的探討。環境責任作為社會責任的一部分也開始進入學者的研究領域，環境會計開始萌芽，但主要是在社會責任會計的框架中進行研究，研究的重點是環境信息的披露。隨著社會對環境問題認識的逐步深入，對環境會計的研究才逐漸從社會責任會計中分離出來，形成一門獨立的學科。

環境問題歸根究柢是經濟問題。如果企業不重視環境保護，其生產經營活動為外部帶來不經濟的同時，也會增加企業自身的經營風險。如果企業積極治理環境污染，又必然需要追加相應的環境投資，從而直接影響企業的財務狀況和經營成果。經營者進行環境管理時需要大量的數據資料，為此就要求企業會計提供有關環境問題的信息。企業外部的會計信息使用者從自身利益出發，也要瞭解企業環境活動的信息。因此，在環境會計領域，首先進入企業會計實務的是環境信

息披露，即披露企業生產經營活動對環境產生的影響，企業在治理環境方面的投入產出以及對企業財務狀況的經營成果的影響。

二、環境會計的產生

西方國家對環境會計的理論研究始於 20 世紀 70 年代。為保護生態環境，許多國家的政府紛紛採取嚴厲的法律手段和經濟手段對企業濫用資源的行為進行干預。由於環境責任屬於企業社會責任的一個部分，環境會計最初是作為社會會計來探討的，以英國《會計學月刊》1971 年刊載的比蒙斯（F. A. Beams）撰寫的《控制污染的社會成本轉換研究》和 1973 年刊載的馬林（J. T. Marlin）撰寫的《污染的會計問題》兩篇文章為代表，揭開了環境會計研究的序幕。進入 20 世紀 80 年代以後，由於生態環境惡化而引發「綠色革命」，為保護生態環境而研究生態環境的成本和價值，提供生態環境變化會計信息的環境會計也越來越受到人們的關注，最為突出的是聯合國國際會計和報告標準政府間專家工作組曾經在連續幾次會議上討論環境會計問題，並建議各國研究相關的會計準則。20 世紀 90 年代以來，有關「環境會計」「環境管理會計」的研究文獻大量出現，有的學者把環境污染會計拓寬到整個生態領域，提出了「生態會計」的構想。例如，法國環境保護部前部長米歇爾·多爾納就曾聲稱，法國已經著手對自然資源的估價工作。從 20 世紀 90 年代開始，西方有很多會計學家開始進行環境會計理論的系統研究，從而逐步形成了初步的理論框架，形成了各種各樣的環境會計理論。

環境會計的理論研究和在實踐中的應用都是從環境信息的披露開始的。最初，披露方式是將其列入公司年度報告中的「管理分析與問題討論」部分，以後逐漸成為公司年度財務報告的一個獨立成分，最終發展成為獨立的環境報告書或可持續發展報告書。而環境信息披露的發展又引申出了對企業在環境治理、環境保護、環境控制和環境管理等方面的費用支出的會計處理問題。與環境信息披露相比，環境問題的會計處理涉及的方面更多，包括環境會計假設、環境會計對象、環境會計的基本原則以及環境會計要素的確認、計量、記錄等一系列問題，這些問題的解決一方面需要理論研究的支持，另一方面需要制定專門的環境會計準則來具體指導環境會計實務。因此，如何構建環境會計的理論和實務框架，已成為會計界面臨的極大挑戰。

在環境會計研究和實踐中，國際組織一直發揮著不可替代的作用。從 1983 年起，世界銀行就積極鼓勵修訂現行的會計體系，增加環境項目，提出要建立一套與聯合國國民會計核算體系相配套的輔助帳戶。1989 年 1 月，聯合國國民會計核算體系專家小組接受了這一提案。1989 年，650 名工業界領袖把環境問題作為企業面臨的頭等挑戰。從 1990 年起，聯合國國際會計與報告標準政府間專家小組將環境會計問題提上會計議程。1995 年 3 月在日內瓦召開的第 13 屆會議上把環境會計作為中心議題。

實際上，自從 20 世紀 80 年代以後，聯合國國際會計與報告標準政府間專家小組一直在廣泛關注與環境會計有關的問題，並進行了大量研究工作。1995 年，聯合國國際會計與報告標準政府間專家小組發布的《環境會計和財務報告的立場公

207

告》，成為環境報告的第一份國際指南。后來聯合國國際會計與報告標準政府間專家小組又相繼發布了《環境成本與環境負債的會計與財務報告》《企業環境業績與財務業績指標的結合》等一系列的指南，為各國進行環境會計理論研究和相關實務工作提供了參考依據。

(一) 美國

美國財務會計準則委員會（FASB）於1989年建立專門的工作小組，研究環境事項的會計處理，並提交了《EITF89-13 石棉消除成本會計》和《EITF90-8 污染處理費用的資本化》兩個研究報告，對環境費用的資本化條件進行了說明。按照這兩份文件，環境污染的處理費用一般都應作為當期費用，計入當期損益，只有滿足以下三個條件時，才允許資本化處理：一是延長了資產使用壽命，增大了資產的生產能力，或改進其生產效率；二是可以減少或防止以后的環境污染；三是資產將被出售。美國財務會計準則委員會第五號公告《或有事項會計》同樣適用於因環境問題產生的或有負債。1993年，美國財務會計準則委員會又提交了《EITF93-5 環境負債會計》，要求企業將潛在的環境負債項目單獨估計，並與其他或有負債分開列示。

對於上市公司，則由美國證監會（SEC）發布規則，規定其環境事項的披露要求。美國證監會在1993年發布了《財務告示》（SAB 92），要求上市公司對現存或潛在的環境責任進行充分、及時的披露。對於不按照要求披露環境信息的公司，將被處以50萬美元以上罰款，並在媒體上公示。

美國註冊會計師協會（AICPA）也在制定關於環境會計、報告與審計方面的指南。1996年，AICPA會計標準執行委員會發布了《環境負債補償狀況報告》（SOP NO.96-1），提供了迄今為止最為詳盡的標準。其提出了公司在報告環境補償責任和確認補償費用時的基本原則，同時也提供了對補償責任進行揭示的不同方法，以提高和細化設計確認、計量和解釋環境補償責任標準的適用性；明確了補償費用的範圍，這些費用包括直接補償費用、在補償過程中發生的員工費用、清理活動費用、政府的監督管理費用、補償行為的操作和維護費用等。此外，該標準要求任何可能從第三方獲得的補償應在補償責任中單獨予以處理和確認。同時，只要有補償的可能，就應確認相關資產。《環境負債補償狀況報告》需要揭示的內容包括相關的會計政策、債務貼現、增加額的性質、估算的用途，鼓勵公司對偶發環境潛在責任細節予以描述。可見，AICPA制定的標準對環境補償費用進行了明確的界定，把標準進行了量化，為實際操作打下基礎，並對一些相關內容的揭示提出了要求。

美國會計學會（AAA）所成立的專門組織行為環境影響委員會，對環境會計信息披露的有關問題進行了專門的研究。AAA認為，企業編製反應環境影響的兩張報表：一張是內部報表，另一張是外部報表。關於內部報表，其建議利用多維方法收集財務與非財務信息，利用新模式處理與環境有關的問題；關於外部報表，其建議在資產負債表中單列用於環境控制的資產和相關的折舊費，在損益表中單列一行揭示用於環境控制的費用。

美國管理會計學會（IMA）也積極參與環境會計的研究實踐。IMA曾發表了一

個用於指導管理會計師處理環境問題的第42號管理會計公告《企業經營決策中的環境會計技術與工具》。該公告主要集中於三個問題：成本分析、投資分析和業績考核。該公告有助於會計師理解企業目標、戰略和環境會計工具與技術之間的關係；理解環境會計的作用和任務；根據環境會計的觀念理解成本分析、投資分析、風險分析和業績考核的關係；評估企業經營中運用環境會計技術所遇到的挑戰。

美國環境保護署（United States Environmental Protection Agency，EPA）就環境事務報告提出了一些要求。從1992年開始，EPA就對環境會計規劃項目進行重點研究。起初，研究這個項目的目的僅僅限於向外部利益關係者披露相關的環境信息。但是到了后來，項目研究的目的發生了變化，環境管理會計成了研究的重點。最初認為環境成本的範圍主要包括傳統企業成本（原材料、能源的成本）和企業環境成本（通過預測決策所預料的潛在的環境成本），后來社會成本（外部成本）也進入了環境管理會計的視野。1995年，EPA出版了《作為企業管理工具的環境會計入門：基本概念及術語》，對環境會計的相關術語進行了定義，並闡述了環境會計的概念。2001年，EPA又發布了「The Lean and Green Supply Chain：A Practical Guide for Materials Managers and Supply Chain Managers to Reduce Costs and Improve Environmental Performance」。其對成本和廢棄物兩方面的削減，提高財務上和環境上的作業效率都做了重要闡述。EPA針對小規模企事業單位的污染防止活動，實施了清潔投資、獲取投資收益的研究，為此開發了環境會計計劃程序。環保署還公開發表了其他許多報告書，並將企業環境會計成功的事例予以公布，所有這些為企業環境會計的建立發展起了巨大的推動作用。

（二）加拿大

在環境會計領域裡，加拿大是較為先進的國家，這可能與加拿大全國上下各行各業對環境問題的重視有很大關係。加拿大會計理論界和實務界多年來在環境會計和審計方面做了許多積極探索，並取得了許多令人鼓舞的成果。

加拿大特許會計師協會（CICA）在環境會計和審計方面的許多努力及成果是具有國際意義和歷史意義的。CICA關於環境會計與審計的研究，主要體現在下列報告中：

《環境審計與會計職業界的作用》，其主要解決的問題包括環境審計的含義、會計職業界在環境審計中的作用以及環境審計與其他有關方面的關係。該報告廣泛地討論了企業環境影響和環境績效上的受託責任，分析了建立在這一框架內的環境管理、信息系統與審計，探討了執業會計師如何提供環境審計服務，並提出了一些值得思考的建議。

《環境成本與負債：會計與財務報告問題》，其涉及的主要內容是環境影響結果如何記錄和報告在現行財務報告框架內；環境成本和環境負債當期確認的處理方式；環境成本與損失的認定及資本化或費用化；環境負債與承諾的確認與計量；環境原因引發的資產修復；未來環境支出與損失的披露等。

《環境績效報告》，其涉及的主要內容是企業應提供哪些和如何提供環境績效信息；對外報告環境績效時應考慮哪些因素；單獨的環境報告和年度報告中的環境部分應如何列示和披露等。

此外，CICA 在有關環境會計與審計的準則制定方面也做了大量工作，還出版其他有關出版物，就環境會計與審計問題及時與社會進行交流或提供指導。為了更好地推動環境方面的事務，CICA 成立了一個特別小組，定期舉辦關於環境問題的研討會，並就環境會計、管理與審計事務向其會員提供信息和技術上的幫助。

(三) 澳大利亞

澳大利亞的會計職業管理機構——澳大利亞會計準則委員會（AASB）在其發布的第 4 號會計概念公告（SAC－4）中，明確地規定了環境負債的確認問題。另外，AASB 在《財務信息的質量特徵》中也要求企業要對具有相關意義的可靠的環境負債進行計量和報告。

(四) 英國

英國於 1990 年通過《環境保護法案》，要求有污染的企業必須在報表中反應其在環境保護上所採取的措施。會計標準委員會（ASB）雖未專門制定環境會計準則，但鼓勵大公司在年度報告匯總披露有關環境保護措施及環保負債等主要信息。英國的特許會計師協會（ACCA）多年來一直積極開展關於環境會計的研究，並從 1991 年開始編製年度「環境報告授獎方案」。該方案旨在識別和獎勵那些提供環境信息年度報告的公司，促使未提供環境信息的公司仿效上述公司，形成激勵機制。一些民間機構也成立了環境會計方面的研究或諮詢機構，如 1991 年英國的鄧迪大學與特許會計師協會及畢馬威會計師事務所三家聯合成立了「社會與環境會計研究中心」（CSEAR），致力於環境會計研究，並為環境會計研究做出了突出貢獻。尤其是該中心的 R. H. 格瑞（R. H. Gray）教授的著作《綠色會計：興盛后期的職業》（1990）和《環境會計》（1993），詳細介紹了環境管理與現行會計知識的結合問題，成為該領域的奠基性著作。

(五) 中國

目前，環境會計在發達國家已進入操作階段，污染損失、資源價格等已列入核算科目。在中國，對環境會計的介紹與認識始於 20 世紀 90 年代初期，葛家澍教授等在《會計研究》1992 年第 5 期上發表了《九十年代西方會計理論的一個新思潮——綠色會計理論》。2001 年 6 月，中國會計學會環境會計專業委員會正式成立。2001 年 11 月 24 日，中國會計學會環境會計專題研究會召開了第一次全國會議。但環境會計在中國還是一個新的研究領域，理論研究較為滯后，實務方面更是進展緩慢。

當前在中國環境會計研究與應用中存在的突出問題是：首先，從觀念方面來看，企業的環境責任的道德理念尚未真正形成，對環境會計在建立健全中國環境信息公開化程度中的重要作用缺乏認識。其次，從研究方面來看，科學合理、系統完整、符合中國國情的環境會計理論和方法體系仍未建立起來。再次，從實務方面來看，宏觀環境核算尚在制定中，企業沒有建立起環境管理體系完整的環境會計信息系統，僅在「管理費用」科目中設置了「排污費」和「綠化費」項目，企業環境報告信息披露嚴重不足且缺乏可比性和可靠性，而且環境審計的應用僅限於國家環保項目於環保資金的審核。最后，從制度方面來看，目前仍缺乏可操作性的環境會計準則。

總體來說，由於環境問題的嚴重性，環境會計在 20 世紀 90 年代快速發展，在各相關學科和研究領域的基礎上，形成了包括與國民經濟核算體系相結合，以國民經濟和自然資源為主體的宏觀環境會計以及以企業為主體的微觀環境會計、環境管理會計與環境審計等不同分支。但由於目前環境會計實務與理論還處於初級階段，環境會計基本準則尚未建立，環境會計在世界各國的發展狀況也表現得極不平衡。

第二節　環境會計的理論框架

一、環境會計的概念

環境會計是一門邊緣學科，目前尚未形成一個理論界公認的定義。對於環境會計的認識，較有代表性的觀點如下：

(一) 認為環境會計是環境管理會計

丹尼爾・貝克認為，環境會計就是設計出來的一個把環境和經濟結合起來的信息與控制系統，該系統又稱為環境管理會計。理查德・史密斯也認為，環境會計旨在把環境和企業結合在一起，以環境評價作為重點和中心，主要解決再生和非再生資源的利用及其道德意義、環境對公司的影響、利潤目標與其他目標的協調一致及管理人員對環境信息的利用問題等。

(二) 認為環境會計是社會責任會計的一部分

在 20 世紀 80 年代之前，西方會計理論界的主流觀點是環境責任是企業所負社會責任的一部分，因此社會責任會計的內容也就包括了環境會計的內容。

(三) 認為環境會計是財務會計與環境管理相結合的會計

加拿大學者霍金森認為，環境會計是既用貨幣單位表示又用實物單位表示的、有助於改善整個社會環境資源的會計。

(四) 認為環境會計是會計學的一個分支

孟凡利認為，環境會計是企業會計的一個新興分支，具體來說，環境是運用會計學的基本原理和方法，採用多種計量手段和屬性，對企業的環境活動和與環境有關的經濟活動和現象所做的反應和控制。

此外，還有學者認為環境會計是一門新興學科，以貨幣為主要計量單位，以有關的法律法規為依據，研究經濟發展與環境之間的關係，確認、計量、記錄環境污染、環境防治、開發和利用的成本與費用，分析環境績效以及環境活動對企業財務狀況和經營成果影響的一門新興科學。中國會計學會環境會計專業委員會的王維平、孫興華認為，環境會計是將自然資源和環境狀況納入會計成本，以會計特有的方法，核算企業生產經營和社會效益的現代社會科學。

二、環境會計的目標

關於環境會計的目標，主要有一元論和二元論。大多數學者認同二元論，認為環境會計的目標包括基本目標和具體目標兩個層次，但對基本目標和具體目標

的內容存在一些不同的說法。李祥義、楊勁偉、李宏英、方文輝認為，環境會計的基本目標是促使企業注重經濟效益的同時，高度重視生態環境和物質循環規律，合理開發和利用有限的自然資源，努力提高社會效益和環境效益。肖維平、許磊、王辛平、韓軍則直接將環境會計的基本目標歸結為實現經濟效益、環境效益和社會效益的多目標協調。安慶釗進一步簡潔地認為，環境會計的基本目標是可持續發展。而對於環境會計的具體目標，李祥義、肖維平、許磊、方文輝認為，環境會計的具體目標是為信息使用者提供有用的環境會計信息。楊勁偉、李宏英、王辛平、韓軍的觀點則進一步具體化，他們認為，環境會計的具體目標是組織相應的空間核算，確認和計量在一定期間的環境經濟收益和經濟損失，盡可能為社會各部門、各階層提供與企業環境有關的信息。

三、環境會計的假設

會計假設是會計理論的支柱，是開展會計實務的必要前提。葛家澍認為「它是建立會計信息系統所依據的前提條件」。會計基本假設作為最高層次的會計指導規範，是對會計的基本先決條件的概括，根據社會經濟演進而產生，又隨著社會經濟環境的變遷而變動。

環境會計的基本假設是對環境與會計之間的關係所做出的合理推斷，是環境會計核算賴以進行的前提條件。關於環境會計與傳統會計的基本假設是否一致的問題，國內不少學者對此進行了許多有益的探討，也是環境會計研究中爭論較大的內容，歸納起來有以下幾種提法：羅紹德認為，環境會計是財務會計的一個分支，其基本假設同財務會計基本假設實際上是一樣的，環境會計沒有區別於財務會計的特殊假設，研究環境會計沒有必要去研究其會計假設，主要應研究環境會計的確認、計量、報告。王芯認為，應在堅持傳統會計的空間主體假設、持續經營和會計分期假設的基礎上，拓寬貨幣計量假設，採用多重計量單位並用計價的假設。劉永祥、劉愛東、王慧認為，從環境會計目標和特定研究對象出發，環境會計假設應當在堅持傳統四項基本假設的基礎上，擴展會計主體和貨幣計量假設的外延。他們主張環境會計的計量可採用定量與定性相結合，以貨幣計量為主，同時兼用實物單位，甚至文字說明等多種計量屬性，以全面揭示會計主體的環境信息。羅新華、何莉萍進一步指出持續經營假設也有其特殊之處，認為環境會計的持續經營假設是以自然環境和社會環境的可持續發展為前提的。孟凡利、方文輝兼顧了前述觀點，認為環境會計的假設應該在繼續全面堅持持續經營和會計分期的基礎上，賦予會計主體新的含義，將傳統的貨幣計量假設改造為多重計量，並增加了可持續發展的假設，形成了「五假設理論」。肖維平提出了涉及會計主體、受託責任、環境價值和多元計量四種假設的環境會計基本假設。

從上述會計基本假設爭論中，我們不難發現關於環境會計的主題究竟在於企業還是政府的問題，學者們的意見不一致，主要有三種觀點：第一，認為環境會計既涉及微觀（企業）又涉及宏觀（政府），因此環境會計核算體系包括企業微觀核算體系和政府宏觀核算體系兩個方面。第二，認為環境會計的主體實際上就是企業，因此環境問題只需要設立微觀核算體系。第三，認為政府作為環境會計主

體更為適合中國的實際情況，因此只需要設立宏觀環境核算報告體系。

四、環境會計的原則

環境會計原則是確認與計量會計事項所依據的準則，反應了環境會計核算的基本要求，是實行環境會計的指導思想。絕大多數學者認為，環境會計作為會計的一個分支，核算時必須遵循一般空間核算的原則，但又有其獨特性。項國闖認為，環境會計核算時除遵循一般會計的核算原則外，還應遵循以下幾個原則：社會性原則、預警性原則、政策性原則、多種計價基礎並用的原則。孟凡利、方文輝認為，環境會計的獨特原則主要體現為七個方面，即兼顧經濟效益和環境效益、外部影響內部化、社會性、法規性、一定的靈活性、強制披露與資源披露相結合。劉永祥、劉愛東、王慧認為，上述七個方面存在著一些表達上的重疊。鑒於原則之間的獨立性，避免交叉的產生，經整合，他們主張「三原則」，即社會性原則、靈活性原則和充分披露原則。肖維平提出了社會性原則、政策性原則、推定性原則和最小差錯原則。他認為，環境會計在確認時，不一定要有法律上的強制義務，而只需存在推定義務。由於環境會計在計量上存在較大的模糊性，因此環境會計計量不可能做到絕對準確，但應遵循最小差錯原則，做到相對準確。李武立認為，環境會計應對不同的企業、不同的時期制定不同的核算內容。在計價方法和計量單位上，均可採用多種方法。因此，他提出了社會性原則、政策性原則、靈活性原則和最小差錯原則。安慶釗認為，環境會計原則應包括社會性原則、公平性原則、對應性原則、強制性原則和靈活性原則。王芯則拋開了傳統的會計原則，單獨提出了環境會計的原則，即真實性原則、充分披露原則、一致性原則、多種計價基礎並用的原則、社會性原則、政策性原則。

五、環境會計的對象與要素

環境會計的特點是將企業的環境活動納入會計核算體系，因此環境會計的一般對象是指與環境活動相關的資金運動，包括企業所取得的環境資產、企業生產經營活動所消耗的環境資源、所導致的環境污染與破壞、由此引發的企業環境負債和支出、企業環保投資及其效益以及納入環境因素后的企業績效評價等。建立環境會計的目的，就是要客觀地反應企業對環境資源的消耗和補償情況，從社會角度計算企業的經濟效益，監督企業對環境責任的履行情況，使企業的經濟效益和社會的環境效益協調一致，最終實現經濟的可持續發展。這樣對環境會計對象的界定，既符合可持續發展的要求，同時又具有可操作性。首先，將企業生產經營活動對環境的負面影響量化並納入產品成本，拓展了成本範疇，有助於正確確定企業的產品成本和經營成果，全面考核企業的經營業績，促使企業提高資源利用效果，保護環境。其次，將環境因素納入企業財務會計核算體系，揭示企業應負擔的社會成本，可以增強企業的環境意識，實現經濟與環境的協調發展。最后，通過提供企業環境會計信息，有利於國家對環境資源進行宏觀管理，並為將環境問題納入國民經濟核算體系奠定基礎。

會計要素是對會計對象的進一步分類，是會計對象的具體化，也是會計核算

和監督的具體內容，並構成會計報表的基本框架結構。對於環境會計要素，理論界有各種不同的觀點，概括起來有以下幾種：

（一）三要素論

其一，認為環境會計要素包括環境資產、環境負債、環境成本。

其二，認為環境會計要素包括環境資產、環境費用、環境效益。

其三，認為環境會計要素包括環境資產、環境費用、環境損益。

（二）四要素論

其一，認為環境會計要素包括環境資產、環境負債、環境支出、環境收益。

其二，認為環境會計要素包括環境資產、環境負債、環境支出、環境效益。

（三）五要素論

認為環境會計要素包括環境資產、環境負債、環境資本、環境費用、環境效益。

（四）六要素論

認為環境會計要素包括環境資產、環境負債、環境權益、環境收入、環境費用、環境利潤。

上述觀點中，三要素論的前兩種觀點沒有考慮環境活動可能給企業帶來的收益，后一種觀點則沒有考慮因生產經營活動導致的環境負債，因此三要素論不夠全面。因為企業的環境活動除了引發現實的成本費用支出，還會發生未來的成本費用，即環境負債。同時，企業的環境活動也會使企業產生直接或間接的經濟收益，這種收益可能表現為減少排污費、罰款或賠付，從而獲取機會收益，或者利用「三廢」生產產品享受國家的減免稅待遇，或者是由於企業的產品符合環保要求而擴大了銷售。通過環境會計核算，單獨計算環境收益，有助於考核企業的環境活動業績，促使企業發掘環境活動中的商機，提高企業自覺治理環境的積極性。六要素論的基本思路是按照傳統會計要素來確定環境會計要素，提倡者的目的可能是追求環境會計理論體系的完整性。但這種提法的可操作性差，存在的主要問題是怎樣對環境收入進行確認和計量。環境活動所產生的收入更多是表現為隱性收入，與一般意義上的收入有明顯區別，在確定企業的環境損益時，可以將其與環境支出對比，以評價環境活動對企業經濟效益的影響。但如果把環境收入作為一個要素單獨核算，很難制定其確認標準。五要素論將環境效益列為環境會計要素之一，從理論上是可行的，但是環境效益主要體現為外部效益，在企業會計實務中，難以計量企業環境活動帶來的外部經濟性。

會計要素的分類取決於會計目標，並服從會計目標的需要。環境會計的目標是披露有關的環境活動信息，為信息使用者進行經濟決策和環境決策服務。企業的環境活動包括治理環境污染所帶來的支出、由於生產經營活動給環境造成危害所導致的現實負債和潛在負債以及環境活動為企業增加的經濟效益和社會效益。因此，本書傾向於四要素的觀點，但是為了保證帳戶記錄的完整性，還應增加環境權益要素。據此，本書的環境會計要素劃分為環境資產、環境負債、環境權益、環境費用、環境收益五大類。

六、環境會計要素的確認、計量

(一) 環境資產的確認、計量

1. 環境資產的確認

環境資產是符合資產的確認標準而資本化的環境成本。確認一項環境成本是否形成環境資產，美國財務會計準則委員會緊急問題專門小組（EITF）在《環境污染清理成本的資本化》（EITF 90-8）中指出應遵循以下標準：

（1）環境成本的發生能夠延長企業資產的實際使用年限，或提高資產的生產能力，或改善資產的安全性，或提高資產的效率。

（2）環境成本的發生能夠預防目前尚未發生，但未來經濟活動及其他活動可能出現的環境污染。工業企業在產品生產過程中，不可避免地產生環境污染。為避免對環境的破壞，企業往往會預先採取治理措施，予以預防。這種成本發生后，必然會改善資產的使用狀況。因此，環境成本應形成企業的環境資產。

（3）環境成本的發生是以出售資產為目的，或以出售企業現在擁有的產品為目的。

魏素豔、肖淑芳、程隆雲認為，確認環境資產應遵循以下標準：該項資產是由過去與環境相關的交易或事項形成的；企業擁有對該項資產的所有權或控制權；該項資產能直接或間接地為企業帶來經濟利益；該項資產能夠用貨幣計量；該項資產必須是與環境相關的，既包括自然資源、生態資源，也包括治理環境而資本化的資產。

2. 環境資產的計量

環境資產的計量就是對環境資產確認的結果予以量化的過程，即在環境資產確認的基礎上，按照一定的程序和方法，對環境資產的數量與金額進行認定、計算與確定的過程。

環境資產秉承會計學的基本原理與方法，但是與傳統會計相比，又具有多元性。

環境資產的計量方法有歷史成本法、現行成本法、現行市價法、可變現淨值法、未來現金流量現值法。

為便於計量，按照某項資產是否屬於自然資源，環境資產又可進一步劃分為非資源性環境資產和資源性環境資產兩類。非資源性環境資產包括環境保護和污染治理設備、環境治理專利與專有技術、排污許可證。資源性資產通常指自然資源，企業一般不擁有資源性資產的所有權，只擁有其使用權或開採權。在計量上，這兩種資產各有特點。

環境保護和污染處理設備通常是企業的固定資產，因此應使用歷史成本法計量。由於環境保護和污染處理設備的取得方式不同，在計量上也有差異，可以遵循會計準則和會計制度分別處理，並合理地預計資產的使用年限和預計淨殘值，計提折舊。

環境治理專利與專有技術通常是企業的無形資產，使用歷史成本法計量。研究與開發過程中發生的各項費用，直接列作當期損益。已計入各期費用的研究與

開發費用，在該項環境治理專利與專有技術依法取得權利時，不予資本化。環境治理專利與專有技術應在取得當月起在預計使用年限內分期平均攤銷，計入損益。

排污許可證是企業擁有的一種排放污染物的權利，從性質上說屬於企業擁有的一項無形資產，應將取得該許可證發生的全部支出資本化，在其有效使用年限內攤銷，計入當期損益。

資源性環境資產的計量依據資產取得方式的不同，主要有以下四種方法：

（1）全部成本法，規定資源性環境資產的勘探、開採權取得和建設階段的全部成本予以資本化，在生產經營期內予以攤銷。該方法之所以將勘探支出資本化是因為資源性環境資產必須花費一定的代價證實其有無商業利用價值，是必要成本。勘探可能成功，也可能失敗，但通常是在具有一定成功把握基礎之上進行的。這種方法適用於成功率很高的礦藏勘探。

（2）勘探成本法，規定只有當勘探成功，通過建設投資能夠產生未來可預測的經濟利益時，勘探成本與建設支出才能資本化。該方法的理論依據是成本與收入匹配原則和謹慎性原則。

（3）現值法，規定以環境資產壽命期期末價值的限製作為該環境資產的價值。該方法考慮了資產價值變動風險，但是由於人們的認知能力和預測能力有限，貼現率的選取可能帶有較大的誤差。

（4）發現價值法，規定以所發現的環境資產的價值計價，入帳後，除非發現可採儲量發生變動，否則不再調整其價值。勘探成本和建設支出作為遞延費用處理，在開採期內攤銷。

（二）環境負債的確認、計量

1. 環境負債的確認

確認是否形成環境負債，美國財務會計準則委員會緊急問題專門小組（EITF）在《環境負債會計》（EITF 93-5）中認為，企業在投資決策時就應考慮為恢復環境應承擔的義務。而且如果為在將來恢復環境應支付的時間和數量可以確定時，確認環境負債是適當的。

聯合國國際會計和報告標準政府間專家工作組第15次會議上通過的《環境成本和負債的會計與財務報告》認為，如果企業有支付環境費用的義務，則應將其確認為負債。確認負債時，企業不一定要有法律上的強制義務。企業有可能出現這樣的情況：在不存在法定義務時企業負有推定義務或在法律義務基礎上的推定義務。在少數情況下，企業可能無法全部或部分估計環境負債的金額，但需要在財務報表附註中披露無法做出估計的事實及原因。

魏素豔、肖淑芳、程隆雲認為，確認環境負債應遵循以下標準：該項負債是由過去與環境相關的交易或事項形成的；企業擁有償還該項負債的義務；償還該項負債會導致企業經濟利益的流出；該項負債能夠用貨幣計量，其數額取決於確認負債時治理環境污染、履行相關義務所需的費用；該項負債必須是與環境相關的，包括環境修復義務、繳納破壞環境的罰款義務和破壞環境的賠償義務。

依據環境負債的經濟責任是否確定，環境負債可以劃分為確定型環境負債和或有環境負債。

確定型環境負債由於形成原因各有不同，可以採用不同的計量方法。

符合性義務相關的費用主要包括廢棄物的處理費、廢棄的淨化費用、廢棄物處理廠的關閉費用，也包括一些行政方面的費用。其金額可以按法律法規規定的實際應付數計量。

破壞環境的罰款、賠償義務形成的負債，根據企業對環境造成破壞的程度和環境保護的法律法規規定所確定的處罰金額計量。

環境修復義務有些是法律的強制性義務，有些是推定義務。對於強制性義務按法律法規的相關規定計量；推定義務則需要根據對環境的破壞程度和估計的損失額，採用估計的方法確定並在各會計年度預提。可以採用的方法主要有現行成本法、現值法、準備金法。

2. 環境負債的計量

根據或有環境負債發生的可能性大小及是否可以預計發生數額，或有環境負債可以採取以下不同的處理方法。

(1) 確認並預計。或有環境負債對應的環境義務在未來導致經濟利益流出企業的金額具有較大的不確定性，因此環境義務只能是一個估計數。美國財務會計準則委員會緊急問題特別委員會在《環境負債會計》（EITF 93-5）中要求，只要環境修復請求可能出現，就應根據潛在的環境修復請求和有關損失數對環境負債進行預計。

當或有環境負債的確認時點距離實際清償有較長的時間跨度，或有環境負債也可以採用現值法計量。當環境或有負債發生的可能性較大，金額可以合理預計，也可以採用準備金法計提準備金，形成或有環境負債。

(2) 確認但不預計。當或有環境負債有可能發生，或發生的可能性很大，但環境義務對應的償付金額無法合理的預計，可以採用在財務報告附註中披露其可能發生的估計值，或說明不予估計的原因和理由。

(3) 不確認不預計。當或有環境負債發生的可能性很小時，可以採用既不在財務報告中披露，也不進行預計的方法處理。

(三) 環境權益的確認、計量

1. 環境權益的確認

環境權益的確認總是伴隨環境資產的取得進行的。環境權益包括資源資本、環保基金和環境留存收益。

資源資本應在企業擁有對某項資源性環境資產的開採權或使用權時予以確認。確認有兩種情況：一是企業零成本取得該項資源性資產的開採權或使用權，應確認為資源資本；二是有充分的證據表明該資源性資產的取得成本遠遠低於其價值時，應予以確認。

環保基金的確認分兩種情況：一是在實際收到國家財政撥款、社會各界統籌或捐贈的資金時確認；二是在向消費者收取環保基金或從稅后利潤中提取環保基金時確認。

環保留存收益是在各會計年度計算環境損益時確認。

2. 環境權益的計量

環境權益的計量與環境資產的計量緊密相關。在環境權益形成時，都伴隨著一項資產的形成。資源資本的計量有兩種情況：一是企業零成本取得資源性資產的開採權或使用權時，應按資源性資產的計量方法計量；二是資源性資產的取得成本遠遠低於其價值時按該項資產的價值與取得成本的差額計量，環保基金按實際收到或實際計提的金額計量。環保留存收益按年度收益額計量。

（四）環境費用的確認、計量

1. 環境費用的確認

（1）環境費用的確認依據。

①法律、法規、標準或制度。為了強化法規的強制性，在各國法律、法規、環保標準和環保制度中都明確規定了企業的環保責任以及相應的收費標準，如排污費收費標準、煤炭企業地面塌陷補償和違反國家法律法規超標排放的罰款等。

②企業管理決策。企業根據自身生產經營可能給環境造成的損害，做出與恢復環境狀態有關的決策。這主要涉及企業以下幾個方面的支出：日常環境費用支出、對環保設備進行更新改造的支出、計提環保設備減值準備的支出、以環保材料替代非環保材料的支出等。

（2）環境費用的確認原則。環境費用的確認尚無具體的準則與制度規章。魏素豔、肖淑芳、程隆雲認為，環境費用的確認除了要考慮費用的一般定義特徵，還要考慮環境費用的特點。確認環境費用應符合以下原則：該項費用是在日常或非日常活動中發生的經濟利益的流出；該項費用發生可能會引起資產的減少、負債的增加或兩者兼而有之；該項費用會減少環境權益。同時，該項費用必須是企業履行法定環境保護責任、治理環境污染或執行管理層與環境相關的決策所發生的支出；該項資產必須是能用貨幣計量的，包括環境污染預防費用、環境污染治理費用、廢棄物再利用費用、環境損失費用。

（3）確認環境費用的方法。

①環境污染預防費用的確認。這項費用的確認主要根據以下標準：一是確定該項費用是否能起到預防環境污染的作用，應該在取得環保部門或技術部門的權威認證後確認；二是確認該項費用是否有利於預防環境污染，如環保部門的行政支出、環境保護研究與開發費用並不直接產生治理污染的作用，但應確實是預防環境污染的必要支出。

②環境污染治理費用的確認。這項費用主要根據以下標準確認：一是確定是否為消除污染、改善環境發生的費用；二是確定是否按相關的法律、法規、標準或制度的規定發生，是否按企業管理層決策規定發生。

③廢棄物再利用費用的確認。這項支出主要根據以下標準確認：一是確認是否是廢棄物；二是對廢棄物的回收、處理、加工支出能否產生收入，如果不能產生收入，應將其視為環境污染治理成本。

④環境損失費用的確認。這項費用主要根據以下標準確認：一是企業是否有違反環境保護法規的行為；二是企業對環境造成破壞的程度；三是環境保護法規的處罰規定與決定。

2. 環境費用的計量

環境費用的計量應遵循歷史成本原則，環境費用可以根據實際的支付金額進行計量。但對於可預見的未來環境支出、環境資產的減值等也可以使用非歷史成本原則計量。

（1）歷史成本的計量。

①環境污染預防費用的計量。對於企業購入環保設備的支出，應按照固定資產的核算方法確認、計量；對於環保設備的折舊費應按企業採納的折舊方法和折舊年限計量；對於環保部門的行政費用、環境保護研究與開發費用應按實際發生額計量。

②環境污染治理費用的計量。對於有法律、法規、環保標準和環保制度規定企業環保責任以及相應收費標準的支出，應按相應的規定計量，如排污費收標準、煤炭企業地面塌陷補償、向政府繳納的排污費。對於沒有規定的支出，如為消除污染物發生的處置費、運輸費等，應根據實際發生額計量。

③廢棄物再利用費用的計量。對於廢棄物的回收、處理和加工支出應按照實際發生額計量，記錄實際發生額的憑證主要有領料憑證、工資結算單、製造費用分配表等。

④環境損失費用的計量。如果環境損失已成事實，企業已進行了相應的賠償和修復，可以按照實際支出金額計量。如果對於違反國家法律法規超標排放的罰款支出，可以按執法部門的罰款通知書和銀行付款單計量。如果環境損失已成事實，但企業尚未進行賠償和修復，或者環境損失尚未形成事實，但已有充分的證據表明，環境污染正在逐漸形成，企業的環境責任將會形成，此時應採用非歷史成本法對環境損失進行預計。

（2）非歷史成本法計量。非歷史成本法計量主要用於環境損失的預計，採用的方法主要有現行成本法、現值法、準備金法。

（五）環境收益的確認、計量

按照環境收益的具體內容劃分，環境收益可以分為廢棄物的處理收益、環境保護和環境治理的附加收益、資源節約而引起的成本降低、排污權轉讓收益、其他收益等。

1. 環境收益的確認

環境收益分為顯性環境收益和隱性環境收益，其確認各有特點，下面將分別說明。

顯性環境收益的特點表現為現實經濟利益的流入，主要包括廢棄物處理收益、附帶產品收益、排污權交易收益及取得的環境賠款收益等。廢棄物處理收益、附帶產品收益、排污權交易收益應按收入與費用配比的原則確認。當滿足以下條件時，可以確認顯性收益：企業已經將商品所有權或使用權上的主要風險和報酬轉移給了對方；與交易相關的經濟利益能夠流入企業；相關的收益能夠可靠計量。環境賠款收益的確認可以在得到法院判決書的時候，按照判決書確定的賠償金額確認。

隱形環境收益的特點表現為間接的經濟利益，這種收益難以形成企業直接的

經濟利益流入,而且相關的間接收益已反應在企業不同的損益計算中。因此,將這部分納入環境會計的記帳系統是十分困難的。這部分收益可以在取得時確認並計量,但是不予記錄,只是在公司的財務報告中予以披露即可。

2. 環境收益的計量

顯性環境收益一般是通過簽訂銷售合同或銷售協議取得收入,並通過收入與費用配比的原則予以計量。顯性收益可以按照銷售合同或銷售協議上的金額與實際發生的環境費用配比后計算出來,如廢棄物處理收入、附帶產品收入、排污權交易收入等,分別減去廢棄物處理費用、附帶產品成本、排污權購買成本等,計算求得。環境賠款收益可以按法院判決書確定的賠償金額計量。

隱性環境收益表現為間接的經濟利益,如因節約能源和資源耗費產生的成本降低、環境保護和環境治理帶來的產品附加價值等。其計量有一定的難度,但可以運用近似的方法予以估計,不同隱性收益採用不同的計量方法。

(1) 因節約能源和資源耗費產生的成本降低的計量。成本降低額的計量可以採用差額法計量,即根據採用環保措施后與採用環保措施前的生產成本差額計量。這是由於節約能源消耗和資源耗費不僅會降低材料成本,還會減少污染物和廢棄物的排放,從而降低環境費用。因此,因環境保護帶來的已銷產品的生產成本降低額就成為環境隱性收益。

(2) 環境保護和環境治理帶來的附加收益的計量。環境保護和環境治理帶來的附加收益中,有一種是因為使用環保材料或應用環保工藝提高了產品的環保性能,從而增加了產品的附加值,為企業增加了收益。這項收益的計量可以採用比例計算法,即按照環境費用占生產成本的比例計算。其公式如下:

環境收益 = 產品售價 × (環境費用 / 生產成本)

(3) 其他隱性收益。企業常常因利用「三廢」等獲得的流轉稅、所得稅優惠待遇,或者因環境治理從政策性銀行取得無息貸款而獲得隱性收益,這部分隱性收益可以按照實際減免額或利息節約額計量。

七、環境會計報告

環境問題引起了世界各國的高度重視,人們在對現行發展模式進行反思的過程中已充分認識到企業的生產經營活動是導致資源枯竭、環境污染的主要原因之一,企業應當披露相關的環境會計信息,編製環境會計報告。

建立企業環境會計報告的基本框架應包括以下六個要素:環境會計報告的使用者和目標、環境會計報告的主體、環境會計報告的內容、環境會計報告的模式、環境會計報告的呈報、環境會計報告的審計。

(一) 環境會計報告的使用者和目標

政府管理機構是目前企業環境會計報告的主要使用者。隨著可持續發展思想的深入,經濟發展模式將從高能耗、高污染的增長模式轉向低能耗、低污染的增長模式。經濟發展模式的轉變必將引起產業結構的大規模調整,高能耗、高污染的傳統產業將被大幅度壓縮,低能耗、低污染的環保產業、資源節約型和環境友好型產業將得到大力發展。同時,政府的環境法規和環境管理標準也將更加嚴厲。

在這種情況下，企業必須重視產品和服務的環境影響和環境質量對企業持續發展的重要性，企業的發展戰略將以效益優先、資源節約、環境友好為導向。環境活動將成為企業經營活動的一個重要的組成部分，滲透到企業管理的各個環節中去。環境信息將成為企業持續經營、業績評價和投資決策過程中不可或缺的重要信息。另外，投資者和金融機構也是企業環境會計報告的重要使用者。企業環境會計報告應首先考慮政府管理機構、投資者和金融機構等主要的信息使用者對企業環境信息的需求。企業環境會計報告的目標可以定義為：向政府管理機構、當前和潛在的投資者、債權人等環境利益關係人提供有關報告主體對其環境受託責任的履行情況和對於理智的投資、貸款以及其他決策有用的信息。對於那些想充分瞭解企業經濟活動以及這些活動產生的環境影響且願意勤奮研究這些信息的人士，這些信息必須是全面和完整的。

（二）環境會計報告的主體

與沒有披露環境信息的公司相比，披露環境信息的公司具有較好的財務業績。環境信息的披露程度與年度財務業績之間存在顯著的正相關關係，即相對於披露少量環境信息的公司，披露較多環境信息的公司具有更好的財務業績。在上一個會計年度具有較好的財務業績的公司在以後的會計年度將會披露更多的環境信息。公司的環境業績與其股票價值存在正相關關係。從發達國家的企業環境會計報告的實踐可以看出，上市公司是企業環境會計報告的主要提供者，其中又以著名的跨國公司見多。這些跨國公司向世人證明：有效的環境管理有助於企業實現「經濟效益和環境效益」的「雙贏」。在工業類行業中，環境敏感型行業不乏其數，如能源、化工、食品、製藥、造紙、汽車製造、電器、電子、高科技等行業。上市公司的行業特徵表明，上市公司的未來發展受環保政策的影響將日益顯著，企業的環境風險將日漸增加。新的環境法規可能使企業產生潛在的環境負債，而企業一般傾向於低估可能發生的環境負債。這說明如果企業沒有在財務報告中充分披露可能發生的環境負債，信息使用者的決策將會受到嚴重影響，甚至有可能導致錯誤的決策，從而不利於股票市場的健康發展。因此，筆者認為，上市公司應成為企業環境會計報告的主體。

（三）環境會計報告的內容

企業環境會計報告的內容應反應使用者的信息需求。如果把企業環境會計報告的主要使用者定位為政府管理機關、投資者和金融機構，企業環境會計報告的內容就應考慮這三類主要使用者的信息需求。在保留原有有關環境會計影響信息的前提下，企業環境會計報告應包括企業的基本概況與環境方針、環境會計信息、環境業績與評價指標、環境審計報告等內容。耿建新等（2002）提出，環境會計報告應包括環境問題及影響、環境對策方案，並且在財務報表及附註中應當重點披露環境支出和環境負債。孟凡利（1999）認為，環境會計報告應該包括環境問題的財務影響和環境績效兩個方面。肖維平（1999）認為，環境會計報告的內容主要有環境成本、環境負債、與環境負債和成本相關的特定會計政策、報表中確認的環境負債和成本的性質、與某一實體和其所在行業相關的環境問題的類型。

（四）環境會計報告的模式、呈報和審計

企業可以採用以下兩種環境會計報告模式呈報環境信息。

一是補充報告模式。如前所述，可持續發展戰略的實施要求財務報告不僅要反應企業的經濟受託責任，還應反應企業的環境受託責任。補充報告模式指在現有財務報告的基礎上通過增加會計科目、會計報表和報告內容的方式報告企業環境信息。因此，補充報告模式可以起到彌補現行財務報告中環境信息披露不足的作用，使現行財務報告日益完善。補充報告模式的具體要求如下：

（1）在現有的會計核算中增加與環境信息有關的會計科目，如資產類增設「環境資產」科目，負債類增設「環境負債」科目，損益類增設「環境收入」「環境費用」等科目，在現金流量表中增設「環境活動引起的現金流入和流出」項目，並在財務報表的附註部分披露相應環境會計科目的會計政策和明細說明。

（2）在現有財務報告的管理層討論與分析部分增加有關企業的環境方針、環境目標、環境影響、環境業績、環境風險預測等信息。

（3）在現有的財務報告中增加環境會計報表，如環境成本與收益表、環境業績表、環境效益表等。這些報表應採用連續期間編製，以反應一定的變動趨勢。

二是獨立報告模式。獨立報告模式是當前西方發達國家的跨國公司樂於採用的環境會計報告模式。這種報告模式要求企業對其承擔的環境受託責任進行全面的報告。因此，這種報告模式可以彌補企業現行環境會計報告的缺陷，使現行財務報告更加完善。獨立環境報告模式的具體內容應包括企業簡介與環境方針、環境標準指標和實際指標、廢棄物、產品包裝、產品、污染排放、再循環使用信息、環境會計信息（包括環境支出、環境負債、環境治理準備金、環境收入等）、環境業績信息（環境治理與投資、獎勵等）、環境審計報告。

環境會計是一個系統工程，環境會計理論作為一個完整的體系，需要考慮各因素之間的關係及影響。目前，大多數文獻只注重環境會計理論某一方面的研究，而將環境會計理論作為一個系統和一個整體來研究而形成的成果較少。同時，多數成果較為注重研究理論性較強的環境會計理論，如環境會計的目標、對象、基本假設等，而對如何運用環境會計實踐的操作性問題則缺乏具體的研究，實踐指導性不強。

思考及討論題：

1. 環境會計的產生背景及研究環境會計的現實意義是什麼？
2. 環境會計確認與計量的難點是什麼？
3. 環境會計屬於財務會計還是預算會計的範疇？

第十一章　互聯網環境下的會計理論創新

一、互聯網環境下的會計程序變更

伴隨著「互聯網+」理念的提出，雲計算、大數據等概念日益為人們所重視。其中，雲計算與會計結合形成的「雲會計」技術將挑戰傳統的會計核算模式，帶來了會計計量模式的變更。

（一）會計確認

1. 關於會計確認的內容

現行的財務會計制度實質上是建立在價值法之上的會計制度。所謂價值法，主要是指會計所收集的信息都是貨幣計量下的價值信息，而鮮有對非價值信息的關注。這不僅導致企業整體的經濟業務活動信息分散，形成信息孤島效應，也很難滿足不同信息使用主體的需求。而伴隨著「雲會計」技術的使用，服務商將企業的會計模塊與其他模塊（如採購模塊、生產模塊、存貨管理模塊以及銷售模塊等）緊密相連，使得以事項法為核心的會計理論變為現實。事項法，顧名思義就是全方位地記錄整個經濟事項。其記錄的事項可以用「REAL模型」來概括，即資源、事件、主體、位置。以採購環節為例，其事項信息包括以下的內容：採購存貨的規格、名稱、數量、價格、供應商名稱、購銷合同編號、驗收存貨的數量、規格、單價、產品的實際成本、稅率、運費等信息。在這種方式下，會計部門與其他部門能夠緊密相連，會計工作才能在真正意義上反應企業的業務流程。

2. 會計確認的時間

在傳統的會計處理流程中不難發現，對於一項經濟事項，會計確認的時間往往要滯后於業務發生的時間。這主要是因為在現有的信息系統操作模式下，會計部門與業務部門是相互獨立的。一項業務從生成憑證到層層審核再最終到達會計人員的手中，會花費不少的時間。使用「雲會計」時，業務一旦發生，各個部門將信息及時錄入，能即時地進行會計確認，使得會計流程與業務流程同步進行。

（二）會計計量

1. 單一計量模式轉變為多維度計量模式

會計計量主要解決的是定量問題，即確定入帳的金額。在傳統的會計工作中，對於某一個具體的經濟事項，我們往往只能選擇某一個會計計量屬性來確定該事項的成本。這種確認方法的弊端包括：第一，會計計量屬性選擇的隨意性導致會計信息質量的下降。這是由於國家缺乏對於計量屬性使用前提的規範，導致企業對於某一項新的業務，因為不熟悉而隨意選擇計量屬性；對於某些沒有明文規定的業務，出於自身利益考慮，企業選擇有利於自身的計量屬性計算成本。第二，單一屬性下的成本計量，不能滿足不同層次的利益相關者的需求。而在雲計算高

效的數據處理能力以及強大的數據儲備能力的支持下,「雲會計」將傳統模式下的某一會計事項的單一計量屬性計量拓展為多維度的屬性計量。在這種方式下,我們得到的是更全面的會計信息。這樣一來克服了計量屬性選擇的隨意性和只能滿足單一利益主體的問題。舉個例子,對於購進的商品,我們可以按照歷史成本、公允價值、可變現淨值等來確定價值。

2. 計量金額最優化

在傳統模式下,如果企業要投資新的領域或是購入新的產品,企業需要通過多種途徑對比不同商家的同類型商品的價值與質量做出最終決定。這可能會花費企業不小的精力與成本。但是依託互聯網的「雲會計」平臺,能夠為企業提供一個公共的社區,將這些可以公開化的產品信息公布於平臺之上。這樣一來,企業只要進入該社區,便可以快速高效地做出最優選擇,也使得計量金額更為可靠。

(三) 會計記錄

1. 無紙化動態記錄

傳統會計會保留原始憑證以及對帳簿檔案進行歸檔保存,而「雲會計」最大的特點就是無紙化。與企業相關的所有信息都被數據化保存在雲端,紙質材料不再存在。另外,由於多個計算單元的存在,允許企業的不同人員在同一時間訪問雲端,使得數據能夠即時更新,信息記錄持續動態變化。但是在這種記錄方式下,可能會出現以下三個問題:第一,記錄的可靠性遭到第三方質疑。由於線上操作,企業內部人員極有可能修改數據而不留下任何的痕跡。第二,黑客攻擊、木馬病毒侵入等會使得數據遺失或洩露。第三,記錄的連續性不能得到保障。某些供應商可能出於壟斷等目的,給企業數據的轉移帶來阻力。

2. 會計記錄流程發生改變

傳統的會計流程主要有三步,即憑證—帳簿—報表。形成這一傳統流程的主要原因就是數據必須經過層層的審核(主要是原始憑證的審核問題),然後傳達給財務部門,財務部門隨後根據這些數據進行定期的結轉。然而,在「雲會計」平臺下,相關人員將數據上傳雲端之後,系統會對該經濟事項進行審核和聯網驗證,簡化了審核的流程,同步生成帳簿,並且直接進入報表數據的處理流程,為使用者提供動態報表創造了可能。

(四) 財務報告

1. 滿足多重主體的報告需求

在傳統的會計模式下,會計信息使用者作為一個整體存在,相應地,企業對外輸出的就是同一份財務報告。事實上,不同的會計信息使用者查閱財務報告的目的各不相同,這也要求現代的財務會計報告應當滿足不同利益主體的多層次需求。在「雲會計」模式下,會計信息的輸入不再是單純的財務數據的錄入,而是整個經濟事項的全方位的記錄。企業在價值法會計的指導下形成通用的財務會計報告,而外部的信息使用者可以根據自己的需要來形成個性化的財務報告。

首先,會計確認的是整個經濟事項。「雲會計」的平臺會設置一個「篩選器」,將符合價值法會計準則的數據篩選出來,進行匯總,以供會計人員處理,最終生成通用式財務報表。隨後,不同的報表使用者在這份報表的基礎之上,自行選擇

需要的計量屬性、會計政策的維度等,最終通過系統的調整處理,生成個性化的財務報告,從而滿足不同利益相關者的需求。

2. 便捷查閱企業內部的報表

在傳統模式下,企業的財務報表的查閱,尤其是在集團公司中,集團總部對各個經營分公司財務報表的查閱過程不僅滯后而且繁瑣。一方面,企業集團的合併財務報表是通過下級子公司分級層層上傳的子報表編製而成的,這些過程會花費大量的時間,導致報表不能即時更新;另一方面,對於一個較大的企業集團而言,其下屬子公司使用的軟件不盡相同,這也為對子公司經營信息的查閱帶來了一定的難度。而在「雲會計」模式下,母子公司的相關信息能夠同步上傳至雲端,使得母公司的財務人員能夠及時查看子公司的財務信息,通過雲平臺提供的核算系統,即時生成母子公司的財務報表,以供母公司的管理層隨時查閱。在「雲會計」模式下,XBRL語言的應用會促使不同母子公司之間的報表查閱操作變得更為簡單易行。

二、互聯網視角下管理會計與財務會計的融合研究

(一) 管理會計與財務會計融合的文獻綜述

管理會計與財務會計融合的內在動因在於會計的本質屬性,即會計既是一種管理活動又是一種信息活動。無論管理會計還是財務會計,其本質都是為企業的管理活動服務。會計的基本職能是反應和監督,財務會計雖然最終以財務報告的形式將企業在過去一段時間內的生產經營成果與財務狀況,看似簡單地記錄、核算、匯報,其實該過程透露出會計的管理本質。財務報告以價值形式綜合反應企業過去一年的目標完成程度,其目的在於總結過去、控制現在、規劃未來。規劃未來的目的是設定戰略目標(或績效目標),根據目標而行動產生經營實踐,將實踐記錄下來並加以總結,再與設定的目標相比較,所得差異作為反饋信息去校正行動的偏差,使之與目標相一致。這個過程無疑顯示出會計的控制經營活動的本質。

管理會計與財務會計融合的外在動因是會計信息使用者與經濟環境的雙重需求所驅使。前者要求財務會計不斷地將新的、變化的經濟業務反應出來,以體現和強化會計反應的基本功能;后者則要求財務會計努力滿足信息使用者不斷變化的信息要求,以提高財務會計信息在使用者經濟決策中的作用,保持其旺盛的生命力。

國內學者對管理會計與財務會計融合理論基礎以及融合模型的構建進行了大量的研究與探索。劉亞錚和蔣振威從會計理論發展的兩個基本動力——社會經濟環境和會計信息使用者信息需求的角度,論證了企業資源計劃(ERP)管理系統為管理會計與財務會計走向融合提供了可能。徐玉德首次對管理會計與財務會計融合的理論基礎進行了深入的探討,認為兩者的理論基礎有同源性,即兩者會計對象一致,最終目標相同,從本質上看會計是一種管理活動和信息活動的結合體,管理會計與財務會計耦合而成的是一個開放的會計信息系統。張瓊、鮑芳等指出,財務會計與管理會計核算流程相似,主要差異是原始信息處理方法不一致,通過合併原始信息源,兩者的融合是可以實現的;通過構建融合模型,驗證了成本核算中管理會計與財務會計融合的可行性,並以財務會計生產成本核算中的製造費

用和輔助生產成本分攤為例來說明融合模型的運行。王世定和徐玉德認為，財務會計與管理會計融合的信息集成系統（IIMS）模型的「集成」的核心思想及其構建為管理會計與財務會計的融合提供了框架性的操作指南，通過原始信息合併（管理會計與財務會計存在信息重疊）、技術手段創新（通過網路技術和在線會計進行數據採集與即時控制）以及信息載體重建（主要指以信息技術為支撐的會計綜合信息系統的搭建），實現財務會計與管理會計融合的實踐。李玉豐和王愛群指出，隨著管理會計與財務會計服務對象的趨同以及會計信息透明度需求的加大，建立財務會計與管理會計相融合的會計體系，有利於減少重複勞動和資源浪費，提高會計信息的透明度，使得信息使用者掌握的信息更全面、更完整。在現代信息技術的支持下，管理會計與財務會計融合進程無疑將會更加順利。然而國內學者對於信息技術視角下管理會計與財務會計的融合框架、技術應用的研究並不多，因此我們將對信息技術視角下兩者的融合進行研究探索。

（二）管理會計與財務會計融合的助推器——現代信息技術

在前面的研究中，管理會計和財務會計並非相互獨立。信息技術作為一個至關重要的元素連接管理會計和財務會計，融合各種角色，創建一個信息環境，促進了會計信息的集成和靈活操作，已經成為會計信息的主要載體。數據庫技術（Database）、數據挖掘（DM）、射頻識別技術（RFID）、網格技術（GRID）、聯機分析處理（OLAP）以及可擴展商業報告語言（XBRL）等現代信息技術的使用有效增強了兩大分支的融合。在管理會計的研究中已經證明，企業管理的改變由一個綜合信息平臺所驅動。最近的研究也表明，信息技術創新，如 ERP 系統，支持和整合內部和外部業務流程，從而為管理控制提供更廣泛的基礎。基於這些研究，在現代會計信息系統集成的基礎架構和設計背景下，管理會計和財務會計的收斂進程將會更加便利。儘管實現基於信息技術的會計信息系統的搭建初始比較昂貴，但這些數字化系統可以降低維護的成本。信息技術可以減少處理事務和會計信息集成所需的時間，也可能增加綜合會計信息的質量，提高企業使用它的吸引力。信息技術是促進當代管理會計和財務會計收斂的必要的先決條件或關鍵因素。

三、知識經濟與互聯網會計

知識經濟注重的是智力資源，強調的是無形資產，前提基礎是科技研發。知識經濟生產過程實際上就是知識累積過程與技術創新過程。由於知識經濟時代要比工業經濟時代更加先進，因此所有工業經濟時代下的產物都有進行一系列變革才能夠滿足知識經濟時代要求。正是基於此，會計理念以及其他方面內容才不得不選擇變革與創新。

四、互聯網帶來的進步與問題

（一）互聯網對傳統會計的促進

1. 對會計處理過程的促進

傳統財務會計的業務流程是從交易事項、原始憑證、記帳憑證、帳簿，最后到財務報表的一整套處理流程，即從交易事項中採集數據，形成原始憑證；對原

始憑證進行審核和加工處理，形成記帳憑證；再將記帳憑證分類整合形成帳簿；最終形成財務報表，為報表使用者提供決策有用的信息。這一整套的流程環環相扣，互相聯繫。這一過程工作量大，對會計人員的專業素質要求較高。大量的原始憑證、記帳憑證、財務報表等財務資料不易保存，容易損毀、丟失，對財務工作帶來不便，甚至造成損失。進入互聯網時代，會計電算化的興起在一定程度上簡化了會計處理過程。用友、金蝶、智慧記等一系列財務軟件的出現，在一定程度上替代了原始的手工記帳。在網路時代下，憑證、帳簿、財務報表等財務資料將逐漸實現數字化，利用計算機便能夠自動生成所需的財務資料，提高了財務信息的準確性，簡化了財務人員的工作。

2. 對會計信息及時性的促進

及時性是財務信息質量特徵中的一個重要的原則。及時性要求對於已經發生的交易或事項及時進行確認、計量和報告。及時性要求會計人員及時收集、處理、傳遞財務信息。由於財務會計的目標是為信息使用者提供決策有用的信息，而財務信息具有一定的時效性，滯后的信息對使用者來說是無效的，甚至使決策者做出錯誤的決策。在信息時代的背景下，誰先獲取了有用的信息，誰就可能搶占先機。財務信息的及時性越來越凸顯其重要地位。將會計信息與互聯網相結合，使得一些紙質的財務信息數字化，數字化的信息的傳遞更加方便、快捷。同時，也可以防止在傳遞過程中信息的失真，增強了會計信息的可信性。

3. 對會計職業判斷的促進

傳統的會計處理中，在很多方面需要會計人員的職業判斷。例如，固定資產折舊年限的判斷、應收帳款壞帳準備的計提等。會計人員的職業判斷與會計人員的專業知識、工作經驗、個人性格特點等許多因素都有著一定的聯繫，存在著一定的主觀性。而會計工作要求會計人員提供的信息是公允的、客觀的，這就對會計職業判斷的準確性、公正性有較高的要求。隨著科學技術的不斷發展，許多不可量化的內容可以通過技術手段得以量化。雖然目前會計人員的職業判斷在會計工作中仍然占據重要地位，但結合時代背景，筆者大膽猜測，隨著技術手段的不斷革新，將會出現一些軟件系統，將需要會計人員進行職業判斷的業務利用計算機進行量化，職業判斷在會計工作中的作用將會逐漸降低，從而可以在一定程度上提高會計信息的公允性和客觀性。

(二) 互聯網對傳統會計的衝擊

1. 對會計人員綜合素質的要求提升

互聯網時代的會計，不再只是傳統的會計，要求會計人員在掌握專業技能的基礎上，對網路知識也要有一定的瞭解，會計人員需要的知識不再只是單純的財務知識。在會計電算化不斷發展的今天，有計算機學科背景的會計人員越來越受到歡迎。另外，由於網路的發展簡化了原本繁瑣的會計工作，使得對會計人員數量的需求減少，但對會計人員質量的要求却進一步提高了。這對會計人員來說，是一種新的挑戰。

2. 對信息安全性的要求提高

網路的發展雖然對信息的存儲和傳遞提供了便利，但同時也對信息的安全性

造成了一定的威脅。財務信息具有特殊的地位，一些財務信息屬於內部信息、商業機密（如企業的成本信息），一旦被盜用或公開，可能會給企業帶來巨大的損失。如今，網路黑客、網路病毒等會對財務信息造成威脅的因素仍然存在，人們對網路信息的安全性仍存在擔憂。

3. 對會計理論提出了新的要求

會計主體、會計分期、貨幣計量、持續經營這四項基本假設是會計人員開展工作的前提。網路會計的發展對這四項基本假設帶來了衝擊。會計主體假設企業法人是一個獨立的實體。互聯網的運用使得電子商務和網路公司十分普及。網路公司是一個虛擬公司，它的主體地位並不牢固。會計分期將企業連續不斷的經營活動分割為若干較短時期，以便提供會計信息。在網路時代，計算機強大的運算能力以及網路迅速的傳輸功能，克服了會計數據搜集和處理的障礙，以往需要幾個月時間才能做出來的報表在瞬間即可形成，而且信息使用者也可以通過互聯網在線查閱財務會計信息，會計分期已失去意義。貨幣計量的前提是不同時期貨幣的價值不變。在網路時代，國際互聯網的發展使資金在企業、銀行、國家間高速運轉，資本市場交易活躍，加劇了貨幣需求的不穩定性，衝擊了幣值穩定假設。另外，電子貨幣的發展，也給這一假設帶來了新的問題。

（三）互聯網時代下會計的發展

綜上所述，網路的興起給會計的發展帶來了一定的便利的同時，也對會計的發展提出了新的要求。在網路時代下發展會計，需要會計人員不斷提升自身的知識儲備，也需要有關方面加強對會計人員的培訓，向會計人員灌輸新的知識技能，以充分利用網路的便利來發展會計。同時，也要求會計理論不斷更新，以適應新時代的發展要求。但這並不意味著要完全摒棄原有的理論，而是在原有理論的基礎上添加一些時代元素。總之，在互聯網時代下發展會計，需要各方的共同努力。

思考及討論題：

1. 互聯網環境下的會計程序變更的內容包括什麼？
2. 互聯網視角下管理會計與財務會計的融合研究的內容包括什麼？
3. 簡述你理解的互聯網時代下會計的發展。

國家圖書館出版品預行編目(CIP)資料

財務會計理論 / 羅紹德主編. -- 第二版. -- 臺北市
: 崧博出版 : 財經錢線文化發行, 2018.10
　面 ;　公分
ISBN 978-957-735-511-9(平裝)
1.財務會計
495.4　　　　107015479

書　　名：財務會計理論
作　　者：羅紹德 主編
發行人：黃振庭
出版者：崧博出版事業有限公司
發行者：財經錢線文化事業有限公司
E-mail：sonbookservice@gmail.com
粉絲頁　　　　　網　　址：
地　　址：台北市中正區延平南路六十一號五樓一室
8F.-815, No.61, Sec. 1, Chongqing S. Rd., Zhongzheng Dist., Taipei City 100, Taiwan (R.O.C.)
電　　話：(02)2370-3310　傳　真：(02) 2370-3210
總經銷：紅螞蟻圖書有限公司
地　　址：台北市內湖區舊宗路二段 121 巷 19 號
電　　話：02-2795-3656　　傳真：02-2795-4100　網址：
印　　刷：京峯彩色印刷有限公司（京峰數位）
　　本書版權為西南財經大學出版社所有授權崧博出版事業有限公司獨家發行
　　電子書繁體字版。若有其他相關權利及授權需求請與本公司聯繫。
定價：400 元
發行日期：2018 年 10 月第二版
◎ 本書以POD印製發行